大数据人才培养校企合作系列教材

Excel 数据获取与处理实战

◎主 编 陈 青 张良均

U0239499

电子工业出版社.

Publishing House of Electronics Industry

北京 · BEIJING

内 容 简 介

本书以任务为导向，由浅入深地介绍 Excel 2016 在数据获取与处理中的应用。全书共 8 章，第 1 章简单介绍了 Excel 2016 的界面，工作簿、工作表、单元格的概念及基本操作；第 2 章介绍了使用 Excel 分别获取文本数据、网站数据和 MySQL 数据；第 3 章介绍了数据的输入和编辑；第 4 章介绍了工作表的设置；第 5 章介绍了 Excel 进行排序、筛选与分类汇总；第 6 章介绍了利用透视表进行数据处理；第 7 章介绍了函数在数据处理中的应用；第 8 章介绍了宏和 VBA。第 2~7 章都包含了实训，通过实战演练帮助读者巩固所学的内容。

本书可以作为职业教育学校数据分析类教材，也可以作为数据分析爱好者的自学用书，或以 Excel 为生产力工具的人员的参考书。

图书在版编目（CIP）数据

Excel 数据获取与处理实战 / 陈青，张良均主编. —北京：电子工业出版社，2021.12

ISBN 978-7-121-37262-9

Ⅰ. ①E… Ⅱ. ①陈… ②张… Ⅲ. ①表处理软件Ⅳ. ①TP391.13

中国版本图书馆 CIP 数据核字（2019）第 174519 号

责任编辑：郑小燕

印　　刷：北京捷迅佳彩印刷有限公司

装　　订：北京捷迅佳彩印刷有限公司

出版发行：电子工业出版社

　　　　　北京市海淀区万寿路 173 信箱　邮编　100036

开　　本：880×1 230　1/16　印张：18.5　字数：414.4 千字

版　　次：2021 年 12 月第 1 版

印　　次：2024 年 7 月第 2 次印刷

定　　价：47.00 元

凡所购买电子工业出版社图书有缺损问题，请向购买书店调换。若书店售缺，请与本社发行部联系，联系及邮购电话：（010）88254888，88258888。

质量投诉请发邮件至 zlts@phei.com.cn，盗版侵权举报请发邮件至 dbqq@phei.com.cn。

本书咨询联系方式：（010）88254550，zhengxy@phei.com.cn。

前　言

DT 时代即将到来，越来越多的人意识到了数据的价值，越来越多的企业开始重视数据分析技术。可以预见，数据分析能力在未来将成为如同驾驶、外语这样的基础技能。工欲善其事，必先利其器，当前主流的数据分析工具有 Matlab、R 语言、Python、Power BI、Excel 等，其中 Excel 是最适合作为数据分析入门的工具。

Microsoft Office 办公组件中的 Excel 是一个十分强大的电子表格软件，使用它可以完成各种数据处理、数据分析与预测、各类精美图表的制作及 VBA 语言编程等，Excel 已经广泛应用于管理、统计、财经、金融等诸多领域。

本书适用对象

❑ 开设数据分析课程的职业教育学校的教师和学生。

目前国内不少学校将数据分析引入教学中，在电子商务、市场营销、物流管理、金融管理等专业开设了与数据分析技术相关的课程，但目前这一课程的教学主要限于理论介绍。因为单纯的理论教学过于抽象，学生理解起来往往比较困难，教学效果也不甚理想。本书提供项目式教学模式，能够使师生充分发挥互动性和创造性，获得最佳的教学效果。

❑ 以 Excel 为生产力工具的人员。

Excel 是常用的办公软件之一，也是职场必备的技能之一，被广泛用于数据分析、财务、行政、营销等职业。本书提供了 Excel 常用的数据获取与处理技术，能帮助相关人员提高工作效率。

❑ 关注数据分析的人员。

Excel 作为常用的数据分析工具，能实现数据分析技术中的数据获取、数据处理、统计分析等操作。本书提供 Excel 数据分析入门基础，能有效指导数据分析初学者快速入门数据分析。

本书特色

本书以任务为导向，结合大量数据分析案例及教学经验，以 Excel 数据处理常用技术和真实案例相结合的方式，介绍使用 Excel 进行数据获取与处理的主要方法。

为了帮助读者更好地使用本书，本书提供了相关教学视频、配套的数据文件、PPT 课件等教学资源，教师可登录华信教育资源网进行免费下载。

　　本书由陈青、张良均担任主编，负责整体统稿和修改。罗移祥、黄静、庄佳娴担任副主编，参与编写的还有姜华林、方小勇、龚波、汪荣娜、杨锦、薛应苹、姜永成、余吉河、刘青青、陶金、刘盼鹏。此外，十分感谢泰迪智能科技有限公司对本书数据及案例的支持。我们已经尽最大努力避免在文本和代码中出现错误，但是由于水平有限，书中难免出现一些疏漏和不足之处。如果您有更多的宝贵意见，也可在华信教育资源网进行反馈。

目 录

第 1 章　Excel 2016 概述

当今社会，网络和信息技术产生的数据量呈现指数型增长态势。单纯地查看海量数据难以获取想要的信息，需要对海量数据进行数据分析，从而提炼出数据中隐含的信息。Excel 2016 是常用的数据分析工具之一，它具有制作电子表格、进行各种数据处理、统计分析、制作数据图表等功能。

 学习目标

（1）了解数据分析流程。

（2）了解数据获取与处理。

（3）认识 Excel 2016 的用户界面。

（4）了解工作簿、工作表、单元格的基本内容。

（5）掌握工作簿、工作表、单元格的基本操作。

任务 1.1　认识数据获取与处理

◎ 任务描述

数据分析作为大数据技术的重要组成部分，近年来随着大数据技术逐渐发展和成熟。数据分析技能的掌握是一个循序渐进的过程，了解数据分析和了解数据获取与处理是数据分析的第一步。

◎ 任务分析

（1）了解数据分析。

（2）了解数据获取与处理。

1.1.1　了解数据分析流程

数据分析是指用适当的分析方法对收集来的大量数据进行分析，提取有用信息和形成结

论，对数据加以详细研究和概括总结的过程。

数据分析流程图如图 1-1 所示，其步骤和内容如表 1-1 所示。

图 1-1　数据分析流程图

表 1-1　数据分析的步骤和内容

步　骤	内　容
需求分析	需求分析的主要内容是根据业务、生产和财务等部门的需要，结合现有的数据情况，提出数据分析需求的整体分析方向和分析内容
数据获取	数据获取是数据分析工作的基础，是指根据需求分析的结果，提取、收集数据，主要的获取方式有两种：获取外部数据与获取本地数据
数据处理	数据处理在 Excel 中是指对数据进行排序、筛选、分类汇总、计数、文字或函数处理等操作，以便进行数据分析
数据分析	数据分析包括使用数据透视表、数据透视图、趋势线和模拟运算表等工具，发现数据中的有价值信息并得出结论的过程
数据可视化	数据可视化的思想是将 Excel 中的数据以图表等方式来展现数据之间的关联信息，使用户能从各个方面对数据进行观察，从而对数据进行更深入的分析
分析与可视化	分析与可视化主要是指对通过源数据得到的各个指标进行分析，发现数据中的规律，并借助图表等可视化的方式来直观地展现数据之间的关联信息，使抽象的信息变得清晰、具体，易于观察
分析报告	分析报告是以特定的形式把数据分析的过程和结果展示出来，便于需求者了解

1.1.2　了解数据获取与处理

在现实生活中，获取大量相关数据并通过统计分析处理，以此研究出数据的发展规律，可以帮助企业管理层做出决策，而 Excel 2016 对数据的获取与处理的优点如下。

（1）可以方便地把数据制作成电子表格。

（2）工作表的容量较大，可以存储大量的数据。

（3）不必进行编程就能对工作表中的数据进行检索、分类、排序、筛选等操作。

（4）利用系统提供的函数可完成各种数据的计算和分析。

（5）利用各种图表直观地显示数据。

（6）通过互联网可以方便地与任何地域的其他用户共享数据。

Excel 2016 获取和处理数据的方法如表 1-2 所示。

表 1-2　Excel 2016 获取和处理数据的方法

项　　目	方　　法	适 用 情 形
Excel 2016 常用的获取数据方法	手动输入数据	拥有纸质数据等静态数据，数据量较少
	获取文本数据	数据存储在文本中，数据量较大
	获取网站数据	数据在网站上，数据量较大
	获取数据库数据	数据存储在数据库中，数据量较大
Excel 2016 常用的处理数据方法	求和	统计数据的和
	求平均数	统计数据的平均数
	求最大值或最小值	突出显示最大值或最小值
	排序	通过升序和降序查看数据
	筛选	查看特定数据
	分类汇总	把数据进行分类并求和

任务 1.2　认识 Excel 2016

○ 任务描述

Excel 2016 是 Microsoft Office 2016 中的一款电子表格软件，被广泛应用于管理、统计、财经和金融等诸多领域。如果想要运用 Excel 2016 进行数据分析与可视化，那么需要认识 Excel 2016，包括其用户界面、工作簿、工作表和单元格的基本操作等。

○ 任务分析

（1）认识 Excel 2016 的用户界面。

（2）了解工作簿、工作表、单元格。

（3）掌握工作簿和工作表，进行基本操作。

1.2.1　认识用户界面

1. 启动 Excel 2016

在 Windows 10 系统的计算机中，单击【开始】选项卡，依次选择【Microsoft Office】【Microsoft Office Excel】启动 Excel 2016，或双击桌面 Excel 2016 的图标，打开的用户界面如图 1-2 所示。

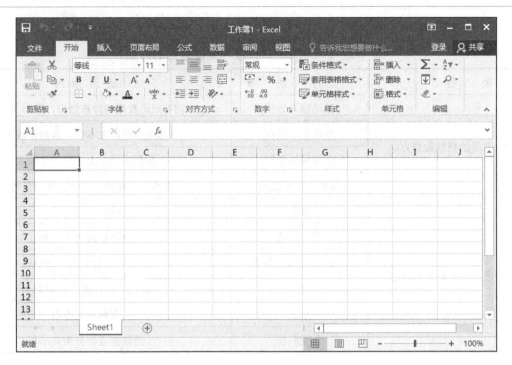

图 1-2　用户界面

2. 用户界面介绍

Excel 2016 用户界面包括标题栏、功能区、名称框、编辑栏、工作表编辑区以及状态栏，如图 1-3 所示。

图 1-3　用户界面组成

（1）标题栏

标题栏位于应用窗口的顶端，如图 1-4 所示，包括快速访问工具栏、当前文件名、应用程序名称以及窗口控制按钮。

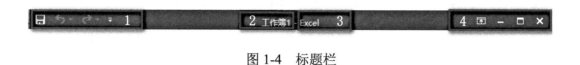

图 1-4　标题栏

在图 1-4 中，框 1 为快速访问工具栏，框 2 为当前文件名，框 3 为应用程序名称，框 4 为窗口控制按钮。

快速访问工具栏可以快速执行【保存】、【撤销】、【恢复】等命令，如果快速访问工具栏中没有所需命令，可以单击快速访问工具栏中的■按钮，选择需要添加的命令，如图 1-5 所示。

图 1-5　添加命令

（2）功能区

标题栏的下方是功能区，如图 1-6 所示，由【开始】、【插入】、【页面布局】等选项卡组成，每个选项卡又可以分成不同的组，如【开始】选项卡由【剪贴板】、【字体】、【对齐方式】等命令组组成，每个组又包含了不同的命令。

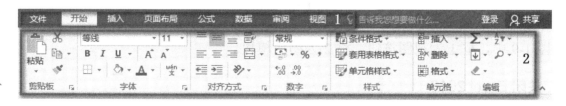

图 1-6　功能区

在图 1-6 中，框 1 为选项卡，框 2 为命令组。

（3）名称框和编辑栏

功能区的下方是名称框和编辑栏，如图 1-7 所示。其中，名称框可以显示当前活动单元格的地址和名称，编辑栏可以显示当前活动单元格中的数据或公式。

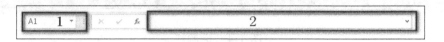

图 1-7　名称框和编辑栏

在图 1-7 中，框 1 为名称框，框 2 为编辑栏。

（4）工作表编辑区

名称框和编辑栏的下方是工作表编辑区，如图 1-8 所示，由文档窗口、标签滚动按钮、工作表标签、水平滚动滑条和垂直滚动滑条组成。

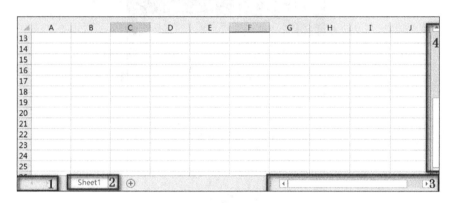

图 1-8　工作表编辑区

在图 1-8 中，框 1 为标签滚动按钮，框 2 为工作表标签，框 3 为水平滚动滑条，框 4 为垂直滚动滑条。

（5）状态栏

状态栏位于用户界面底部，如图 1-9 所示，由视图按钮和缩放模块组成，用来显示与当前操作相关的信息。

图 1-9　状态栏

在图 1-9 中，框 1 为视图按钮，框 2 为缩放模块。

3．关闭 Excel 2016

单击程序控制按钮中的【关闭】按钮，如图 1-10 所示，或按组合键 Alt+F4 即可关闭 Excel 2016。

图 1-10　关闭 Excel 2010

1.2.2　了解工作簿、工作表和单元格的基本内容

1．工作簿

在 Excel 中创建的文件称为工作簿，工作簿一般默认含有一个名为【Sheet1】的工作表，如图 1-11 所示。

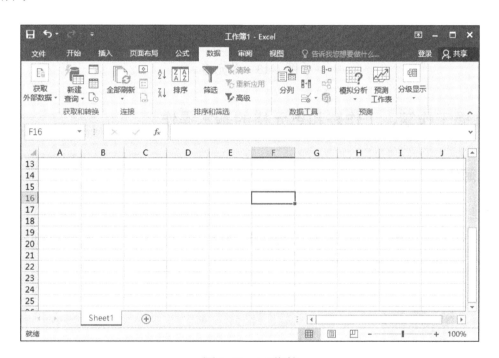

图 1-11　工作簿

2．工作表

在 Excel 中，用于存储和处理各种数据的电子表格称为工作表，【Sheet1】工作表如图 1-12 所示。

3．单元格

在工作表中，行和列相交构成单元格，单元格用于存储公式和数据，可以通过单击单元格使之成为活动单元格，如图 1-13 所示。其中，框 1 为列，框 2 为行，图中的活动单元格为 C4。

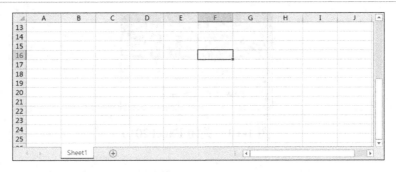

图 1-12　工作表

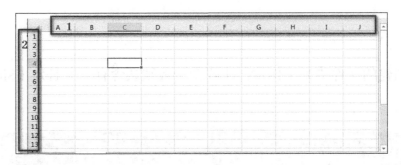

图 1-13　单元格

1.2.3　掌握工作簿、工作表和单元格的基本操作

1．工作簿的基本操作

（1）创建工作簿

单击【文件】选项卡，依次选择【新建】命令和【空白工作簿】即可创建工作簿，如图 1-14 所示。也可以通过按组合键 Ctrl+N 的方式快速新建空白工作簿。

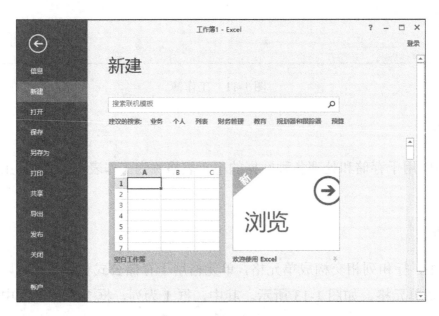

图 1-14　创建工作簿

（2）保存工作簿

单击快速访问工具栏中的【保存】按钮，即可保存工作簿，如图 1-15 左上角所示的第 1 个图标。也可以通过按组合键 Ctrl+S 的方式快速保存工作簿。

（3）打开和关闭工作簿

图 1-15　保存工作簿

单击【文件】选项卡，选择【打开】命令，或者通过按组合键 Ctrl+O 的方式弹出【打开】对话框，如图 1-16 所示，再选择一个工作簿即可打开。

图 1-16　打开工作簿

单击【文件】选项卡，如图 1-17 所示，选择【关闭】命令即可关闭工作簿。也可以通过按组合键 Ctrl+W 的方式关闭工作簿。

图 1-17　关闭工作簿

2．工作表的基本操作

（1）插入工作表

在 Excel 中插入工作表有多种方法，以下介绍两种常用的插入工作表的方法。

① 以【Sheet1】工作表为例，单击工作表编辑区的 ⊕ 按钮即可在现有工作表的末尾插入一个新的工作表【Sheet2】，如图 1-18 所示。

② 以【Sheet1】工作表为例，右击【Sheet4】工作表，选择【插入】命令弹出【插入】对话框，如图 1-19 所示，最后单击【确定】按钮即可在现有的工作表之前插入一个新的工作表【Sheet3】，也可以通过组合键 Shift+F11 在现有的工作表之前插入一个新的工作表。

图 1-18　插入工作表 2

（2）重命名工作表

以【Sheet1】工作表为例，右击【Sheet1】标签，选择【重命名】命令，再输入新的名字即可重命名，如图 1-20 所示。

图 1-19　插入工作表 3

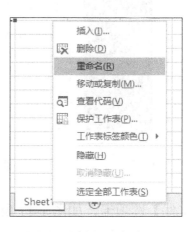

图 1-20　重命名

（3）设置标签颜色

以【Sheet1】标签为例，右击【Sheet1】标签，选择【工作表标签颜色】命令，再选择新的颜色即可设置标签颜色，如图 1-21 所示。

（4）移动或复制工作表

以【Sheet1】工作表为例，单击【Sheet1】标签不放，向左或向右拖动到新的位置即可移动工作表。

以【Sheet1】工作表为例，右击【Sheet1】标签，选择【移动或复制】命令弹出新的对话框，如图 1-22 所示，选择【Sheet1】标签，再勾选【建立副本】按钮，最后单击【确定】按钮即可复制工作表。

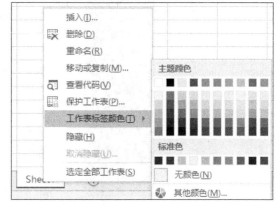

图 1-21　设置标签颜色

（5）隐藏和显示工作表

以【Sheet1】工作表为例，右击【Sheet1】标签，选择【隐藏】命令，即可隐藏【Sheet1】工作表（注意，只有一个工作表时不能隐藏工作表），如图 1-23 所示。

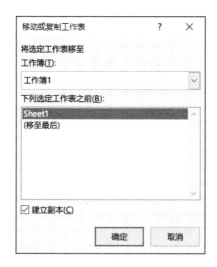

图 1-22　复制工作表

图 1-23　隐藏工作表

若要显示隐藏的【Sheet1】工作表，则右击任意标签，选择【取消隐藏】命令，弹出新的对话框，如图 1-24 所示，选择【Sheet1】标签，单击【确定】按钮即可显示之前隐藏的工作表【Sheet1】。

（6）删除工作表

以【Sheet1】工作表为例，右击【Sheet1】标签，选择【删除】命令，即可删除工作表，如图 1-25 所示。

图 1-24　显示工作表

图 1-25　删除工作表

3．单元格的基本操作

（1）选择单元格

单击某单元格可以选择该单元格，例如单击 A1 单元格即可选择 A1 单元格，此时名称框

会显示当前选择的单元格地址为 A1，如图 1-26 所示。也可以在名称框中输入单元格的地址来选择单元格，例如在名称框中输入"A1"即可选择单元格 A1。

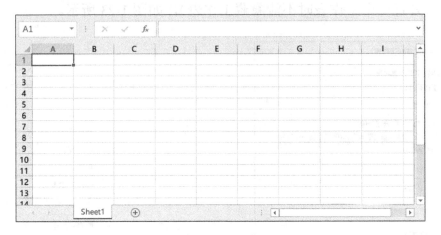

图 1-26　选择单元格 A1

（2）选择单元格区域

单击要选择的单元格区域左上角的第一个单元格不放，拖动鼠标到要选择的单元格区域右下方最后一个单元格，松开鼠标即可选择单元格区域。如单击单元格 A1 不放，拖动鼠标到单元格 D6，松开鼠标即可选择单元格区域 A1:D6，如图 1-27 所示。也可以在名称框中输入"A1:D6"来选择单元格区域 A1:D6。

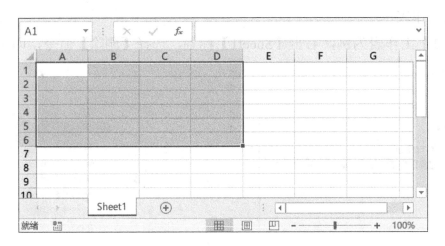

图 1-27　选择单元格区域 A1:D6

如果工作表中的数据太多，也可以选择一个单元格或单元格区域，按组合键 Ctrl+Shift+方向箭头，按下方向箭头，被选中的单元格或单元格区域的数据就会被全部选中，直到遇到空白单元格。

第 2 章　外部数据的获取

Excel 2016 可以直接从外部获取数据，如获取文本数据、获取网站数据、获取 Access 数据库中的数据、获取其他来源数据等。

 学习目标

（1）获取文本数据。

（2）获取网站数据。

（3）获取其他来源数据。

任务 2.1　获取文本数据

○ 任务描述

常见的文本数据格式为 TXT 和 CSV。在 Excel 2016 中，分别导入"客户信息.txt"数据和"客户信息.csv"数据。

○ 任务分析

（1）导入"客户信息.txt"数据。

（2）导入"客户信息.csv"数据。

2.1.1　获取 TXT 文本数据

在 Excel 2016 中，导入"客户信息.txt"数据的具体操作步骤如下。

（1）打开【导入文本文件】对话框。新建一个空白工作簿，在【数据】选项卡的【获取外部数据】命令组中选择【自文本】命令，如图 2-1 所示，弹出【导入文本文件】对话框。

（2）选择要导入数据的 TXT 文件。在【导入文本文件】对话框中选择"客户信息.txt"数据，如图 2-2 所示，单击【导入】按钮，弹出【文本导入向导-第 1 步】对话框。

图 2-1 【自文本】命令

图 2-2 【导入文本文件】对话框

（3）选择最合适的数据类型。在【文本导入向导-第 1 步，共 3 步】对话框中，默认选择【分隔符号】单选框，如图 2-3 所示，单击【下一步】按钮，弹出【文本导入向导-第 2 步，共 3 步】对话框。

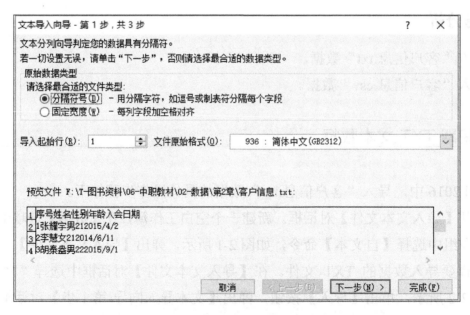

图 2-3 【文本导入向导-第 1 步，共 3 步】对话框

（4）选择合适的分隔符号。在【文本导入向导-第 2 步，共 3 步】对话框中勾选【空格】复选框，如图 2-4 所示，单击【下一步】按钮，弹出【文本导入向导-第 3 步，共 3 步】对话框。

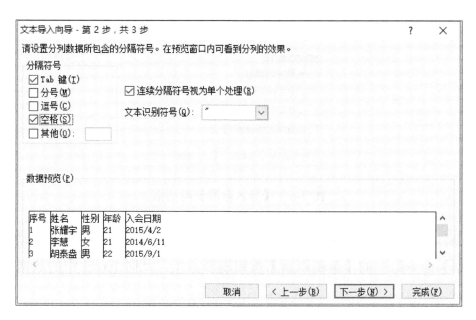

图 2-4   【文本导入向导-第 2 步，共 3 步】对话框

（5）选择数据格式。在【文本导入向导-第 3 步，共 3 步】对话框中默认选择【常规】单选框，如图 2-5 所示。

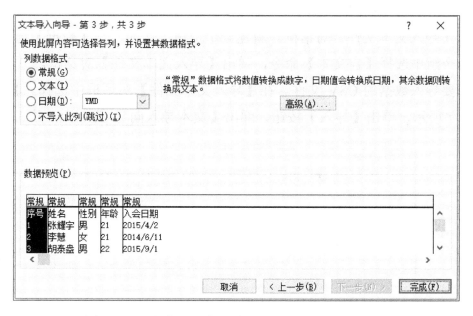

图 2-5   【文本导入向导-第 3 步，共 3 步】对话框

（6）设置数据的放置位置并确定导入数据。单击图 2-5 所示的【完成】按钮，在弹出【导入数据】对话框中默认选择【现有工作表】单选框，单击 按钮，选择单元格 A1，再次单击 按钮，如图 2-6 所示，单击【确定】按钮。

图 2-6　【导入数据】对话框

　　导入数据后，Excel 会将导入的数据作为外部数据区域，当原始数据有改动时，可以单击【获取外部数据】命令组中的【全部刷新】按钮刷新数据，此时 Excel 中的数据会变成改动后的原始数据。

2.1.2　获取 CSV 文本数据

　　在 Excel 2016 中导入 CSV 文本数据的步骤与导入 TXT 文本数据的步骤类似，导入"客户信息.csv"数据的具体操作步骤如下。

　　（1）打开【导入文本文件】对话框。新建一个空白工作簿，在【数据】选项卡的【获取外部数据】命令组中选择【自文本】命令，弹出【导入文本文件】对话框。

　　（2）选择要导入数据的 CSV 文件。在【导入文本文件】对话框中选择"客户信息.csv"数据，如图 2-7 所示，单击【导入】按钮，弹出【文本导入向导-第 1 步，共 3 步】对话框。

图 2-7　【导入文本文件】对话框

（3）选择最合适的数据类型。在【文本导入向导-第 1 步，共 3 步】对话框中默认选择【分隔符号】单选框，如图 2-8 所示。单击【下一步】按钮，弹出【文本导入向导-第 2 步，共 3 步】对话框。

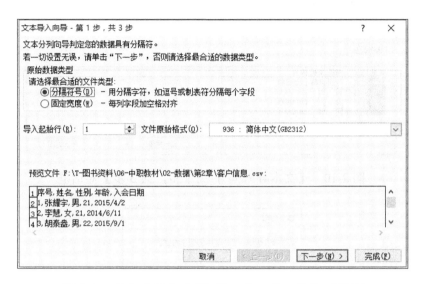

图 2-8　【文本导入向导-第 1 步，共 3 步】对话框

（4）选择合适的分隔符号。在【文本导入向导-第 2 步，共 3 步】对话框中勾选【逗号】复选框，如图 2-9 所示。单击【下一步】按钮，弹出【文本导入向导-第 3 步，共 3 步】对话框。

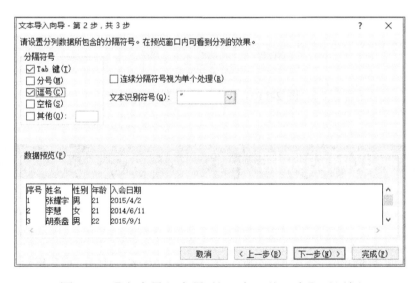

图 2-9　【文本导入向导-第 2 步，共 3 步】对话框

（5）选择数据格式。在【文本导入向导-第 3 步，共 3 步】对话框中默认选择【常规】单选框，如图 2-10 所示。单击【完成】按钮。

（6）设置数据的放置位置并确定导入数据。单击图 2-10 所示的【完成】按钮，在弹出【导入数据】对话框中默认选择【现有工作表】单选框，单击 按钮，选择单元格 A1，再次单击 按钮，如图 2-11 所示，单击【确定】按钮。

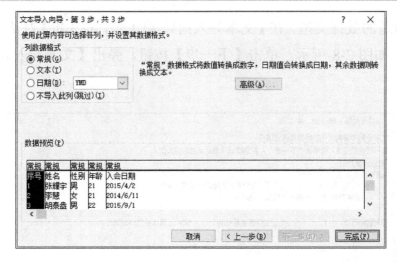

图 2-10　【文本导入向导-第 3 步，共 3 步】对话框

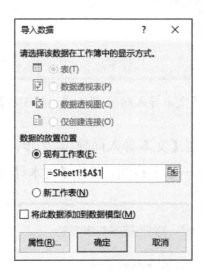

图 2-11　【导入数据】对话框

任务 2.2　获取网站数据

◎ 任务描述

网站数据是获取数据的一个重要来源。在 Excel 2016，中分别用两种方法导入北京市统计局网站的 2018 年第 1 季度地区生产总值数据和上海市统计局网站的 2018 年上半年上海市生产总值数据。

◎ 任务分析

（1）导入北京市统计局网站的 2018 年第 1 季度地区生产总值数据。

（2）导入上海市统计局网站的 2018 年上半年上海市生产总值数据。

2.2.1 获取北京市统计局网站数据

Excel 2016 从网站中导入数据，检索到的数据包括网页上单个表格、多个表格或所有文本，不包括图片和脚本内容，所以有些网站的图片信息等无法获取。

在 Excel 2016 中，导入北京市统计局网站的 2018 年第 1 季度地区生产总值数据，具体操作步骤如下。

（1）打开【新建 Web 查询】对话框。新建一个空白工作簿，在【数据】选项卡的【获取外部数据】命令组中选择【自网站】命令，如图 2-12 所示，弹出【新建 Web 查询】对话框，如图 2-13 所示。

图 2-12　选择【自网站】命令

（2）打开北京市统计局网站。在【新建 Web 查询】对话框的【地址】文本框中手动输入或者复制粘贴网址 "http://www.hxedu.com.cn/Resource/OS/AR/zz/zxy/201902092/1.html"，单击【转到】按钮，如图 2-13 所示。

图 2-13　【新建 Web 查询】对话框

此时可能会弹出【脚本错误】对话框，如图 2-14 所示，这个与插件运行有关，单击【是】或【否】按钮。

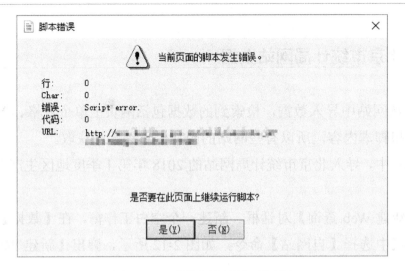

图 2-14 【脚本错误】对话框

（3）选择网站数据。转到北京市统计局网站后，滑动【新建 Web 查询】对话框右侧和下方的滚动条到合适的位置。单击 2018 年 1 季度表格左上方的 按钮，使之变成 ☑ 按钮，如图 2-15 所示。

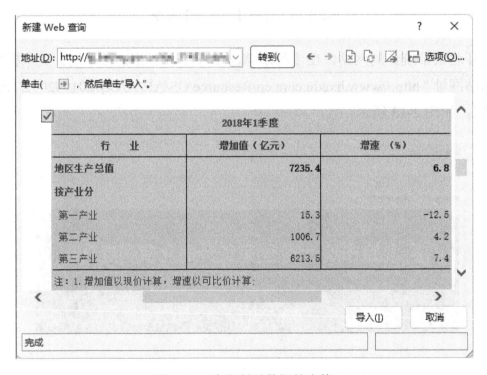

图 2-15 选取所需数据的表格

网页中会有多个 ➡ 按钮，一般一个数据表对应的 ➡ 按钮在其左上角，可以单击 ➡ 按钮查看其对应数据区域，若单击整个网页左上角的 ➡ 按钮，Excel 会下载整个网页的文本内容。

（4）设置数据导入格式。单击图 2-15 所示的【选项】按钮，弹出【Web 查询选项】对话框，选择【完全 HTML 格式】单选框，如图 2-16 所示，单击【确定】按钮。

如果选择【无】单选框，导入的数据将以文本格式显示在 Excel 中。

如果选择【仅 RTF 格式】单选框，导入的数据将以 RTF 格式显示在 Excel 中。

如果选择【完全 HTML 格式】单选框，如图 2-16 所示，导入的数据将以 HTML 格式显示在 Excel 中。

（5）设置数据的放置位置并导入数据。返回到图 2-15 所示的界面，单击【导入】按钮，弹出【导入数据】对话框，默认选择【现有工作表】单选框，单击■按钮，选择单元格 A1，再次单击■按钮，如图 2-17 所示。单击【确定】按钮即可在 Excel 2016 中导入网站数据，如图 2-18 所示。

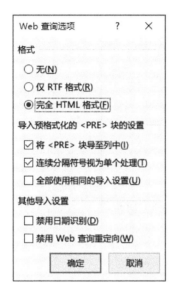

图 2-16　【Web 查询选项】对话框

图 2-17　【导入数据】对话框

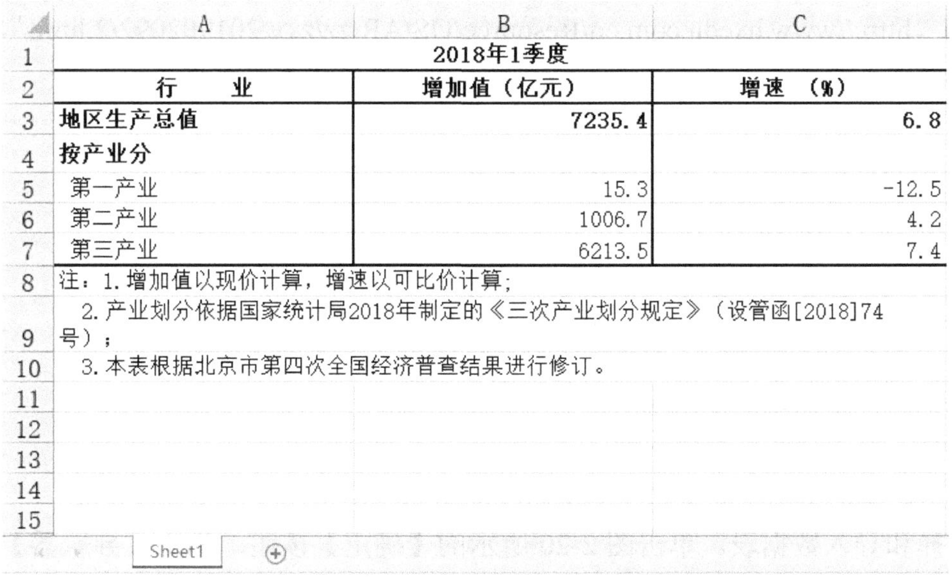

	A	B	C
1		2018年1季度	
2	行　　业	增加值（亿元）	增速　（%）
3	地区生产总值	7235.4	6.8
4	按产业分		
5	第一产业	15.3	-12.5
6	第二产业	1006.7	4.2
7	第三产业	6213.5	7.4
8	注：1.增加值以现价计算，增速以可比价计算；		
9	2.产业划分依据国家统计局2018年制定的《三次产业划分规定》（设管函[2018]74号）；		
10	3.本表根据北京市第四次全国经济普查结果进行修订。		
11			
12			
13			
14			
15			

Sheet1

图 2-18　北京市 2018 年第 1 季度地区生产总值数据

2.2.2 获取上海市统计局网站数据

在 Excel 2016 中，导入上海市统计局网站的 2018 年上半年上海市生产总值数据，具体操作步骤如下。

（1）打开【从 Web】对话框。新建一个空白工作簿，在【数据】选项卡的【获取和转换】命令组中选择【新建查询】命令，在下拉菜单中依次选择【从其他源】和【从 Web】命令，如图 2-19 所示，弹出【从 Web】对话框。

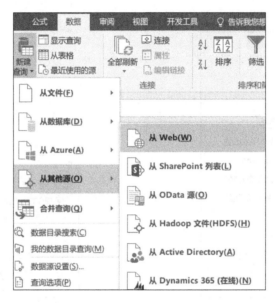

图 2-19 【从 Web】命令

（2）打开上海市统计局网站。在【从 Web】对话框的【URL】文本框中手动输入或者复制粘贴网址"http://www.hxedu.com.cn/Resource/OS/AR/zz/zxy/201902092/2.html"，如图 2-20 所示。

图 2-20 【从 Web】对话框

（3）选择和导入数据表。单击图 2-20 所示的【确定】按钮，弹出【导航器】对话框，在【显示选项】列表框中选择【Table 0】，如图 2-21 所示，单击【加载】按钮即可在 Excel 2016 中导入网站数据，如图 2-22 所示。

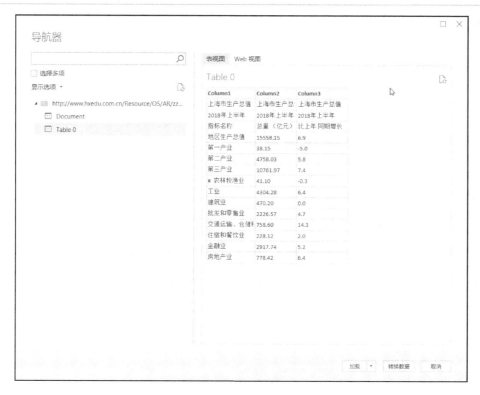

图 2-21　【导航器】对话框

图 2-22　2018 年上半年上海市生产总值数据

任务 2.3　获取 MySQL 数据库中的数据

◎ 任务描述

Excel 2016 可以获取外部数据库的数据，但在此之前需新建与连接数据源。首先新建与连接一个 MySQL 数据源，然后在 Excel 2016 中导入 MySQL 数据库的"info"数据。

○ **任务分析**

（1）新建与连接 MySQL 数据源。

（2）导入"info"数据。

2.3.1 新建与连接 MySQL 数据源

新建与连接 MySQL 数据源的具体操作步骤如下。

（1）打开【ODBC 数据源（64 位）】对话框。在【开始】菜单中打开【控制面板】窗口，依次选择【系统和安全】和【管理工具】菜单。弹出【管理工具】窗口，如图 2-23 所示，双击【ODBC 数据源（64 位）】程序，弹出【ODBC 数据源管理程序（64 位）】对话框，如图 2-24 所示。

图 2-23　【管理工具】窗口

如果是 64 位操作系统的计算机，选择【ODBC 数据源（32 位）】或【ODBC 数据源（64 位）】程序都可以，如果是 32 位操作系统的计算机，只能选择【ODBC 数据源管理程序（32 位）】程序。

图 2-24　【ODBC 数据源管理程序（64 位）】对话框

（2）打开【创建新数据源】对话框。在【ODBC 数据源管理程序（64 位）】对话框中单击【添加】按钮，弹出【创建新数据源】对话框，如图 2-25 所示。

图 2-25　【创建新数据源】对话框

（3）打开【MySQL Connector/ODBC Data Source Configuration】对话框。在【创建新数据源】对话框中选择【选择您想为其安装数据源的驱动程序】列表框中【MySQL ODBC 8.0 Unicode Driver】，单击【完成】按钮，弹出【MySQL Connector/ODBC Data Source Configuration】对话框，如图 2-26 所示，其中每个英文名词的解释如下。

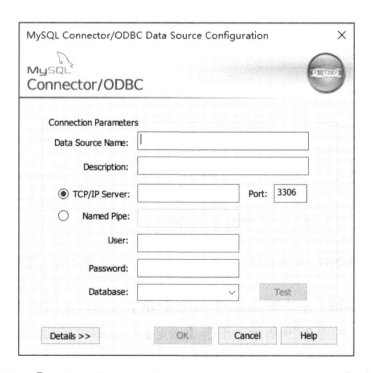

图 2-26　【MySQL Connector/ODBC Data Source Configuration】对话框

① Data Source Name 是数据源名称，在【Data Source Name】文本框中输入的是自定义名称。

② Description 是描述，在【Description】文本框中输入的是对数据源的描述。

③ TCP/IP Server 是 TCP/IP 服务器，在【TCP/IP Server】单选框的第一个文本框中，如果数据库在本机，就输入 localhost（本机）；如果数据库不在本机，就输入数据库所在的 IP。

④ User 和 Password 分别为用户名和密码，这是在下载 MySQL 中自定义设置的。

⑤ Database 是数据库，在【Database】下拉框中选择所需连接的数据库。

（4）设置参数。在【MySQL Connector/ODBC Data Source Configuration】对话框的【Data Source Name】文本框中输入"会员信息"，在【Description】文本框中输入"某餐饮企业的会员信息"，在【TCP/IP Server】单选框的第一个文本框中输入"localhost"，在【User】文本框中输入用户名，在【Password】文本框中输入密码，在【Database】下拉框中选择"data"，如图 2-27 所示。

（5）测速连接。单击图 2-27 所示的【Test】按钮，弹出【Test Result】对话框，若显示【Connection Successful】，则说明连接成功，如图 2-28 所示，单击【确定】按钮返回到【MySQL Connector/ODBC Data Source Configuration】对话框。

图 2-27　参数设置

图 2-28　【Test Result】对话框

（6）确定添加数据源。单击图 2-27 所示的【OK】按钮，返回到【ODBC 数据源管理程序（64 位）】对话框，如图 2-29 所示，单击【确定】按钮即可成功添加数据源。

图 2-29　【ODBC 数据源管理程序（64 位）】对话框

2.3.2　导入 MySQL 数据源的数据

在 Excel 2016 中导入 MySQL 数据源的数据，具体操作步骤如下。

（1）打开【数据连接向导-欢迎使用数据连接向导】对话框。创建一个空白工作簿，在【数据】选项卡的【获取外部数据】命令组中选择【自其他来源】命令，在下拉菜单中选择【来自数据连接向导】命令，如图 2-30 所示，弹出【数据连接向导-欢迎使用数据连接向导】对话框，如图 2-31 所示。

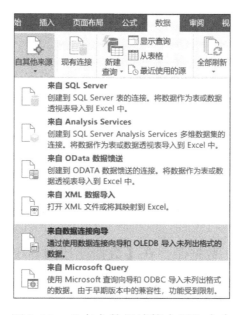

图 2-30　【来自数据连接向导】命令

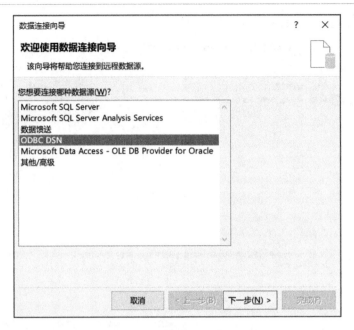

图 2-31 【数据连接向导-欢迎使用数据连接向导】对话框

（2）选择要连接的数据源。在【数据连接向导-欢迎使用数据连接向导】对话框的【您想要连接哪种数据源】列表框中选择【ODBC DSN】，单击【下一步】按钮，弹出【数据连接向导-连接 ODBC 数据源】对话框，如图 2-32 所示。

图 2-32 【数据连接向导-连接 ODBC 数据源】对话框

（3）选择要连接的 ODBC 数据源。在【数据连接向导-连接 ODBC 数据源】对话框的【ODBC 数据源】列表框中选择【会员信息】，单击【下一步】按钮，弹出【数据连接向导-选择数据库和表】对话框，如图 2-33 所示。

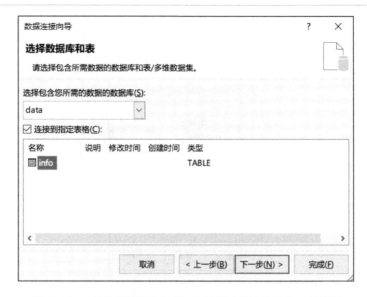

图 2-33　【数据连接向导-选择数据库和表】对话框

（4）选择包含所需数据的数据库和表。在【数据连接向导-选择数据库和表】对话框的【选择包含您所需的数据的数据库】列表框中单击 按钮，在下拉列表中选择【data】数据库，在【连接到指定表格】列表框中选择【info】，单击【下一步】按钮，弹出【数据连接向导-保存数据连接文件并完成】对话框，如图 2-34 所示。

图 2-34　【数据连接向导-保存数据连接文件并完成】对话框

（5）保存数据连接文件。在【数据连接向导-保存数据连接文件并完成】对话框中默认文件名为"data info.odc",单击【完成】按钮,弹出【导入数据】对话框,如图 2-35 所示。

图 2-35　【导入数据】对话框

(6)设置导入数据的显示方式和放置位置。在【导入数据】对话框中默认选择【现有工作表】单选框,单击 按钮,选择单元格 A1,再次单击 按钮。

(7)确定导入 MySQL 数据源的数据。单击图 2-35 所示的【确定】按钮即可导入 MySQL 数据源的数据,如图 2-36 所示。

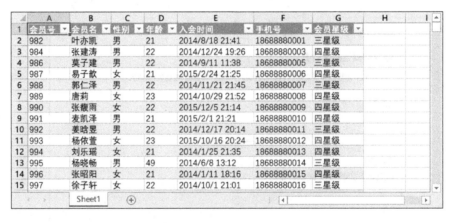

图 2-36　导入 MySQL 数据源的数据

实训

实训 1　获取自动售货机销售业绩的文本数据

1. 训练要点

(1)了解常用的文本数据。

(2)掌握获取文本数据的基本操作。

2．需求说明

某自动便利店为了提高销售业绩，需要在 Excel 2016 中对销售业绩进行分析，所以需要把"自动便利店销售业绩.txt"和"自动便利店销售业绩.csv"数据导入 Excel 2016 中。

3．实现思路及步骤

（1）导入"自动便利店销售业绩.txt"数据。
（2）导入"自动便利店销售业绩.csv"数据。

实训 2　获取北京市统计局网站数据

1．训练要点

掌握获取网站数据的基本操作。

2．需求说明

为了统计分析北京市 2018 年第 1～2 季度地区生产总值数据，现需要在 Excel 2016 中导入北京市统计局网站即"http://www.hxedu.com.cn/Resource/OS/AR/zz/zxy/201902092/3.html"中的数据。

3．实现思路及步骤

通过【数据】选项卡的【获取外部数据】命令组中的【自网站】命令获取北京市统计局网站 2018 年第 1～2 季度地区生产总值数据。

实训 3　获取自动售货机销售业绩数据

1．训练要点

掌握获取 MySQL 数据库数据的基本方法。

2．需求说明

为了直观地查看某自助便利店销售业绩，需要制作成图表，目前数据保存在 MySQL 数据库中的"sales"数据中，需要导入 Excel 2016。

3．实现思路及步骤

（1）新建 MySQL 数据源。
（2）导入 MySQL 数据库中的"sales"数据。

第 3 章　数据的输入

数据是用户保存的重要信息，在 Excel 中，可以输入的数据类型有很多，如文本、数值、日期和时间等类型的数据，用户可以为不同的数据设置不同的格式，还可以使用自动填充、查找替换、复制移动等方法提高输入和编辑数据的效率。

 学习目标

（1）掌握基本数据的输入方法。

（2）掌握下拉列表与数据范围的定义方法。

（3）掌握有规律数据与相同数据的输入方法。

（4）熟悉编辑数据的方法。

任务 3.1　输入基本数据

◎ 任务描述

Excel 中常用的数据类型有文本、数值、日期和时间等。在 Excel 中手动输入某餐饮店的订单详情，包括订单号、菜品名称、价格、数量、日期和时间，如图 3-1 所示。

	A	B	C	D	E	F
1	订单号	菜品名称	价格	数量	日期	时间
2	201608030137	西瓜胡萝卜沙拉	26.00	1	2016/8/3	14:01:13
3	201608030137	麻辣小龙虾	99.00	1	2016/8/3	14:01:47
4	201608030137	农夫山泉NFC果汁100	6.00	1	2016/8/3	14:02:11
5	201608030137	番茄炖牛腩	35.00	1	2016/8/3	14:02:37
6	201608030137	白饭/小碗	1.00	4	2016/8/3	14:04:55
7	201608030137	凉拌菠菜	27.00	1	2016/8/3	14:05:09
8	201608030201	芝士焗波士顿龙虾	175.00	1	2016/8/4	11:17:25
9	201608030201	麻辣小龙虾	99.00	1	2016/8/4	11:19:58
10						

Sheet1

图 3-1　订单详情

◎ **任务分析**

（1）输入"订单号"和"菜品名称"数据。

（2）输入"价格"和"数量"数据。

（3）输入"日期"和"时间"数据。

3.1.1　输入文本数据

在默认情况下，Excel 2016 中输入的文本数据在单元格中是左对齐显示的。在 Excel 2016 中输入"订单号"和"菜品名称"数据，具体操作步骤如下。

（1）输入"订单号"。单击单元格 A1，输入"订单号"，如图 3-2 所示。也可以在编辑栏中输入文本数据。

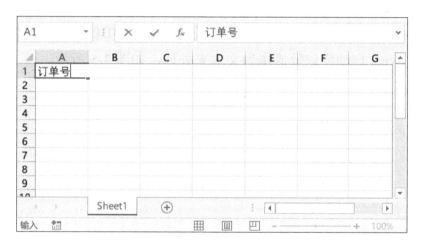

图 3-2　在单元格中输入文本数据

（2）输入剩余的文本数据。在单元格区域 B1:F1 中输入剩余的文本数据，如图 3-3 所示。

图 3-3　输入剩余的文本数据

（3）输入"订单号"下的单元格数据。单击单元格 A2，输入订单号"201608030137"，按下 Enter 键后，单元格中会显示"2.01608E+11"，如图 3-4 所示，其中"E+11"表示 10 的

11 次方。原因是 Excel 将输入的数字处理为数值，且单元格中输入的数字已超过 11 位，所以会自动变成科学计数法形式来显示，无论怎么调整列宽都不会改变。

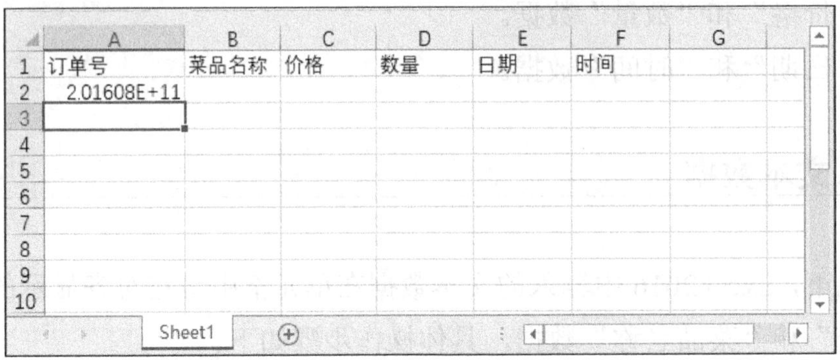

图 3-4　以科学计数法显示数字

正确的输入方法是，在输入具体的数值前先输入一个英文状态下的单引号"'"，然后再输入具体的值。例如，单击单元格 A2，在编辑栏的"201608030137"前输入一个单撇号"'"，按下 Enter 键后，Excel 自动将该数值作为文本来处理，如图 3-5 所示。

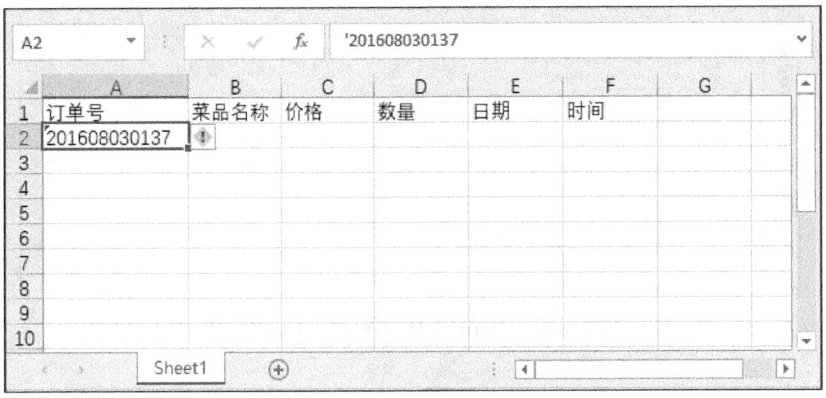

图 3-5　在编辑栏中将数值改为文本

还有一种输入方法则是通过【设置单元格格式】对话框将输入的数据类型设置为文本，具体操作步骤如下。

① 打开【设置单元格格式】对话框。右击单元格 A3，在弹出的快捷菜单中选择【设置单元格格式】命令，如图 3-6 所示，弹出【设置单元格格式】对话框，如图 3-7 所示。

② 设置单元格格式。在【设置单元格格式】对话框的【数字】选项卡中选择【分类】列表框中的【文本】，如图 3-8 所示，单击【确定】按钮。

③ 输入订单号。在单元格 A3 中输入"201608030137"，按下 Enter 键后如图 3-9 所示。

（4）输入"西瓜胡萝卜沙拉"。单击单元格 B2，输入"西瓜胡萝卜沙拉"，如图 3-10 所示。

图 3-6　选择【设置单元格格式】命令

图 3-7　【设置单元格格式】对话框

图 3-8 设置文本类型

图 3-9 设置格式后的输入结果

图 3-10 在单元格中输入文本数据

由图 3-10 可以看到，当输入的文本超过单元格宽度时，如果右侧相邻的单元格中没有内容，如单元格 A3、B2，那么超出的文本将延伸到右侧单元格中；如果右侧相邻的单元格中已包含内容，如单元格 A2，那么超出的文本将被隐藏起来，此时可以增加列宽，也可以插入换行符。

（5）输入完整的订单号和菜品名称信息。根据上面介绍的方法选择其中一种，将订单号和菜品名称输入完整，如图 3-11 所示。

图 3-11　输入完整的订单号和菜品名称

3.1.2　输入数值数据

数值在 Excel 2016 中是使用最多，也是操作比较复杂的数据类型，在 Excel 2016 中输入"价格"和"数量"数据，具体操作步骤如下。

（1）输入数字"26"。单击单元格 C2，输入数字"26"，如图 3-12 所示。

图 3-12　选中单元格并输入数字"26"

（2）设置单元格格式。右击选中的单元格区域 C2:C9，选择【设置单元格格式】命令，弹出【设置单元格格式】对话框，在【数字】选项卡的【分类】列表框中选择【数值】，在【小数位数】右侧输入"2"，如图 3-13 所示，单击【确定】按钮，如图 3-14 所示。

（3）输入剩余的信息。依次输入剩余的数据，如图 3-15 所示。

图 3-13　设置数值格式

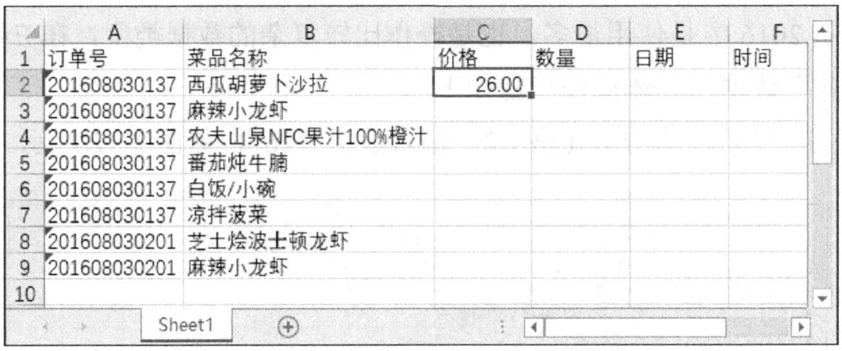

	A	B	C	D	E	F
1	订单号	菜品名称	价格	数量	日期	时间
2	2016080030137	西瓜胡萝卜沙拉	26.00			
3	2016080030137	麻辣小龙虾				
4	2016080030137	农夫山泉NFC果汁100%橙汁				
5	2016080030137	番茄炖牛腩				
6	2016080030137	白饭/小碗				
7	2016080030137	凉拌菠菜				
8	2016080030201	芝士烩波士顿龙虾				
9	2016080030201	麻辣小龙虾				
10						

图 3-14　设置格式后的结果

	A	B	C	D	E	F
1	订单号	菜品名称	价格	数量	日期	时间
2	2016080030137	西瓜胡萝卜沙拉	26.00			
3	2016080030137	麻辣小龙虾	99.00			
4	2016080030137	农夫山泉NFC果汁100%橙汁	6.00			
5	2016080030137	番茄炖牛腩	35.00			
6	2016080030137	白饭/小碗	1.00			
7	2016080030137	凉拌菠菜	27.00			
8	2016080030201	芝士烩波士顿龙虾	175.00			
9	2016080030201	麻辣小龙虾	99.00			
10						

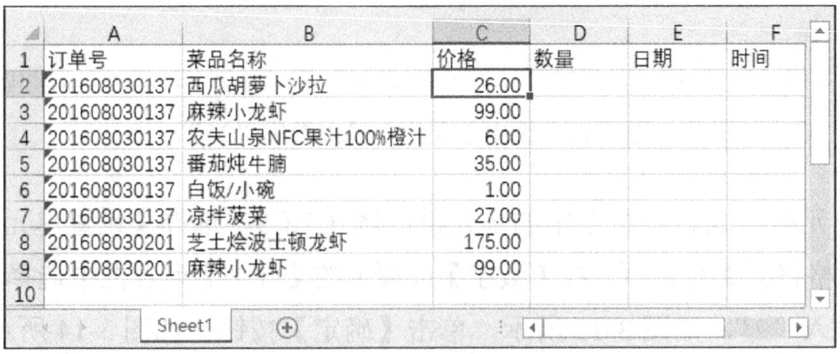

图 3-15　输入剩余的数据

3.1.3 输入日期和时间数据

日期与时间虽然是数字，但在 Excel 2016 中是特殊数值数据。在 Excel 2016 中输入"日期"和"时间"数据，具体操作步骤如下。

（1）输入"2016-8-3"。单击单元格 E2，输入"2016-8-3"，按下 Enter 键后，由于受到计算机系统设置的日期和时间格式的影响，单元格会显示成"2016/8/3"，如图 3-16 所示。

	A	B	C	D	E	F
1	订单号	菜品名称	价格	数量	日期	时间
2	201608030137	西瓜胡萝卜沙拉	26.00	1	2016/8/3	
3	201608030137	麻辣小龙虾	99.00	1		
4	201608030137	农夫山泉NFC果汁100%橙汁	6.00	1		
5	201608030137	番茄炖牛腩	35.00	1		
6	201608030137	白饭/小碗	1.00	4		
7	201608030137	凉拌菠菜	27.00	1		
8	201608030201	芝士焗波士顿龙虾	175.00	1		
9	201608030201	麻辣小龙虾	99.00	1		
10						

图 3-16　在单元格中输入日期

（2）设置单元格格式。右击选中的单元格区域 E2:E9，选择【设置单元格格式】命令，弹出【设置单元格格式】对话框，在【数字】选项卡的【分类】列表框中选择【日期】，并在【类型】下拉框中选择"*2012 年 3 月 14 日"，如图 3-17 所示。单击【确定】按钮，可以看到单元格显示为"########"，如图 3-18 所示，这说明该单元格太窄了，不足以容纳单元格中的内容。

图 3-17　【设置单元格格式】对话框

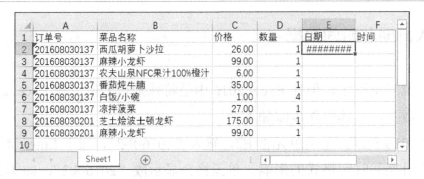

图 3-18　设置格式后的结果

（3）调整列宽。将鼠标指针放在 E 列与 F 列最上面的头部之间，等指针变成可拖动形状 ✛ 时，往右拖动鼠标，增加列宽即可，如图 3-19 所示。

图 3-19　日期显示

（4）输入 "14:01:13"。单击单元格 F2，输入 "14:01:13"，按下 Enter 键后，显示的结果如图 3-20 所示。

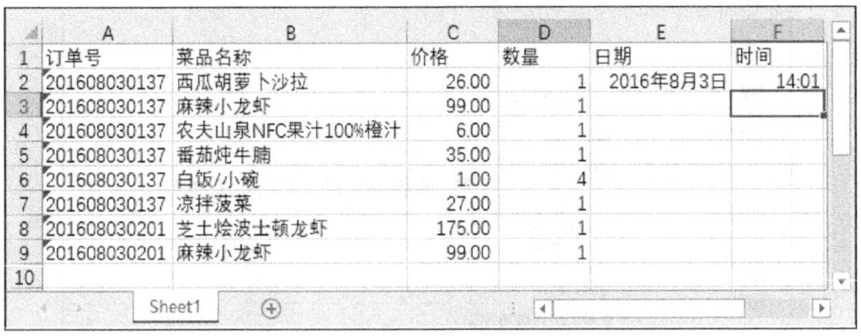

图 3-20　在单元格中输入时间

单元格显示为 "14:01"，而非 "14:01:13" 是因为时间格式设置不对，所以需要设置单元格格式。

（5）设置单元格格式。右击选中的单元格区域 F2:F9，选择【设置单元格格式】命令，弹出【设置单元格格式】对话框，在【设置单元格格式】对话框的【数字】选项卡中选择【分类】列表框中的【时间】命令，如图 3-21 所示，单击【确定】按钮，如图 3-22 所示。

图 3-21   【设置单元格格式】对话框

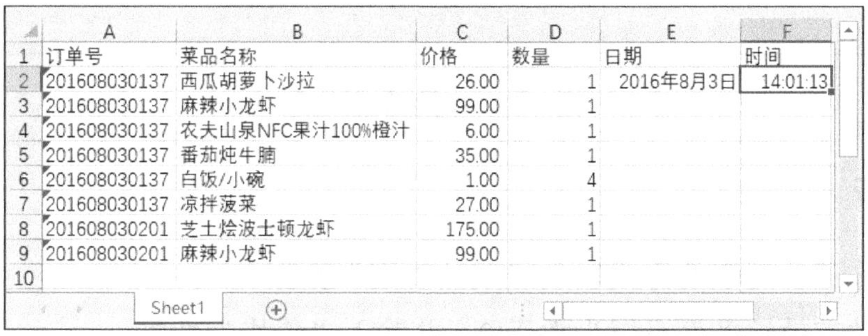

	A	B	C	D	E	F
1	订单号	菜品名称	价格	数量	日期	时间
2	201608030137	西瓜胡萝卜沙拉	26.00	1	2016年8月3日	14:01:13
3	201608030137	麻辣小龙虾	99.00	1		
4	201608030137	农夫山泉NFC果汁100%橙汁	6.00	1		
5	201608030137	番茄炖牛腩	35.00	1		
6	201608030137	白饭/小碗	1.00	4		
7	201608030137	凉拌菠菜	27.00	1		
8	201608030201	芝士烩波士顿龙虾	175.00	1		
9	201608030201	麻辣小龙虾	99.00	1		
10						

图 3-22   时间显示

（6）完善日期和时间信息。将日期和时间信息输入完整，如图 3-22 所示。

如果要输入当前日期，先选中单元格，然后按下 Ctrl+；组合键即可；如果要输入当前时间，先选中单元格，然后按下 Ctrl+Shift+；组合键即可。

任务 3.2   输入有效性数据

○ 任务描述

在 Excel 中，有时需要输入大量的数据，为了在输入数据时尽量少出错，可以根据不同的输入数据特性来设置有效性输入规则。现有某餐饮店的部分菜品信息，如图 3-23 所示，需要补全价格和菜品类别数据，完整信息如图 3-24 所示。

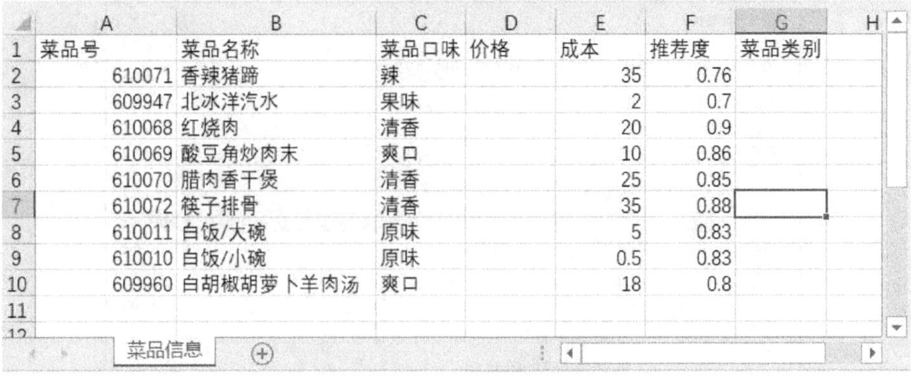

	A	B	C	D	E	F	G
1	菜品号	菜品名称	菜品口味	价格	成本	推荐度	菜品类别
2	610071	香辣猪蹄	辣		35	0.76	
3	609947	北冰洋汽水	果味		2	0.7	
4	610068	红烧肉	清香		20	0.9	
5	610069	酸豆角炒肉末	爽口		10	0.86	
6	610070	腊肉香干煲	清香		25	0.85	
7	610072	筷子排骨	清香		35	0.88	
8	610011	白饭/大碗	原味		5	0.83	
9	610010	白饭/小碗	原味		0.5	0.83	
10	609960	白胡椒胡萝卜羊肉汤	爽口		18	0.8	

图 3-23　部分菜品数据

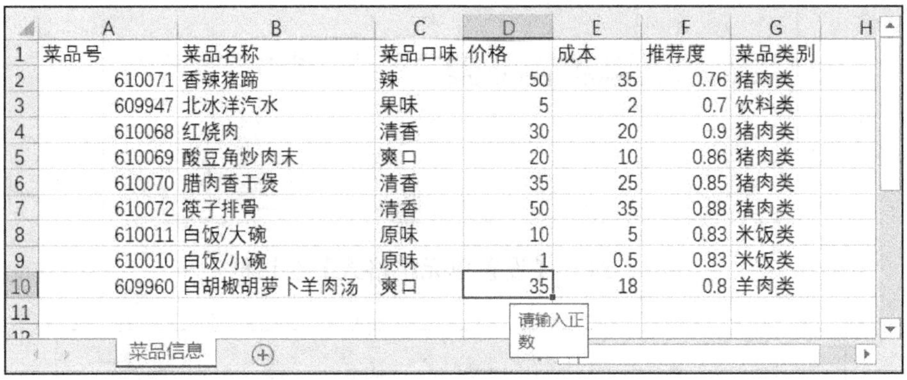

	A	B	C	D	E	F	G
1	菜品号	菜品名称	菜品口味	价格	成本	推荐度	菜品类别
2	610071	香辣猪蹄	辣	50	35	0.76	猪肉类
3	609947	北冰洋汽水	果味	5	2	0.7	饮料类
4	610068	红烧肉	清香	30	20	0.9	猪肉类
5	610069	酸豆角炒肉末	爽口	20	10	0.86	猪肉类
6	610070	腊肉香干煲	清香	35	25	0.85	猪肉类
7	610072	筷子排骨	清香	50	35	0.88	猪肉类
8	610011	白饭/大碗	原味	10	5	0.83	米饭类
9	610010	白饭/小碗	原味	1	0.5	0.83	米饭类
10	609960	白胡椒胡萝卜羊肉汤	爽口	35	18	0.8	羊肉类

图 3-24　完整菜品信息

◎ 任务分析

（1）通过制作下拉列表的方式输入“菜品类别”数据。

（2）将价格的有效性条件设置为大于 0，并输入“价格”数据。

3.2.1　制作下拉列表

当需要一组数据作为数据有效性中的条件时，可以通过制作下拉列表的方式限定数据的内容，保证在输入其他内容时 Excel 能发出警告信息。现通过制作下拉列表的方式限定菜品类别的内容，再对“菜品类别”字段进行输入，具体操作步骤如下。

（1）打开【数据验证】对话框。选择单元格区域 G2:G10，在【数据】选项卡的【数据工具】命令组中选择【数据验证】命令，弹出【数据验证】对话框，如图 3-25 所示。

（2）设置验证条件。在【允许】下拉列表框中选择【序列】，如图 3-26 所示，在【来源】文本框中输入“猪肉类,饮料类,米饭类,羊肉类”（中间用英文输入法状态下的逗号“,”隔开），如图 3-27 所示。

（3）设置输入信息。切换到【输入信息】选项卡，在【输入信息】文本框中输入“请选择菜品类别”，如图 3-28 所示。

图 3-25　【数据验证】对话框

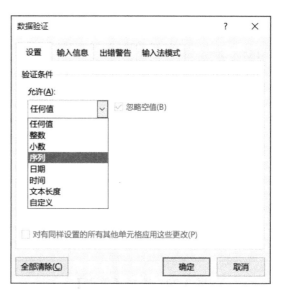

图 3-26　选择【序列】

图 3-27　输入"猪肉类,饮料类,米饭类,羊肉类"

图 3-28　【输入信息】选项卡

（4）设置出错警告信息。切换到【出错警告】选项卡，在【样式】下拉列表框中选择【警告】，如图 3-29 所示。在【标题】文本框中输入"输入类别错误"，在【错误信息】文本框中输入"请单击下拉按钮进行选择！"，如图 3-30 所示，单击【确定】按钮。

（5）选择菜品类别数据。单击单元格 G2 的 按钮，在下拉列表框中选择"猪肉类"，如图 3-31 所示，可在单元格 G2 中自动输入"猪肉类"。

（6）完善菜品类别数据。输入剩余的菜品类别数据，如图 3-32 所示。

也可以直接在单元格中输入数据，但是此时输入的数据只能是下拉列表中设置的内容，如果输入其他内容，例如在单元格 G2 中输入"糕点类"，那么会自动弹出设置好的出错警告提示，即【输入类别错误】对话框，如图 3-33 所示，单击【取消】按钮即可撤销本次操作。

图 3-29　选择【警告】

图 3-30　设置标题和错误信息

图 3-31　选择序列中的"猪肉类"

图 3-32　输入完成

图 3-33　【输入类别错误】对话框

3.2.2　自定义数据的范围

当数据有效性中的条件为数值时，还可以设置有效数据的取值范围，保证在输入其他内容或者输入的数值不符合设定的范围时，Excel 将其视为无效。在要输入价格的单元格中将有效性条件设置为大于 0 并输入其数据，具体操作步骤如下。

（1）打开【数据验证】对话框。单击单元格区域 D2:D10，在【数据】选项卡的【数据工具】命令组中选择【数据验证】命令，弹出【数据验证】对话框，如图 3-34 所示。

（2）设置验证条件。在【允许】下拉列表框中选择【小数】，如图 3-35 所示。在【数据】下拉列表中选择【大于】，在【最小值】文本框中输入"0"，如图 3-36 所示。

图 3-34　【数据验证】对话框

图 3-35　选择【小数】

（3）设置【显示输入信息】。切换到【输入信息】选项卡，在【输入信息】文本框中输入"请输入正数"，如图 3-37 所示。

图 3-36　【设置】选项卡

图 3-37　【输入信息】选项卡

（4）设置出错警告信息。切换到【出错警告】选项卡，在【样式】下拉列表框中选择【停止】，在【标题】文本框中输入"数据输入错误"，在【错误信息】文本框中输入"请输入正数！"，如图 3-38 所示，单击【确定】按钮。

图 3-38 【出错警告】选项卡

此时单击单元格区域 D2:D10 的任一单元格，例如单元格 D2，会出现一个提示框，如图 3-39 所示。如果在单元格 D2 中输入"0"，按下 Enter 键后系统将弹出【数据输入错误】对话框，如图 3-40 所示。单击【重试】按钮即可重新输入，单击【取消】按钮即可撤销本次操作。

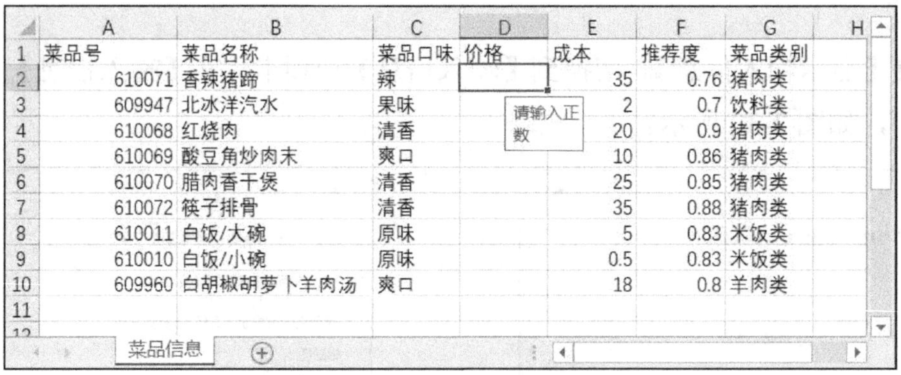

	A	B	C	D	E	F	G	H
1	菜品号	菜品名称	菜品口味	价格	成本	推荐度	菜品类别	
2	610071	香辣猪蹄	辣		35	0.76	猪肉类	
3	609947	北冰洋汽水	果味		2	0.7	饮料类	
4	610068	红烧肉	清香		20	0.9	猪肉类	
5	610069	酸豆角炒肉末	爽口		10	0.86	猪肉类	
6	610070	腊肉香干煲	清香		25	0.85	猪肉类	
7	610072	筷子排骨	清香		35	0.88	猪肉类	
8	610011	白饭/大碗	原味		5	0.83	米饭类	
9	610010	白饭/小碗	原味		0.5	0.83	米饭类	
10	609960	白胡椒胡萝卜羊肉汤	爽口		18	0.8	羊肉类	

图 3-39 设置完成后的结果

图 3-40 【数据输入错误】对话框

（5）完善价格信息。输入剩余价格信息，如图 3-41 所示。

	A	B	C	D	E	F	G	H
1	菜品号	菜品名称	菜品口味	价格	成本	推荐度	菜品类别	
2	610071	香辣猪蹄	辣	50	35	0.76	猪肉类	
3	609947	北冰洋汽水	果味	5	2	0.7	饮料类	
4	610068	红烧肉	清香	30	20	0.9	猪肉类	
5	610069	酸豆角炒肉末	爽口	20	10	0.86	猪肉类	
6	610070	腊肉香干煲	清香	35	25	0.85	猪肉类	
7	610072	筷子排骨	清香	50	35	0.88	猪肉类	
8	610011	白饭/大碗	原味	10	5	0.83	米饭类	
9	610010	白饭/小碗	原味	1	0.5	0.83	米饭类	
10	609960	白胡椒胡萝卜羊肉汤	爽口	35	18	0.8	羊肉类	
11								
12				请输入正数				

菜品信息

图 3-41　输入完成

任务 3.3　输入有规律数据

任务描述

在 Excel 中，有时会遇到相同或有一定规律的数据，可以使用自动填充功能进行快速输入，提高输入的准确性和效率。现有某餐饮店的部分会员信息，如图 3-42 所示，在 Excel 中将会员号、性别、会员星级信息添加完整，如图 3-43 所示。

	A	B	C	D	E	F	G
1	会员号	会员名	性别	年龄	入会时间	手机号	会员星级
2		叶亦凯		21	2014/8/18 21:41	18688880001	
3		张建涛		22	2014/12/24 19:26	18688880003	
4		莫子建		22	2014/9/11 11:38	18688880005	
5		易子歆		21	2015/2/24 21:25	18688880006	
6		唐莉		23	2014/10/29 21:52	18688880008	

Sheet1

图 3-42　部分用户信息

	A	B	C	D	E	F	G
1	会员号	会员名	性别	年龄	入会时间	手机号	会员星级
2	982	叶亦凯	男	21	2014/8/18 21:41	18688880001	一星级
3	983	张建涛	男	22	2014/12/24 19:26	18688880003	二星级
4	984	莫子建	男	22	2014/9/11 11:38	18688880005	三星级
5	985	易子歆	女	21	2015/2/24 21:25	18688880006	四星级
6	986	唐莉	女	23	2014/10/29 21:52	18688880008	五星级

Sheet1

图 3-43　完整用户信息

● **任务分析**

（1）输入"性别"数据。

（2）输入"会员号"数据。

（3）输入"会员星级"数据。

3.3.1　填充相同数据

当需要在工作表中的某一区域输入相同数据时，可以使用拖动法和填充命令进行快速输入。现通过复制填充的方式对"性别"字段进行输入，具体操作步骤如下。

（1）输入"男"。选择单元格 C2，作为数据区域的起始单元格，输入"男"，如图 3-44 所示。

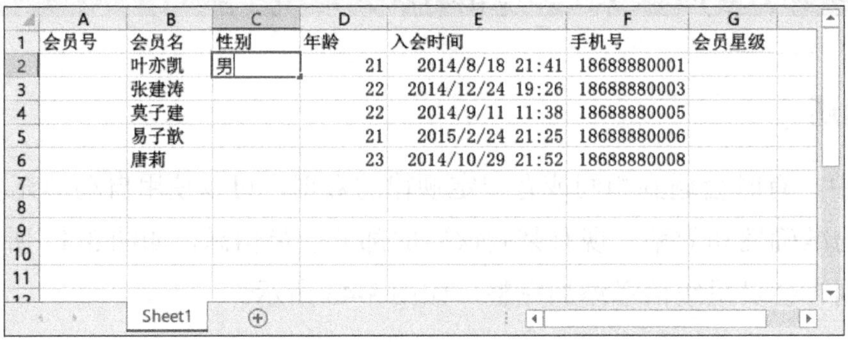

图 3-44　选择起始单元格并输入

（2）以填充的方式输入"男"，具体操作如下。

① 将鼠标指针指向单元格 C2 的右下角，当指针变为黑色且加粗的"+"指针时，向下拖动鼠标，当经过下面的单元格时，选中的单元格右下方会以提示的方式显示要填充到单元格的内容，如图 3-45 所示。

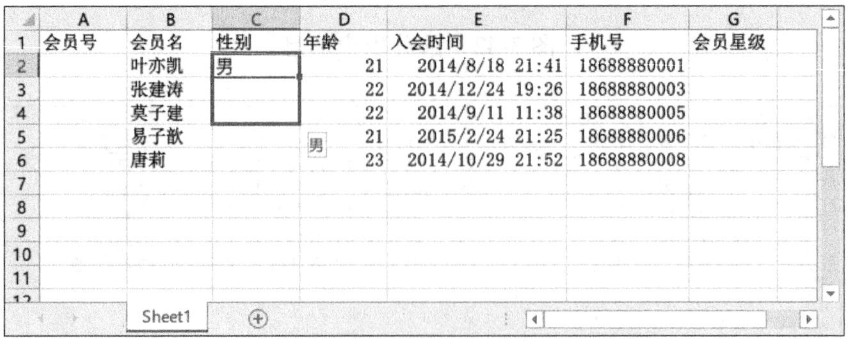

图 3-45　使用拖动法进行快速输入

② 释放鼠标，相同的数据会被填充到拖动过的单元格区域中，如图 3-46 所示。

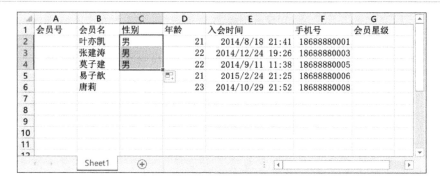

图 3-46　填充结果

也可以使用填充命令对相同的数据进行输入，具体操作步骤如下。

（1）输入"女"。选择单元格 C5，作为数据区域的起始单元格，输入"女"，如图 3-47 所示。

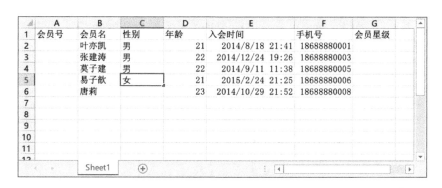

图 3-47　选择起始单元格并输入

（2）选择单元格区域。选择单元格区域 C5:C6，如图 3-48 所示。

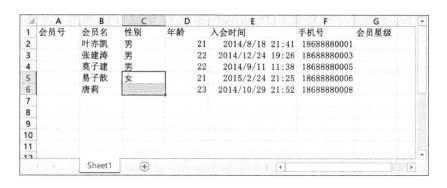

图 3-48　选择单元格区域 C5:C6

（3）使用【填充】命令。在【开始】选项卡的【编辑】命令组中选择【填充】命令，在下拉菜单中选择【向下】命令，如图 3-49 所示。选择的单元格区域会快速填充相同的数据，如图 3-50 所示。

如果要用某个单元格上方的内容快速填充该单元格，可以按 Ctrl+D 组合键；如果要用某个单元格左侧的内容快速填充该单元格，可以按 Ctrl+R 组合键。

图 3-49　选择【向下】命令

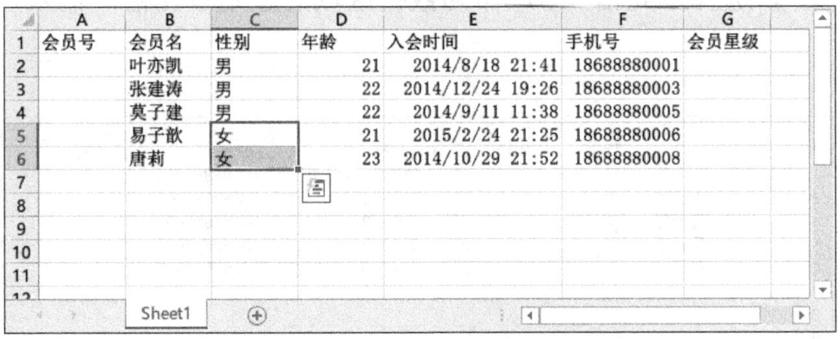

图 3-50　使用【填充】命令进行快速输入

3.3.2　填充序列

有时需要填充的数据是一个规律变化的序列，如递增、递减、成比例等。为了缩短在单元格中逐个输入数据的时间，可以使用拖动法和填充命令进行快速输入。现通过序列填充的方式对"会员号"字段进行输入，具体操作步骤如下。

（1）输入"982"。选择单元格 A2，作为数据区域的起始单元格，输入"982"，如图 3-51 所示。

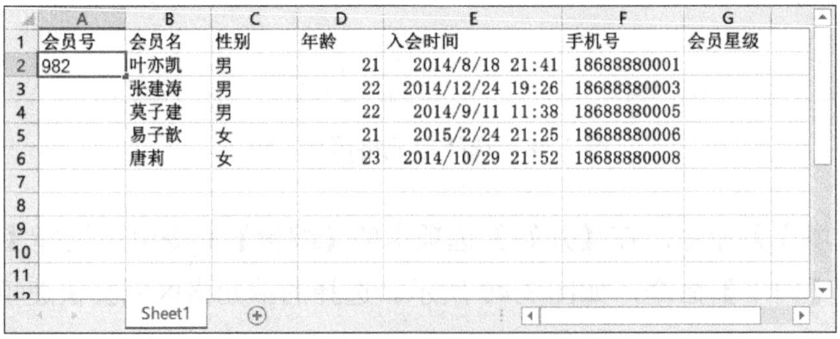

图 3-51　选择起始单元格并输入

（2）填充复制会员号。将鼠标指针移向单元格 A2 的右下角，当指针变为黑色且加粗的"+"指针时，向下拖动鼠标，当经过下面的单元格时，此时屏幕上会以提示的方式显示要输入到单元格的内容，如图 3-52 所示。

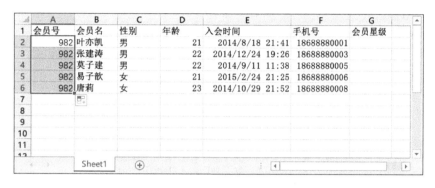

图 3-52　使用拖动法进行快速输入

（3）打开【自动填充选项】下拉菜单。释放鼠标后，单击出现的【自动填充选项】按钮，此时默认勾选的选项为【复制单元格】，如图 3-53 所示。

（4）勾选【填充序列】。选择【填充序列】，会员号会按递增关系进行自动填充，如图 3-54 所示。

或者在单元格 A2、A3 先分别输入"982""983"，选择单元格区域 A2:A3，然后用复制填充的方式拖动鼠标即可，如图 3-55 所示。

图 3-53　【自动填充选项】按钮

还可以采用【填充】命令进行输入，具体操作方法如下。

① 输入"982"。选择单元格 A2，作为数据区域的起始单元格，输入"982"。

② 选定需要进行序列填充的单元格区域。选择单元格区域 A2:A6，如图 3-56 所示。

③ 打开【序列】对话框。在【开始】选项卡的【编辑】命令组中选择【填充】命令，在下拉菜单中选择【序列】命令，弹出【序列】对话框。

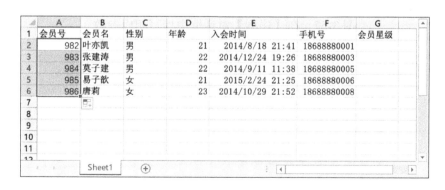

图 3-54　序列填充结果

图 3-55　使用拖动法进行快速输入

图 3-56　选定需要进行序列填充的单元格区域

④　在【序列】对话框中设置参数。在【序列产生在】组合框中选择【列】单选按钮，在【类型】组合框中选择【等差序列】单选按钮，在【步长值】文本框中输入"1"，如图 3-57所示。单击【确定】按钮，得到如图 3-58 所示。

图 3-57　在【序列】对话框中填写相应参数

图 3-58　使用【填充】命令进行快速输入

3.3.3　填充自定义序列

Excel 中包含了一些常见的、有规律的数据序列，如日期、季度等，但这些有时候不能满足用户的需要。在遇到一些特殊的、有一定规律的数据时，用户还可以自定义序列填充。现通过自定义序列填充的方式对"用户星级"字段进行输入，具体操作步骤如下。

（1）打开【Excel 选项】对话框。单击【文件】选项卡，选择【选项】命令，弹出【Excel选项】对话框，如图 3-59 所示。

图 3-59　【Excel 选项】对话框

（2）打开【自定义序列】对话框。在【Excel 选项】对话框中，单击【高级】选项，在【常规】组中单击【编辑自定义列表】按钮，如图 3-60 所示，弹出【自定义序列】对话框，如图 3-61 所示。

（3）添加新序列。选择【自定义序列】列表框中的【新序列】选项，在【输入序列】文本框中输入自定义序列，输入每一个序列后按 Enter 键换行（或者用英文状态下的逗号隔开，如输入"一星级,二星级,三星级,四星级,五星级"），单击【添加】按钮，即可把序列添加到【自定义序列】列表框中，如图 3-62 所示，单击【确定】按钮。

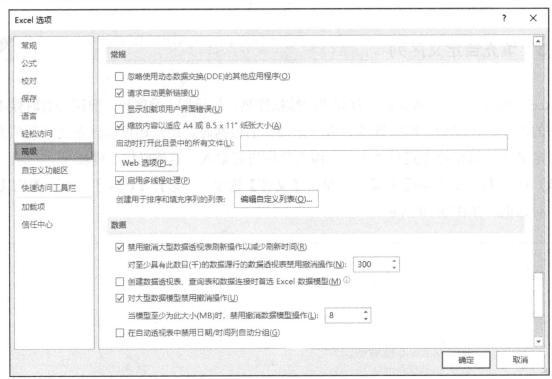

图 3-60　在【常规】组中找到【编辑自定义列表】按钮

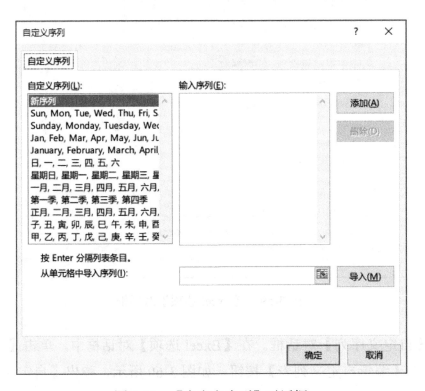

图 3-61　【自定义序列】对话框

（4）输入新序列。在单元格 G2 中输入"一星级"，然后用复制填充的方式拖动鼠标即可得到填充序列，如图 3-63 所示。

图 3-62　添加新序列

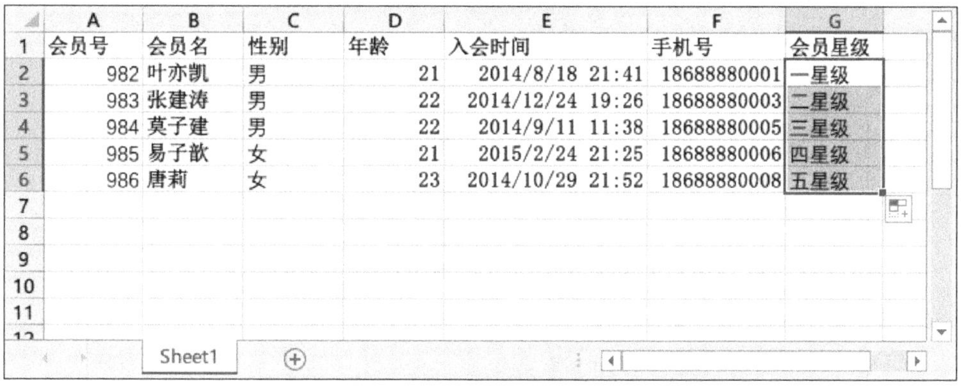

	A	B	C	D	E	F	G
1	会员号	会员名	性别	年龄	入会时间	手机号	会员星级
2	982	叶亦凯	男	21	2014/8/18 21:41	18688880001	一星级
3	983	张建涛	男	22	2014/12/24 19:26	18688880003	二星级
4	984	莫子建	男	22	2014/9/11 11:38	18688880005	三星级
5	985	易子歆	女	21	2015/2/24 21:25	18688880006	四星级
6	986	唐莉	女	23	2014/10/29 21:52	18688880008	五星级
7							
8							
9							
10							
11							
12							

图 3-63　【利用自定义序列】填充的数据

任务 3.4　输入相同的数据

◎ 任务描述

在 Excel 中，有时候需要在多个单元格或者多张工作表中输入相同的数据，可以一次性完成输入工作，而不必逐个进行输入。现有某餐饮店的订单详情、菜品信息和会员信息，在 Excel 中对相关数据进行更新。

◎ 任务分析

（1）更新会员信息数据。

（2）更新订单详情和菜品信息数据。

3.4.1　在多个单元格中输入相同的数据

图 3-64 为某餐饮店的会员信息，现对会员号为"1213""1215""1116"的会员星级更改为"二星级"，具体操作步骤如下。

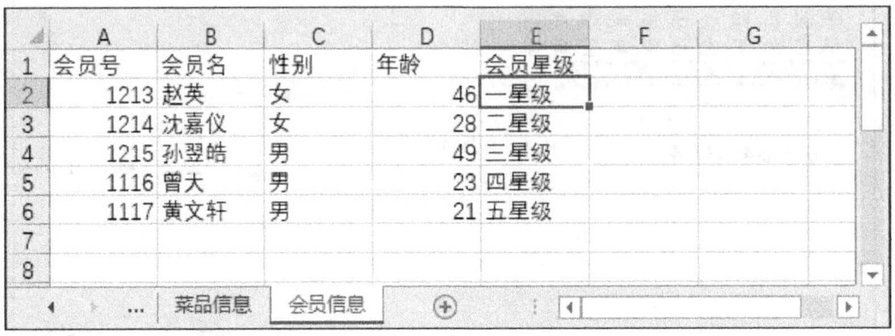

图 3-64　会员信息

（1）选择多个目标单元格。选择单元格 E2，按下 Ctrl 键的同时分别单击单元格 E4、E5，如图 3-65 所示。

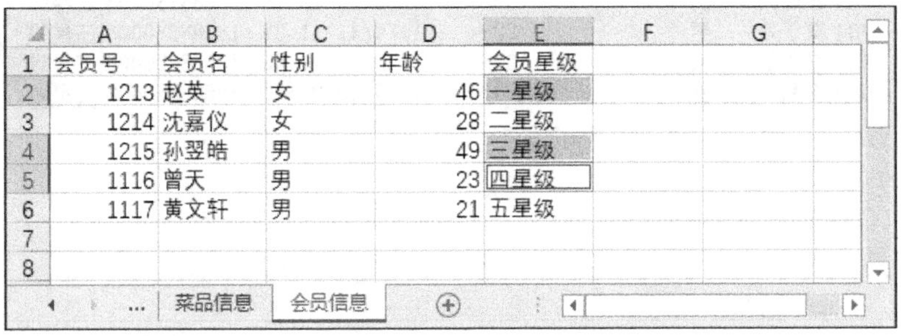

图 3-65　选中多个单元格

（2）输入更改的会员星级。输入"二星级"，然后按下 Ctrl+Enter 组合键，这样所选中的单元格都会被输入相同的数据，如图 3-66 所示。

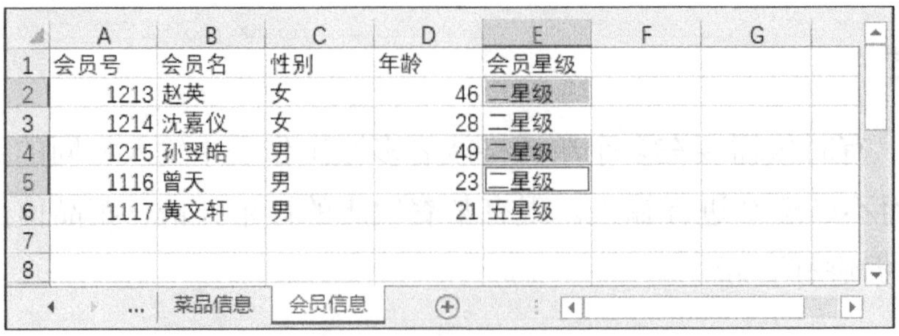

图 3-66　在多个单元格中输入相同的数据

3.4.2 在多张工作表中输入相同的数据

图 3-67 和图 3-68 分别是某餐饮店的订单详情与菜品信息，现该餐饮店的"白斩鸡"打折销售，需要将两个工作表中"白斩鸡"的价格改为"40"，具体操作步骤如下。

图 3-67　订单详情

图 3-68　菜品信息

（1）选中两张工作表。单击【订单详情】工作表标签，然后按下 Ctrl 键，再单击【菜品信息】工作表，在标题栏中可以看到工作簿的名称后面跟有"[工作组]"一词，如图 3-69所示。

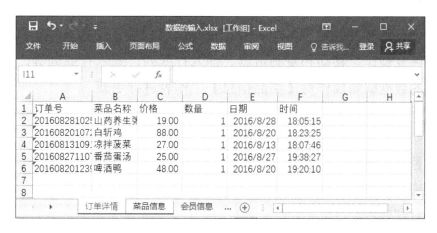

图 3-69　选中两张工作表

（2）输入新的价格。单击单元格 C3，输入"40"，然后按下 Enter 键或者 Tab 键即可，如图 3-70 和图 3-71 所示。

图 3-70　更新后的订单详情

图 3-71　更新后的菜品信息

需要注意的是，这种方法只能用在不同工作表对应相同的单元格中，如【订单详情】工作表的单元格 C3 与【菜品信息】的单元格 C3 可进行相同数据的输入。

任务 3.5　编辑数据

● 任务描述

在实际工作中，常常需要对表格中的数据进行编辑，常见的数据编辑操作有：查找和替换数据、撤销和恢复操作、移动和复制数据、插入行或列、删除行或列等。在 Excel 中，分别使用上述常见的数据编辑操作对【菜品信息】工作表进行更新。

● 任务分析

（1）查找和替换数据。

（2）撤销和恢复操作。

（3）移动和复制数据。

（4）插入行或列。

（5）删除行或列。

3.5.1 查找和替换数据

该餐饮店的"水煮鱼"现已不再销售，改为销售"酸菜鱼"，价格一样，需要在工作表中进行更改，可分为两步进行：查找数据、替换数据。

1. 查找数据

由于数据量较大，需要通过查找工具找到"水煮鱼"的单元格位置，具体操作步骤如下。

（1）打开【查找和替换】对话框。在【开始】选项卡的【编辑】命令组中选择【查找和选择】命令，如图 3-72 所示，选择【查找】命令。弹出【查找和替换】对话框，如图 3-73 所示。也可以使用 Ctrl+F 组合键弹出【查找和替换】对话框。

图 3-72　【查找和选择】命令　　　　图 3-73　【查找和替换】对话框

（2）输入要查找的数据。在【查找内容】文本框中输入要查找的文本或数字，或者单击【查找内容】文本框中的下拉箭头，可以在列表中看到最近的查找内容。此处输入"水煮鱼"，如图 3-74 所示。

图 3-74　输入查找内容

（3）定位要查找的数据。单击【查找全部】按钮，即可找到需要查找数据的所在单元格位置并定位到该位置，如图 3-75 所示。

单击图 3-75 中的【选项】按钮可以进一步定义查找，如图 3-76 所示。

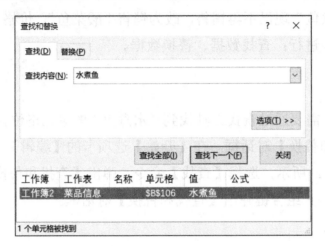

图 3-75　查找结果

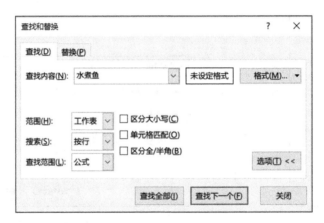

图 3-76　设置查找选项

如果要在工作表或者整个工作簿中查找数据，单击【范围】下拉列表，选择"工作表"或"工作簿"，如图 3-77 所示。

图 3-77　【范围】下拉列表

如果要查找特定行或列中的数据，单击【搜索】下拉列表，选择"按行"或"按列"，如图 3-78 所示。

图 3-78　【搜索】下拉列表

如果要查找带有特定详细信息的数据，单击【查找范围】下拉列表，选择"公式""值"或"批注"，如图 3-79 所示。

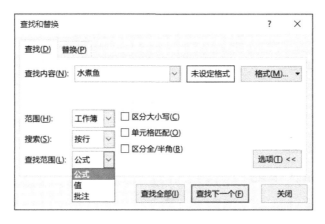

图 3-79　【查找范围】下拉列表

如果要查找区分大小写的数据，勾选【区分大小写】复选框。

如果要搜索同时具有特定格式的文本或数字，单击【格式】按钮，弹出【查找格式】对话框进行设置，如图 3-80 所示。

2. 替换数据

如果需要替换的数据出现的次数较少，可以在单元格中进行替换；如果需要替换的数据出现的次数较多，可以通过替换工具对数据进行替换。找到"水煮鱼"所在单元格的位置后，现要对其进行替换，具体操作步骤如下。

（1）切换至【查找和替换】对话框的【替换】选项卡。按下 Ctrl+F 组合键，弹出【查找和替换】对话框，单击【替换】选项卡，如图 3-81 所示。

图 3-80　【查找格式】对话框

图 3-81　【查找和替换】对话框

（2）输入查找和替换的内容。在【查找内容】文本框中输入"水煮鱼"，在【替换为】文本框中输入"酸菜鱼"，如图 3-82 所示。

（3）替换数据。单击图 3-82 所示的【全部替换】按钮，系统将弹出替换结果提示框，如图 3-83 所示，单击【确定】按钮。回到【查找和替换】对话框，单击【关闭】按钮，替换结果如图 3-84 所示。

图 3-82　设置需要替换的内容

图 3-83　替换结果提示框

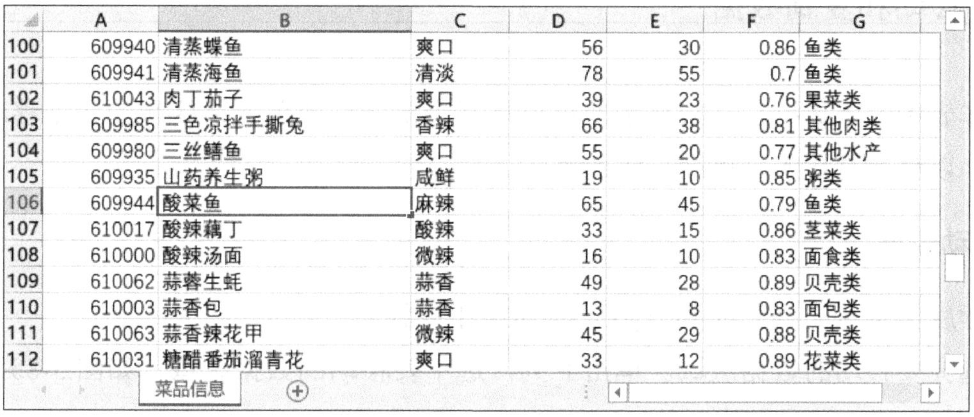

	A	B	C	D	E	F	G
100	609940	清蒸蝶鱼	爽口	56	30	0.86	鱼类
101	609941	清蒸海鱼	清淡	78	55	0.7	鱼类
102	610043	肉丁茄子	爽口	39	23	0.76	果菜类
103	609985	三色凉拌手撕兔	香辣	66	38	0.81	其他肉类
104	609980	三丝鳝鱼	爽口	55	20	0.77	其他水产
105	609935	山药养生粥	咸鲜	19	10	0.85	粥类
106	609944	酸菜鱼	麻辣	65	45	0.79	鱼类
107	610017	酸辣藕丁	酸辣	33	15	0.86	茎菜类
108	610000	酸辣汤面	微辣	16	10	0.83	面食类
109	610062	蒜蓉生蚝	蒜香	49	28	0.89	贝壳类
110	610003	蒜香包	蒜香	13	8	0.83	面包类
111	610063	蒜香辣花甲	微辣	45	29	0.88	贝壳类
112	610031	糖醋番茄溜青花	爽口	33	12	0.89	花菜类

菜品信息

图 3-84　替换结果

3.5.2　撤销和恢复操作

用户在对菜品信息进行更改的时候，有时候会进行一些错误的操作，可以使用【撤销】命令撤销之前的一个或多个操作。如果撤销操作失误，还可以使用【恢复】命令进行恢复。

1．撤销已执行的操作

若要撤销已执行的操作，可执行以下操作之一。

（1）单击快速访问工具栏中的【撤销】按钮 。

（2）按下 Ctrl+Z 组合键。

（3）如果要撤销多项操作，可单击快速访问工具栏中【撤销】命令旁的倒三角形按钮 ，从列表中选择需要撤销的操作，所有选中的操作都会被撤销。

（4）在按下 Enter 键前要取消在单元格或编辑栏中的输入，可按下 Esc 键。

需要注意的是，某些操作是无法撤销的，如删除工作表等。如果操作无法撤销，那么【撤销】命令将变为"无法撤销"。

2．恢复撤销的操作

若要恢复某个已撤销的操作，可执行以下操作之一。

（1）单击快速访问工具栏中的【恢复】按钮 ↻。

（2）按下 Ctrl+Y 组合键。

（3）如果要恢复多项操作，可单击快速访问工具栏中【恢复】命令旁的倒三角形按钮 ↻▾，从列表中选择需要恢复的操作，所有选中的操作都会被恢复。

需要注意的是，【恢复】命令只有在执行过【撤销】命令之后才有效。

3.5.3 移动和复制数据

在工作表中输入数据后，根据需要可以将某个单元格或单元格区域的数据移动或复制到其他位置，以免重复输入，提高工作效率。

1．移动数据

将推荐度信息从 F 列移动到 H 列，具体操作步骤如下。

（1）选择要移动的数据区域。单击 F 列，选中要移动的数据区域，如图 3-85 所示。

	A	B	C	D	E	F	G	H
1	菜品号	菜品名称	菜品口味	价格	成本	推荐度	菜品类别	
2	610071	香辣猪蹄	辣	50	35	0.76	猪肉类	
3	609947	北冰洋汽水	果味	5	2	0.7	饮料类	
4	610068	红烧肉	清香	30	20	0.9	猪肉类	
5	610069	酸豆角炒肉末	爽口	20	10	0.86	猪肉类	
6	610070	腊肉香干煲	清香	35	25	0.85	猪肉类	
7	610072	筷子排骨	清香	50	35	0.88	猪肉类	
8	610011	白饭/大碗	原味	10	5	0.83	米饭类	
9	610010	白饭/小碗	原味	1	0.5	0.83	米饭类	
10	609960	白胡椒胡萝卜羊肉汤	爽口	35	18	0.8	羊肉类	
11	610019	白斩鸡	香酥	88	54	0.85	家禽类	
12	609993	百里香奶油烤红酒牛肉	香甜	178	70	0.81	牛肉类	
13	610048	拌土豆丝	微辣	25	9	0.87	根菜类	

图 3-85　选中要移动的单元格区域

（2）拖动数据到 H 列。将鼠标指针移到该区域四周的任意边框线，当指针变为图 3-86 所示的十字双向箭头时，按住鼠标左键拖动鼠标指针到 H 列，释放鼠标后，数据被移动到新的区域，原来的数据就没有了，如图 3-87 所示。

E	F	G
成本	推荐度	菜品类别
35	0.76	猪肉类
2	0.7	饮料类
20	0.9	猪肉类

图 3-86　拖动数据

	B	C	D	E	F	G	H	I
1	菜品名称	菜品口味	价格	成本		菜品类别	推荐度	
2	香辣猪蹄	辣	50	35		猪肉类	0.76	
3	北冰洋汽水	果味	5	2		饮料类	0.7	
4	红烧肉	清香	30	20		猪肉类	0.9	
5	酸豆角炒肉末	爽口	20	10		猪肉类	0.86	
6	腊肉香干煲	清香	35	25		猪肉类	0.85	
7	筷子排骨	清香	50	35		猪肉类	0.88	
8	白饭/大碗	原味	10	5		米饭类	0.83	
9	白饭/小碗	原味	1	0.5		米饭类	0.83	
10	白胡椒胡萝卜羊肉汤	爽口	35	18		羊肉类	0.8	
11	白斩鸡	香酥	88	54		家禽类	0.85	
12	百里香奶油烤红酒牛肉	香甜	178	70		牛肉类	0.81	
13	拌土豆丝	微辣	25	9		根菜类	0.87	

菜品信息

图 3-87　利用拖动法移动数据

或者采用剪切粘贴的方式移动数据，将推荐度信息从单元格区域 H 列移回 F 列，具体操作步骤如下。

（1）剪切所需的数据区域。选择单元格区域 H 列，右击单元格区域 H 列，在弹出的快捷菜单中选择【剪切】命令，如图 3-88 所示，也可以按 Ctrl+X 组合键剪切选中单元格区域，被剪切的数据区域四周会显示滚动的虚框，如图 3-89 所示。

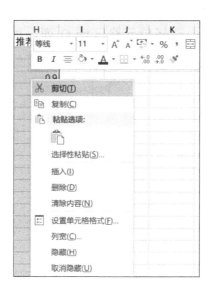

图 3-88　选择【剪切】命令

	A	B	C	D	E	F	G	H	I
1	菜品号	菜品名称	菜品口味	价格	成本		菜品类别	推荐度	
2	610071	香辣猪蹄	辣	50	35		猪肉类	0.76	
3	609947	北冰洋汽水	果味	5	2		饮料类	0.7	
4	610068	红烧肉	清香	30	20		猪肉类	0.9	
5	610069	酸豆角炒肉末	爽口	20	10		猪肉类	0.86	
6	610070	腊肉香干煲	清香	35	25		猪肉类	0.85	
7	610072	筷子排骨	清香	50	35		猪肉类	0.88	
8	610011	白饭/大碗	原味	10	5		米饭类	0.83	
9	610010	白饭/小碗	原味	1	0.5		米饭类	0.83	
10	609960	白胡椒胡萝卜羊肉汤	爽口	35	18		羊肉类	0.8	
11	610019	白斩鸡	香酥	88	54		家禽类	0.85	
12	609993	百里香奶油烤红酒牛肉	香甜	178	70		牛肉类	0.81	
13	610048	拌土豆丝	微辣	25	9		根菜类	0.87	

菜品信息

图 3-89　被剪切的数据区域

（2）粘贴数据。右击单元格 F1，选择【粘贴】命令，数据区域将移回原区域，如图 3-90 所示，也可以按 Ctrl+V 组合键粘贴选中单元格区域。

	A	B	C	D	E	F	G	H	I
1	菜品号	菜品名称	菜品口味	价格	成本	推荐度	菜品类别		
2	610071	香辣猪蹄	辣	50	35	0.76	猪肉类		
3	609947	北冰洋汽水	果味	5	2	0.7	饮料类		
4	610068	红烧肉	清香	30	20	0.9	猪肉类		
5	610069	酸豆角炒肉末	爽口	20	10	0.86	猪肉类		
6	610070	腊肉香干煲	清香	35	25	0.85	猪肉类		
7	610072	筷子排骨	清香	50	35	0.88	猪肉类		
8	610011	白饭/大碗	原味	10	5	0.83	米饭类		
9	610010	白饭/小碗	原味	1	0.5	0.83	米饭类		
10	609960	白胡椒胡萝卜羊肉汤	爽口	35	18	0.8	羊肉类		
11	610019	白斩鸡	香酥	88	54	0.85	家禽类		
12	609993	百里香奶油烤红酒牛肉	香甜	178	70	0.81	牛肉类		
13	610048	拌土豆丝	微辣	25	9	0.87	根菜类		

菜品信息

图 3-90　利用【剪切】和【粘贴】移动数据

2．复制数据

当需要在工作表中输入与已存在的某一位置相似的数据时，可以先复制原来的数据，再对个别数据进行修改，以提高编辑的效率。现对价格信息进行复制，具体操作步骤如下。

（1）选择要复制的数据区域。选择单元格区域 D 列，如图 3-91 所示。

	B	C	D	E	F	G	H	I
1	菜品名称	菜品口味	价格	成本	推荐度	菜品类别		
2	香辣猪蹄	辣	50	35	0.76	猪肉类		
3	北冰洋汽水	果味	5	2	0.7	饮料类		
4	红烧肉	清香	30	20	0.9	猪肉类		
5	酸豆角炒肉末	爽口	20	10	0.86	猪肉类		
6	腊肉香干煲	清香	35	25	0.85	猪肉类		
7	筷子排骨	清香	50	35	0.88	猪肉类		
8	白饭/大碗	原味	10	5	0.83	米饭类		
9	白饭/小碗	原味	1	0.5	0.83	米饭类		
10	白胡椒胡萝卜羊肉汤	爽口	35	18	0.8	羊肉类		
11	白斩鸡	香酥	88	54	0.85	家禽类		
12	百里香奶油烤红酒牛肉	香甜	178	70	0.81	牛肉类		
13	拌土豆丝	微辣	25	9	0.87	根菜类		

菜品信息

图 3-91　选中要复制的单元格区域

（2）用拖动的方法复制数据。按住 Ctrl 键，将鼠标指针移到该区域四周的任意边框线，当指针变为 时，按住鼠标左键拖动鼠标指针到 H 列，如图 3-92 所示。释放鼠标，同时松开 Ctrl 键，数据被复制到新的区域，如图 3-93 所示。

或者采用【复制】和【粘贴】命令来复制数据，具体步骤如下。

（1）复制数据。选择单元格区域 D 列中要复制的数据区域，右击选中的数据区域，在弹出的快捷菜单中选择【复制】命令，如图 3-94 所示，也可以按 Ctrl+C 组合键复制选中单元格区域，被复制的数据区域四周显示滚动的虚框，如图 3-95 所示。

	B	C	D	E	F	G	H	I
1	菜品名称	菜品口味	价格	成本	推荐度	菜品类别		
2	香辣猪蹄	辣	50	35	0.76	猪肉类		
3	北冰洋汽水	果味	5	2	0.7	饮料类	H:H	
4	红烧肉	清香	30	20	0.9	猪肉类		
5	酸豆角炒肉末	爽口	20	10	0.86	猪肉类		
6	腊肉香干煲	清香	35	25	0.85	猪肉类		
7	筷子排骨	清香	50	35	0.88	猪肉类		
8	白饭/大碗	原味	10	5	0.83	米饭类		
9	白饭/小碗	原味	1	0.5	0.83	米饭类		
10	白胡椒胡萝卜羊肉汤	爽口	35	18	0.8	羊肉类		
11	白斩鸡	香酥	88	54	0.85	家禽类		
12	百里香奶油烤红酒牛肉	香甜	178	70	0.81	牛肉类		
13	拌土豆丝	微辣	25	9	0.87	根菜类		

菜品信息

图 3-92 拖动数据

	B	C	D	E	F	G	H	I
1	菜品名称	菜品口味	价格	成本	推荐度	菜品类别	价格	
2	香辣猪蹄	辣	50	35	0.76	猪肉类	50	
3	北冰洋汽水	果味	5	2	0.7	饮料类	5	
4	红烧肉	清香	30	20	0.9	猪肉类	30	
5	酸豆角炒肉末	爽口	20	10	0.86	猪肉类	20	
6	腊肉香干煲	清香	35	25	0.85	猪肉类	35	
7	筷子排骨	清香	50	35	0.88	猪肉类	50	
8	白饭/大碗	原味	10	5	0.83	米饭类	10	
9	白饭/小碗	原味	1	0.5	0.83	米饭类	1	
10	白胡椒胡萝卜羊肉汤	爽口	35	18	0.8	羊肉类	35	
11	白斩鸡	香酥	88	54	0.85	家禽类	88	
12	百里香奶油烤红酒牛肉	香甜	178	70	0.81	牛肉类	178	
13	拌土豆丝	微辣	25	9	0.87	根菜类	25	

菜品信息

图 3-93 利用拖动法复制数据

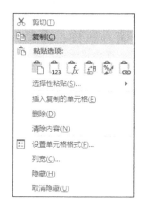

图 3-94 右击选择【复制】命令

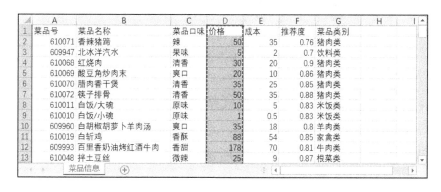

图 3-95 被复制的数据区域

（2）粘贴数据。右击单元格 H1，选择【粘贴】命令，数据被复制到新的区域，如图 3-96 所示。

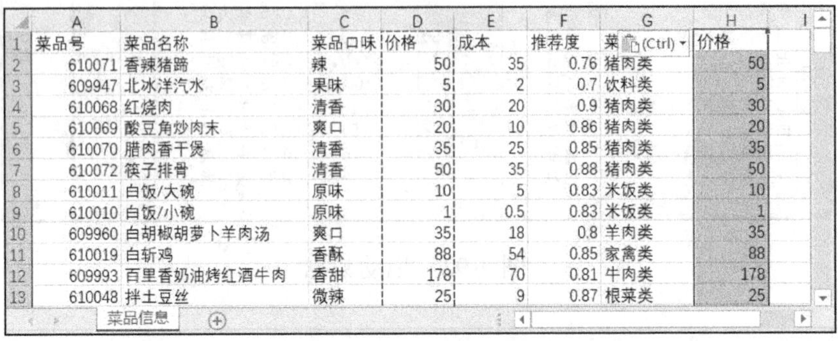

图 3-96 利用【复制】和【粘贴】命令来复制数据

3.5.4 插入行或列

该餐饮店现推出了新菜品"红烧排骨"，为了更好地统计营收，需要加入利润信息。在 Excel 中对相关菜品信息进行更新。

1. 插入行

在工作表中插入新菜品"红烧排骨"，具体操作步骤如下。

（1）选择单元格。在第 11 行上方插入新行，需要先选择第 11 行或该行中的任一单元格。此处单击单元格 A11，如图 3-97 所示。

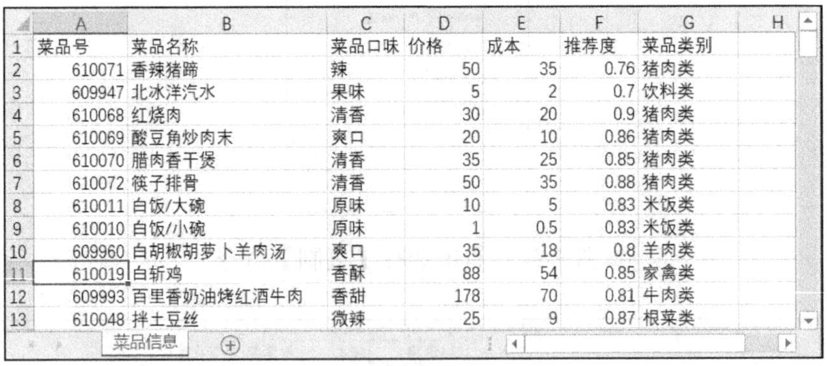

图 3-97 单击选中单元格

（2）插入行。在【开始】选项卡的【单元格】命令组中单击【插入】命令下的倒三角形按钮，如图 3-98 所示。选择【插入工作表行】命令，新行将出现在选定行上方，如图 3-99 所示。

图 3-98 【插入】命令

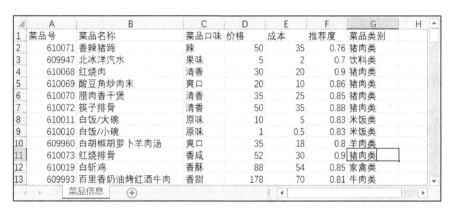

图 3-99　新行出现在选定行上方

（3）完善信息。将菜品信息补充完整，如图 3-100 所示。

图 3-100　完善信息

2．插入列

在工作表中插入菜品利润信息，具体操作步骤如下。

（1）选择单元格。在 F 列左侧插入新列，需要先选择 F 列或该列中的任一单元格。此处单击单元格 F1，如图 3-101 所示。

图 3-101　单击选中单元格

（2）插入列。在【开始】选项卡的【单元格】命令组中单击【插入】命令下的倒三角形按钮，如图 3-98 所示，选择【插入工作表列】命令，新列将出现在选定列左侧，如图 3-102 所示。

	A	B	C	D	E	F	G	H
1	菜品号	菜品名称	菜品口味	价格	成本		推荐度	菜品类别
2	610071	香辣猪蹄	辣	50	35		0.76	猪肉类
3	609947	北冰洋汽水	果味	5	2		0.7	饮料类
4	610068	红烧肉	清香	30	20		0.9	猪肉类
5	610069	酸豆角炒肉末	爽口	20	10		0.86	猪肉类
6	610070	腊肉香干煲	清香	35	25		0.85	猪肉类
7	610072	筷子排骨	清香	50	35		0.88	猪肉类
8	610011	白饭/大碗	原味	10	5		0.83	米饭类
9	610010	白饭/小碗	原味	1	0.5		0.83	米饭类
10	609960	白胡椒胡萝卜羊肉汤	爽口	35	18		0.8	羊肉类
11	610073	红烧排骨	香咸	52	30		0.9	猪肉类
12	610019	白斩鸡	香酥	88	54		0.85	家禽类
13	609993	百里香奶油烤红酒牛肉	香甜	178	70		0.81	牛肉类

菜品信息

图 3-102 新列出现在选定列左侧

（3）输入新的菜品信息。在单元格 F1 中输入"利润"，如图 3-103 所示。

	A	B	C	D	E	F	G	H
1	菜品号	菜品名称	菜品口味	价格	成本	利润	推荐度	菜品类别
2	610071	香辣猪蹄	辣	50	35		0.76	猪肉类
3	609947	北冰洋汽水	果味	5	2		0.7	饮料类
4	610068	红烧肉	清香	30	20		0.9	猪肉类
5	610069	酸豆角炒肉末	爽口	20	10		0.86	猪肉类
6	610070	腊肉香干煲	清香	35	25		0.85	猪肉类
7	610072	筷子排骨	清香	50	35		0.88	猪肉类
8	610011	白饭/大碗	原味	10	5		0.83	米饭类
9	610010	白饭/小碗	原味	1	0.5		0.83	米饭类
10	609960	白胡椒胡萝卜羊肉汤	爽口	35	18		0.8	羊肉类
11	610073	红烧排骨	香咸	52	30		0.9	猪肉类
12	610019	白斩鸡	香酥	88	54		0.85	家禽类
13	609993	百里香奶油烤红酒牛肉	香甜	178	70		0.81	牛肉类

菜品信息

图 3-103 插入列结果

3.5.5 删除行或列

该餐饮店的"白斩鸡"现已不再销售，在菜品信息中不再需要推荐度。在 Excel 中对相关菜品信息进行更新。

1. 删除行

在工作表中删除菜品"白斩鸡"，具体操作步骤如下。

（1）选择单元格。此处删除第 12 行，需要选择第 12 行或该行中的任一单元格。此处单击单元格 A12，如图 3-104 所示。

图 3-104　单击选中单元格

（2）删除行。在【开始】选项卡的【单元格】命令组中单击【删除】命令下的倒三角形按钮，如图 3-105 所示。选择【删除工作表行】命令，下面的行将向上移动，如图 3-106 所示。

图 3-105　【删除】命令

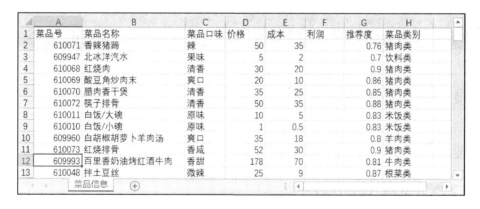

图 3-106　删除行结果

2．删除列

在工作表中删除推荐度信息，具体操作步骤如下。

（1）选择单元格。选择单元格区域 G 列或该列中的任一单元格。此处单击单元格 G1，如图 3-107 所示。

（2）删除列。在【开始】选项卡的【单元格】命令组中单击【删除】命令下的倒三角形按钮，如图 3-105 所示，选择【删除工作表列】命令，右侧的列将向左移动，如图 3-108 所示。

	A	B	C	D	E	F	G	H
1	菜品号	菜品名称	菜品口味	价格	成本	利润	推荐度	菜品类别
2	610071	香辣猪蹄	辣	50	35		0.76	猪肉类
3	609947	北冰洋汽水	果味	5	2		0.7	饮料类
4	610068	红烧肉	清香	30	20		0.9	猪肉类
5	610069	酸豆角炒肉末	爽口	20	10		0.86	猪肉类
6	610070	腊肉香干煲	清香	35	25		0.85	猪肉类
7	610072	筷子排骨	清香	50	35		0.88	猪肉类
8	610011	白饭/大碗	原味	10	5		0.83	米饭类
9	610010	白饭/小碗	原味	1	0.5		0.83	米饭类
10	609960	白胡椒胡萝卜羊肉汤	爽口	35	18		0.8	羊肉类
11	610073	红烧排骨	香咸	52	30		0.9	猪肉类
12	609993	百里香奶油烤红酒牛肉	香甜	178	70		0.81	牛肉类
13	610048	拌土豆丝	微辣	25	9		0.87	根菜类

菜品信息

图 3-107　单击选中单元格

	A	B	C	D	E	F	G	H
1	菜品号	菜品名称	菜品口味	价格	成本	利润	菜品类别	
2	610071	香辣猪蹄	辣	50	35		猪肉类	
3	609947	北冰洋汽水	果味	5	2		饮料类	
4	610068	红烧肉	清香	30	20		猪肉类	
5	610069	酸豆角炒肉末	爽口	20	10		猪肉类	
6	610070	腊肉香干煲	清香	35	25		猪肉类	
7	610072	筷子排骨	清香	50	35		猪肉类	
8	610011	白饭/大碗	原味	10	5		米饭类	
9	610010	白饭/小碗	原味	1	0.5		米饭类	
10	609960	白胡椒胡萝卜羊肉汤	爽口	35	18		羊肉类	
11	610073	红烧排骨	香咸	52	30		猪肉类	
12	609993	百里香奶油烤红酒牛肉	香甜	178	70		牛肉类	
13	610048	拌土豆丝	微辣	25	9		根菜类	

菜品信息

图 3-108　删除列结果

实训

实训 1　录入便利店的进货信息

1．训练要点

（1）掌握文本数据输入的方法。

（2）掌握数值数据输入的方法。

（3）掌握日期和时间型数据输入的方法。

2．需求说明

某便利店新进了一批商品，需要将相关数据录入 Excel 中，如图 3-109 所示。

3．实现思路及步骤

（1）创建一个新的空白工作簿，然后将其保存为"便利店销售表.xlsx"。

	A	B	C	D	E	F
1	序号	商品名称	条形码	进货价格	进货日期	
2	1	健能酸奶	6930953094006	3.5	2016/12/20	
3	2	合味道（海鲜风味）	6917935002150	4	2016/12/20	
4	3	乐事薯片	6924743919266	6	2016/12/20	
5	4	美好时光海苔	6926475202074	2.5	2016/12/20	
6	5	可口可乐	6928804011760	3	2016/12/20	
7	6	达利园柠檬蛋糕	6911988026415	4	2016/12/22	
8	7	康师傅红烧牛肉面	6900873000777	5	2016/12/22	
9	8	恒大冰泉矿泉水	6943052100110	2	2016/12/22	
10	9	盼盼手撕面包	6970042900078	3.5	2016/12/22	
11						

图 3-109 【进货信息】工作表

（2）将【Sheet1】工作表重命名为"进货信息"。

（3）在单元格 A1 到 E1 中依次输入"序号""商品名称""条形码""进货价格""进货日期"。

（4）在工作表中分别输入"序号""商品名称""条形码""进货价格""进货日期"的数据。

实训 2 补充便利店的进货信息

1. 训练要点

（1）掌握下拉列表的设置方法。

（2）掌握数据范围的定义方法。

2. 需求说明

该便利店在录入进货信息的时候，遗漏了类别与数量信息，需要对进货信息进行补充，如图 3-110 所示。

	A	B	C	D	E	F	G
1	序号	商品名称	条形码	进货价格	进货日期	类别	数量
2	1	健能酸奶	6930953094006	3.5	2016/12/20	饮料	120
3	2	合味道（海鲜风味）	6917935002150	4	2016/12/20	方便面	60
4	3	乐事薯片	6924743919266	6	2016/12/20	零食	60
5	4	美好时光海苔	6926475202074	2.5	2016/12/20	零食	50
6	5	可口可乐	6928804011760	3	2016/12/20	饮料	100
7	6	达利园柠檬蛋糕	6911988026415	4	2016/12/22	糕点	30
8	7	康师傅红烧牛肉面	6900873000777	5	2016/12/22	方便面	60
9	8	恒大冰泉矿泉水	6943052100110	2	2016/12/22	饮料	100
10	9	盼盼手撕面包	6970042900078	3.5	2016/12/22	糕点	30
11							

图 3-110 【进货信息】工作表

3. 实现思路及步骤

（1）打开"便利店销售表.xlsx"工作簿，选择【进货信息】工作表。

（2）选择用于输入类别信息的单元格，设置下拉列表进行填写，然后设置输入信息和警告信息。

（3）选择用于输入数量信息的单元格，将其有效性条件设置为大于 0 的整数，然后设置输入信息和警告信息。

实训 3　录入便利店的销售信息

1. 训练要点

（1）掌握相同数据的快速输入方法。

（2）掌握序列数据的快速输入方法。

（3）掌握序列数据的自定义方法。

2. 需求说明

该便利店现需要对 2017 年上半年的销售情况进行录入分析，如图 3-111 所示。

▲	A	B	C	D	E
1	季度	类别	销量	销量排名	
2	第1季度	饮料	286	1	
3	第1季度	方便面	102	2	
4	第1季度	零食	81	3	
5	第1季度	糕点	46	4	
6	第2季度	饮料	270	1	
7	第2季度	方便面	92	2	
8	第2季度	零食	70	3	
9	第2季度	糕点	44	4	
10					

图 3-111　【销售信息】工作表

3. 实现思路及步骤

（1）打开"便利店销售表.xlsx"工作簿，添加一个工作表，重命名为"销售信息"。

（2）使用自动填充功能输入相应数据。

实训 4　录入便利店的商品信息

1. 训练要点

（1）掌握在多个单元格中输入相同数据的方法。

（2）掌握在多张工作表中输入相同数据的方法。

2．需求说明

该便利店需要对商品信息进行录入，如图 3-112 所示。

	A	B	C	D	E
1	序号	商品名称	销售价格	进货价格	
2	1	健能酸奶	4	3.5	
3	2	合味道（海鲜风味）	5	4	
4	3	乐事薯片	8	6	
5	4	美好时光海苔	3	2.5	
6	5	可口可乐	4	3	
7	6	达利园柠檬蛋糕	5	4	
8	7	康师傅红烧牛肉面	6	5	
9	8	恒大冰泉矿泉水	2.5	2	
10	9	盼盼手撕面包	4	3.5	
11					

图 3-112　【商品信息】工作表

3．实现思路及步骤

（1）打开"便利店销售表.xlsx"工作簿，添加一个工作表，重命名为"商品信息"。

（2）选中需要输入相同数据的单元格，通过组合键进行快速输入。

（3）在【进货信息】工作表与【销售信息】工作表中选择对应的单元格，利用工作组进行输入。

实训 5　更新便利店的销售信息

1．训练要点

熟练掌握 Excel 常见的几种数据编辑操作。

2．需求说明

该便利店个别商品不再销售，改为销售其他商品，并且需要添加其他信息，现需要对销售信息进行更新，如图 3-113～图 3-115 所示。

	A	B	C	D	E	F	G
1	序号	商品名称	条形码	进货价格	数量	类别	进货日期
2	1	健能酸奶	6930953094006	3.5	120	饮料	2016/12/20
3	2	合味道（海鲜风味）	6917935002150	4	60	方便面	2016/12/20
4	3	乐事薯片	6924743919266	6	60	零食	2016/12/20
5	4	美好时光海苔	6926475202074	2.5	50	零食	2016/12/20
6	5	可口可乐	6928804011760	3	100	饮料	2016/12/20
7	6	达利园柠檬蛋糕	6911988026415	4	30	糕点	2016/12/22
8	7	康师傅红烧牛肉面	6925303773106	5	60	方便面	2016/12/22
9	8	恒大冰泉矿泉水	6943052100110	2	100	饮料	2016/12/22
10	9	盼盼手撕面包	6970042900078	3.5	30	糕点	2016/12/22
11							

图 3-113　【进货信息】工作表

	A	B	C	D	E
1	季度	类别	销量	排名	
2	第1季度	饮料	286	1	
3	第1季度	方便面	102	2	
4	第1季度	零食	81	3	
5	第1季度	糕点	46	4	
6	第2季度	饮料	270	1	
7	第2季度	方便面	92	2	
8	第2季度	零食	70	3	
9	第2季度	糕点	44	4	
10					

图 3-114　【销售信息】工作表

	A	B	C	D	E	F
1	序号	商品名称	条形码	销售价格	进货价格	
2	1	合味道（海鲜风味）	6917935002150	5	4	
3	2	乐事薯片	6924743919266	8	6	
4	3	美好时光海苔	6926475202074	3	2.5	
5	4	可口可乐	6928804011760	4	3	
6	5	达利园柠檬蛋糕	6911988026415	5	4	
7	6	老坛酸菜牛肉面	6925303773106	6	5	
8	7	恒大冰泉矿泉水	6943052100110	2.5	2	
9	8	盼盼手撕面包	6970042900078	4	3.5	
10						

图 3-115　【商品信息】工作表

3. 实现思路及步骤

（1）打开"便利店销售表.xlsx"工作簿，通过"查找和替换"的方法对商品名称在工作表中进行更改。

（2）通过移动操作对列顺序进行更改。

（3）通过插入和删除操作对行或列进行更新。

第4章　工作表的格式化

在工作表中输入数据后，为了更加清晰地显示工作表中的数据，常常对工作表的格式进行设置。Excel 2016 工作表的格式设置主要包括：设置单元格格式、设置条件格式以及调整行与列。

 学习目标

(1) 掌握单元格格式的设置。

(2) 掌握条件格式的设置。

(3) 掌握行与列的调整。

任务 4.1　设置单元格格式

○ 任务描述

单元格的格式一般为默认形式。根据需要可以对单元格的格式进行设置。在【订单二元表】工作表中为了更好地观察数据区域，对数据区域进行单元格格式的设置。

○ 任务分析

（1）合并单元格区域 A1:H1。

（2）在单元格区域 A1:H14 中添加所有框线。

（3）在单元格 A2 中添加斜向边框。

（4）用蓝色填充单元格区域 A1:H1。

（5）用图案填充单元格区域 A1:H1。

（6）用白色和蓝色填充单元格区域 B2:H2。

4.1.1　合并单元格

在【订单二元表】工作表中合并单元格区域 A1:H1 的具体操作步骤如下。

（1）选择单元格区域。在【订单二元表】工作表中选择单元格区域 A1:H1，如图 4-1 所示。

图 4-1　选择单元格区域 A1:H1

（2）合并后居中单元格。在【开始】选项卡的【对齐方式】命令组中，单击 按钮旁的倒三角形按钮，如图 4-2 所示，在下拉菜单中选择【合并后居中】命令即可合并单元格，设置效果如图 4-3 所示。

图 4-2　合并单元格的命令

图 4-3　合并单元格设置效果

若要取消单元格的合并，则选择要取消合并的单元格区域，在图 4-2 所示的下拉菜单中选择【取消单元格合并】命令即可。

4.1.2　设置单元格边框

1. 添加边框

在【订单二元表】工作表的单元格区域 A1:H14 中添加所有框线的具体操作步骤如下。

（1）隐藏单元格网格线（该操作视情况所需设置，可不设）。在【订单二元表】工作表中取消【视图】选项卡的【显示】命令组中的【网格线】复选框的勾选，即可隐藏单元格网格线，如图 4-4 所示。若需显示单元格网格线，则勾选【网格线】复选框即可。

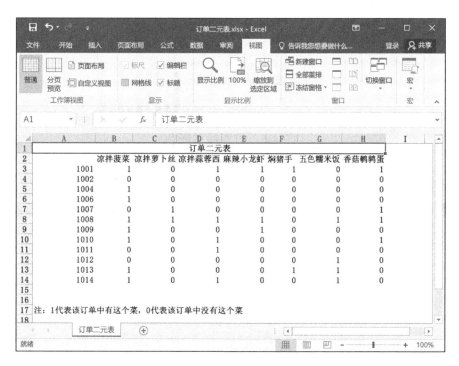

图 4-4　隐藏单元格网格线

如果编辑时不使用网格线，但打印时又希望显示网格线，那么可以在【页面布局】选项卡的【工作表选项】命令组中勾选【网格线】组的【打印】复选框，如图 4-5 所示。

图 4-5　打印时显示网格线

（2）设置边框的线条颜色（该操作视情况所需设置，如不设则选择默认颜色）。在【开始】选项卡的【字体】命令组中单击 田· 按钮旁的倒三角形按钮，在下拉菜单的【绘制边框】组中选择【线条颜色】命令，选择黑色，如图 4-6 所示。

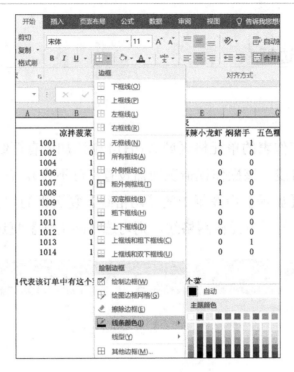

图 4-6　设置线条颜色

（3）设置边框线型（该操作视情况所需设置，如不设置则选择默认线型）。在【开始】选项卡的【字体】命令组中单击 田· 按钮旁的倒三角形按钮，在下拉菜单的【绘制边框】组中选择【线型】命令，如图 4-7 所示，选择 ——————— 样式。

图 4-7　设置边框线型

（4）添加所有边框，具体步骤如下。

① 选择单元格区域。在【订单二元表】工作表中选择单元格区域 A1:H14，如图 4-8 所示。

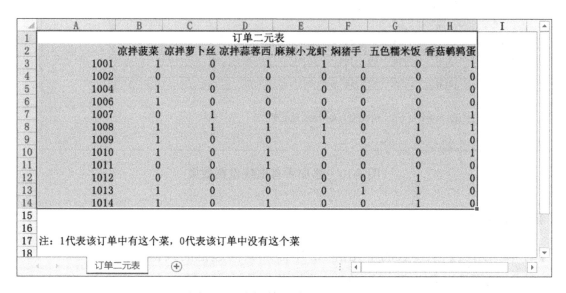

	A	B	C	D	E	F	G	H	I
1				订单二元表					
2		凉拌菠菜	凉拌萝卜丝	凉拌蒜蓉西	麻辣小龙虾	焖猪手	五色糯米饭	香菇鹌鹑蛋	
3	1001	1	0	1	1	1	0	1	
4	1002	0	0	0	0	0	0	0	
5	1004	1	0	0	0	0	0	0	
6	1006	1	0	0	0	0	0	0	
7	1007	0	1	0	0	0	0	1	
8	1008	1	1	1	1	0	1	1	
9	1009	1	0	0	1	0	0	0	
10	1010	1	0	0	0	0	0	0	
11	1011	0	0	1	0	0	0	0	
12	1012	1	0	0	0	0	1	0	
13	1013	1	0	0	0	1	1	0	
14	1014	1	0	1	0	0	1	0	
15									
16									
17	注：1代表该订单中有这个菜，0代表该订单中没有这个菜								
18									

订单二元表

图 4-8　选择单元格区域 A1:H14

② 添加边框。在【开始】选项卡的【字体】命令组中单击 ⊞· 按钮旁的倒三角形按钮，如图 4-9 所示，选择【所有框线】命令即可添加所有框线，设置效果如图 4-10 所示。

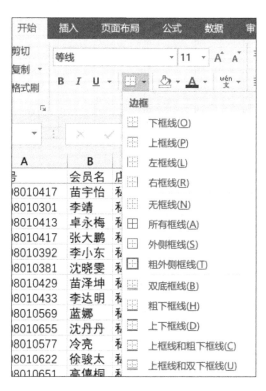

图 4-9　添加所有框线

图 4-10　添加所有框线设置效果

2. 添加斜向边框

在【订单二元表】工作表的单元格 A2 中添加斜向边框的具体步骤如下。

（1）输入"菜品名称"和"订单"。选择单元格 A2，输入空格后输入"菜品名称"，按 Alt+Enter 组合键换行，输入"订单"，如图 4-11 所示。

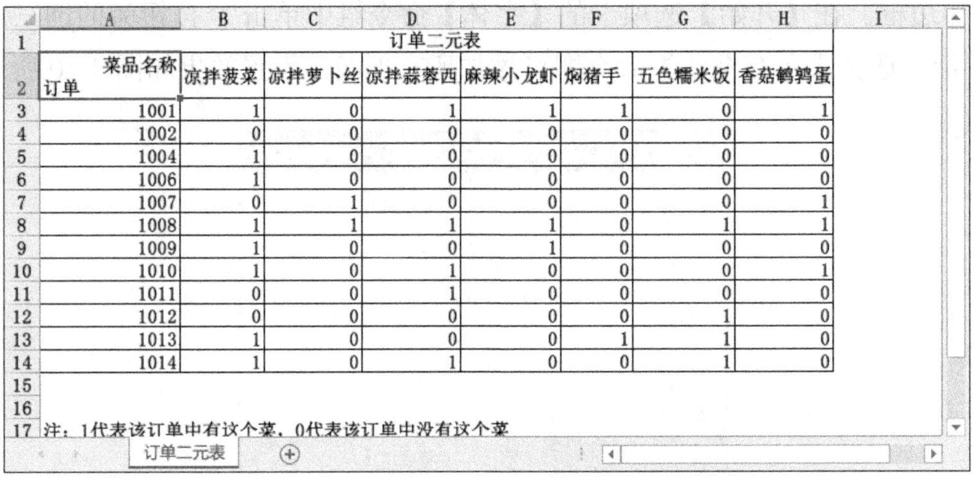

图 4-11　输入标题

（2）打开【设置单元格格式】对话框。在【开始】选项卡的【字体】命令组中单击 按钮，弹出【设置单元格格式】对话框，如图 4-12 所示。

（3）添加斜线。在【设置单元格格式】对话框中打开【边框】选项卡，单击【边框】组的 按钮，如图 4-13 所示，单击【确定】按钮即可添加斜向边框，设置效果如图 4-14 所示。

也可以在图 4-13 所示的【线条】和【颜色】组中选择所需的样式和颜色，并在【预置】和【边框】中选择合适的按钮来自定义单元格。

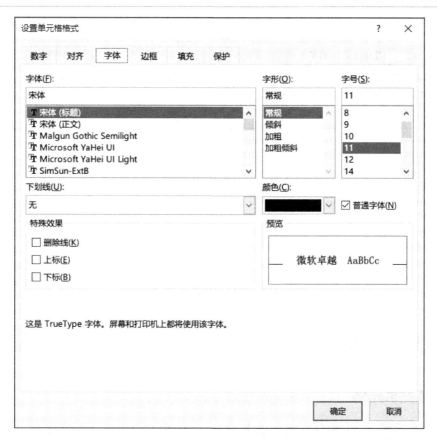

图 4-12　【设置单元格格式】对话框

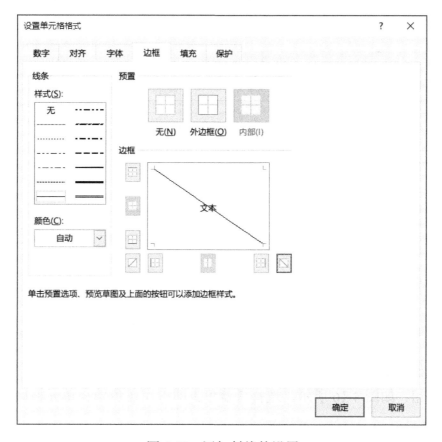

图 4-13　添加斜线的设置

订单\菜品名称	凉拌菠菜	凉拌萝卜丝	凉拌蒜蓉西	麻辣小龙虾	焖猪手	五色糯米饭	香菇鹌鹑蛋
1001	1	0	1	1	1	0	1
1002	0	0	0	0	0	0	0
1004	1	0	0	0	0	0	0
1006	1	0	0	0	0	0	0
1007	0	1	0	0	0	0	1
1008	1	1	1	1	0	1	1
1009	1	0	0	1	0	0	0
1010	1	0	1	0	0	0	1
1011	0	0	1	0	0	0	0
1012	0	0	0	0	0	1	0
1013	1	0	0	0	1	1	1
1014	1	0	1	0	0	1	0

注：1代表该订单中有这个菜，0代表该订单中没有这个菜

图4-14　斜向边框设置效果

4.1.3　设置单元格底纹

1. 用单色填充单元格

在【订单二元表】工作表中，用蓝色填充单元格区域 A1:H1 的具体操作步骤如下。

（1）选择单元格区域。在【订单二元表】工作表中选择单元格区域 A1:H1，如图 4-15 所示。

订单\菜品名称	凉拌菠菜	凉拌萝卜丝	凉拌蒜蓉西	麻辣小龙虾	焖猪手	五色糯米饭	香菇鹌鹑蛋
1001	1	0	1	1	1	0	1
1002	0	0	0	0	0	0	0
1004	1	0	0	0	0	0	0
1006	1	0	0	0	0	0	0
1007	0	1	0	0	0	0	1
1008	1	1	1	1	0	1	1
1009	1	0	0	1	0	0	0
1010	1	0	1	0	0	0	1
1011	0	0	1	0	0	0	0
1012	0	0	0	0	0	1	0
1013	1	0	0	0	1	1	1
1014	1	0	1	0	0	1	0

注：1代表该订单中有这个菜，0代表该订单中没有这个菜

图4-15　选择单元格区域 A1:H1

（2）选择一种颜色填充单元格区域。在【开始】选项卡的【字体】命令组中单击 按钮旁的倒三角形按钮，如图 4-16 所示，选择【蓝色】即可用蓝色填充单元格区域 A1:H1，设置效果如图 4-17 所示。

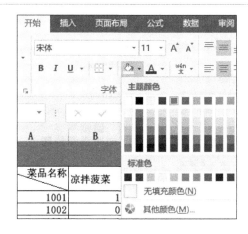

图 4-16 用单色填充单元格

订单二元表							
菜品名称 订单	凉拌菠菜	凉拌萝卜丝	凉拌蒜蓉西	麻辣小龙虾	焖猪手	五色糯米饭	香菇鹌鹑蛋
1001	1	0	1	1	1	0	1
1002	0	0	0	0	0	0	0
1004	1	0	0	0	0	0	0
1006	1	0	0	0	0	0	0
1007	0	1	0	0	0	0	1
1008	1	1	1	0	0	1	1
1009	1	0	0	1	0	0	0
1010	1	0	1	0	0	0	1
1011	0	0	1	0	0	0	0
1012	0	0	0	0	0	1	0
1013	1	0	0	0	0	0	0
1014	1	0	1	0	0	1	0

注：1代表该订单中有这个菜，0代表该订单中没有这个菜

订单二元表

图 4-17 用蓝色填充单元格设置效果

若要删除单元格的底纹，则选择要删除底纹的单元格区域，在图 4-16 所示的下拉菜单中选择【无填充颜色】命令即可。

2．用图案填充单元格

在【订单二元表】工作表中，用图案填充单元格区域 A1:H1 的具体操作步骤如下。

（1）选择单元格区域。在【订单二元表】工作表中选择单元格区域 A1:H1。

（2）选择一个图案样式填充单元格区域。在【开始】选项卡的【字体】命令组中单击右下角的 按钮，弹出【设置单元格格式】对话框，在【填充】选项卡的【图案样式】下拉框中单击 按钮，在下拉列表中选择 样式，如图 4-18 所示，单击【确定】按钮即可用图案填充单元格区域 A1:H1，设置效果如图 4-19 所示。

3．用双色填充单元格

在【订单二元表】工作表中，用白色和蓝色填充单元格区域 B2:H2 的具体步骤如下。

（1）选择单元格区域。在【订单二元表】工作表中选择单元格区域 B2:H2，如图 4-20 所示。

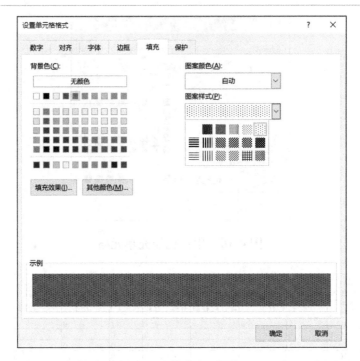

图 4-18　用图案填充单元格

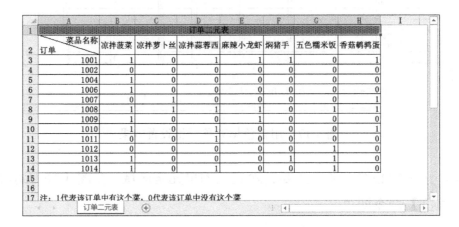

订单＼菜品名称	凉拌菠菜	凉拌萝卜丝	凉拌蒜蓉西	麻辣小龙虾	焖猪手	五色糯米饭	香菇鹌鹑蛋
1001	1	0	1	1	1	0	1
1002	0	0	0	0	0	0	0
1004	1	0	0	0	0	0	0
1006	1	0	0	0	0	0	0
1007	0	1	0	0	0	0	1
1008	1	1	1	1	0	1	1
1009	1	0	0	1	0	0	0
1010	1	0	1	0	0	0	1
1011	0	0	1	0	0	0	0
1012	0	0	0	0	0	1	0
1013	1	0	0	0	0	1	0
1014	1	0	1	0	0	1	0

注：1代表该订单中有这个菜，0代表该订单中没有这个菜

图 4-19　用图案填充单元格设置效果

图 4-20　选择单元格区域 B2:H2

（2）打开【填充效果】对话框。在【开始】选项卡的【字体】命令组中单击右下角的

按钮，弹出【设置单元格格式】对话框，打开【填充】选项卡，单击【填充效果】按钮，弹出【填充效果】对话框，如图 4-21 所示。

（3）选择要填充的两种颜色。在【填充效果】对话框中单击【颜色 1】下拉列表框的 按钮，在下拉列表中选择【白色】，如图 4-22 所示。单击【颜色 2】下拉列表框的 按钮，在下拉列表中选择【蓝色】，如图 4-23 所示。

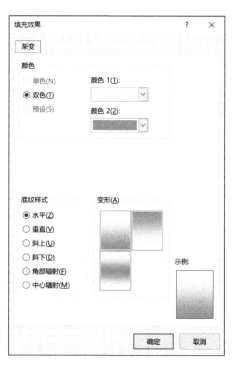

图 4-21　【填充效果】对话框

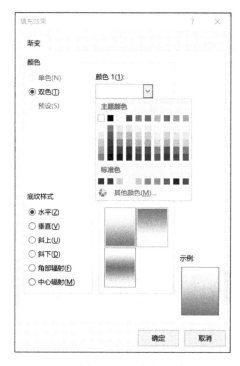

图 4-22　选择白色

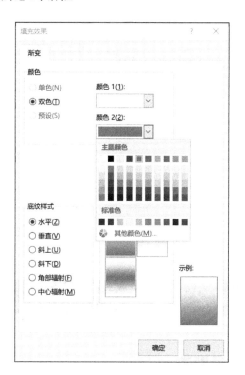

图 4-23　选择蓝色

（4）确定用双色填充单元格区域。单击图 4-23 所示的【确定】按钮回到【设置单元格格式】对话框，如图 4-24 所示，单击【确定】按钮即可用双色填充单元格，设置效果如图 4-25 所示。

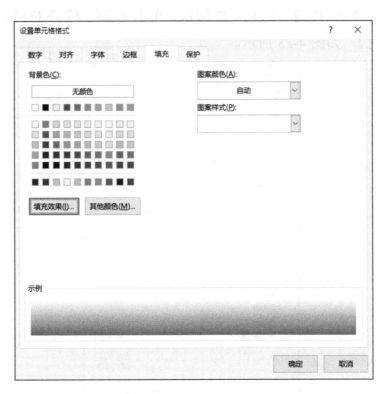

图 4-24 回到【设置单元格格式】对话框

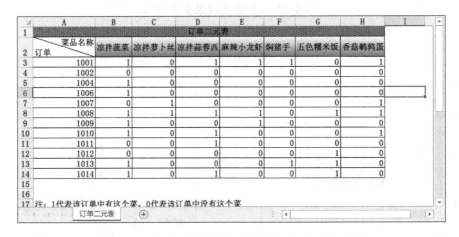

	A	B	C	D	E	F	G	H	I
1				订单二元表					
2	菜品名称 订单	凉拌菠菜	凉拌萝卜丝	凉拌蒜蓉西	麻辣小龙虾	焖猪手	五色糯米饭	香菇鹌鹑蛋	
3	1001	1	0	1	1	1	0	1	
4	1002	0	0	0	0	0	0	0	
5	1004	1	0	0	0	0	0	0	
6	1006	1	0	0	0	0	0	0	
7	1007	0	1	0	0	0	0	1	
8	1008	1	1	1	1	0	1	1	
9	1009	1	0	0	1	0	0	0	
10	1010	1	0	1	0	0	0	1	
11	1011	0	0	0	0	0	0	1	
12	1012	0	0	0	0	0	1	0	
13	1013	1	0	0	0	1	1	0	
14	1014	1	0	1	0	0	1	0	
15									
16									
17	注：1代表该订单中有这个菜，0代表该订单中没有这个菜								

图 4-25 用白色和蓝色填充单元格设置效果

任务 4.2 设置条件格式

任务描述

条件格式设置是指更改符合条件的单元格区域的外观。在【订单信息】工作表中，为了更方便地查找和对比数据，根据需要对单元格进行条件设置。

◎ **任务分析**

（1）突出显示消费金额大于"680"的单元格。

（2）突出显示会员名包含"张大鹏"的单元格。

（3）突出显示结算时间在昨天的单元格。

（4）突出显示订单号有重复值的单元格。

（5）使用【蓝色数据条】直观显示消费金额数据。

（6）使用【绿-黄-红色阶】直观显示消费金额数据。

（7）使用【三色箭头图标集】直观显示消费金额数据。

4.2.1 突出显示单元格

1. 突出显示特定数值

为了方便查找特定的数值，常对单元格进行突出显示特定数值设置，突出显示特定数值设置一般采用比较运算符来进行，比较运算符有大于、小于、介于和等于。在【订单信息】工作表中突出显示消费金额大于 680 的单元格，具体操作步骤如下。

（1）选择单元格区域。在【订单信息】工作表中选择单元格区域 E 列，如图 4-26 所示。

	A	B	C	D	E	F	G	H
1	订单号	会员名	店铺名	店铺所在地	消费金额	是否结算	结算时间	
2	2016008010417	苗宇怡	私房小站（盐田分店）	深圳	165	1	2016/8/1 11:11	
3	201608010301	李靖	私房小站（罗湖分店）	深圳	321	1	2016/8/1 11:31	
4	201608010413	卓永梅	私房小站（盐田分店）	深圳	854	1	2016/8/1 12:54	
5	2016008010417	张大鹏	私房小站（罗湖分店）	深圳	466	1	2016/8/1 13:08	
6	201608010392	李小东	私房小站（番禺分店）	广州	704	1	2016/8/1 13:07	
7	201608010381	沈晓雯	私房小站（天河分店）	广州	239	1	2016/8/1 13:23	
8	201608010429	苗泽坤	私房小站（福田分店）	深圳	699	1	2016/8/1 13:34	
9	201608010433	李达明	私房小站（番禺分店）	广州	511	1	2016/8/1 13:50	
10	201608010569	蓝娜	私房小站（盐田分店）	深圳	326	1	2016/8/1 17:18	
11	201608010655	沈丹丹	私房小站（顺德分店）	佛山	263	1	2016/8/1 17:44	
12	201608010577	冷亮	私房小站（天河分店）	广州	380	1	2016/8/1 17:50	
13	201608010622	徐骏太	私房小站（天河分店）	广州	164	1	2016/8/1 17:47	
14	201608010651	高僖桐	私房小站（盐田分店）	深圳	137	1	2016/8/1 18:20	
15	201608010694	朱钰	私房小站（天河分店）	广州	819	1	2016/8/1 18:37	

图 4-26 选择单元格区域 E 列

（2）打开【大于】对话框。在【开始】选项卡的【样式】命令组中选择【条件格式】命令，在下拉菜单中依次选择【突出显示单元格规则】和【大于】命令，如图 4-27 所示，弹出【大于】对话框，如图 4-28 所示。

（3）设置参数。在【大于】对话框的左侧文本框中输入"680"，单击∨按钮，在下拉列表中选择【浅红填充色深红色文本】，如图 4-29 所示。

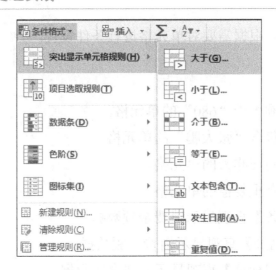

图 4-27　突出显示单元格规则

图 4-28　【大于】对话框

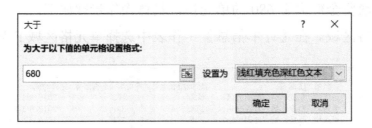

图 4-29　设置【大于】对话框参数

（4）确定设置。单击图 4-29 所示的【确定】按钮，消费金额大于"680"的单元格就都被浅红色填充，设置效果如图 4-30 所示。

图 4-30　突出显示消费金额大于"680"的单元格

2. 突出显示文本包含

为了方便查找特定的文本，常对单元格进行突出显示文本包含设置。在【订单信息】工作表中突出显示会员名包含"张大鹏"的单元格，具体操作步骤如下。

（1）选择单元格区域。在【订单信息】工作表中选择单元格区域 B 列，如图 4-31 所示。

▲	A	B	C	D	E	F	G	H
1	订单号	会员名	店铺名	店铺所在地	消费金额	是否结算	结算时间	
2	201608010417	苗宇怡	私房小站（盐田分店）	深圳	165	1	2016/8/1 11:11	
3	201608010301	李靖	私房小站（罗湖分店）	深圳	321	1	2016/8/1 11:31	
4	201608010413	卓永梅	私房小站（盐田分店）	深圳	854	1	2016/8/1 12:54	
5	201608010417	张大鹏	私房小站（罗湖分店）	深圳	466	1	2016/8/1 13:08	
6	201608010392	李小东	私房小站（番禺分店）	广州	704	1	2016/8/1 13:07	
7	201608010381	沈晓雯	私房小站（天河分店）	广州	239	1	2016/8/1 13:23	
8	201608010429	苗泽坤	私房小站（福田分店）	深圳	699	1	2016/8/1 13:34	
9	201608010433	李达明	私房小站（番禺分店）	广州	511	1	2016/8/1 13:50	
10	201608010569	蓝娜	私房小站（盐田分店）	深圳	326	1	2016/8/1 17:18	
11	201608010655	沈丹丹	私房小站（顺德分店）	佛山	263	1	2016/8/1 17:44	
12	201608010577	冷亮	私房小站（天河分店）	广州	380	1	2016/8/1 17:50	
13	201608010622	徐骏太	私房小站（天河分店）	广州	164	1	2016/8/1 17:47	
14	201608010651	高僖桐	私房小站（盐田分店）	深圳	137	1	2016/8/1 18:20	
15	201608010694	朱钰	私房小站（天河分店）	广州	819	1	2016/8/1 18:37	

图 4-31　选择单元格区域 B 列

（2）打开【文本中包含】对话框。在【开始】选项卡的【样式】命令组中选择【条件格式】命令，在下拉菜单中依次选择【突出显示单元格规则】和【文本包含】命令，如图 4-32 所示，弹出【文本中包含】对话框。

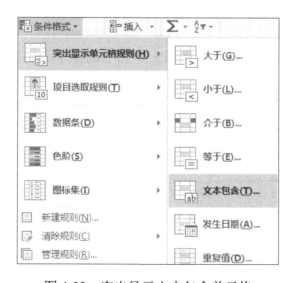

图 4-32　突出显示文本包含单元格

（3）输入参数。在【文本中包含】对话框左侧的文本框中输入"张大鹏"，单击 按钮，在下拉列表中选择【浅红填充色深红色文本】，如图 4-33 所示。

（4）确定设置。单击图 4-33 所示的【确定】按钮，会员名包含"张大鹏"的单元格就都被浅红色填充，设置效果如图 4-34 所示。

图 4-33　输入参数

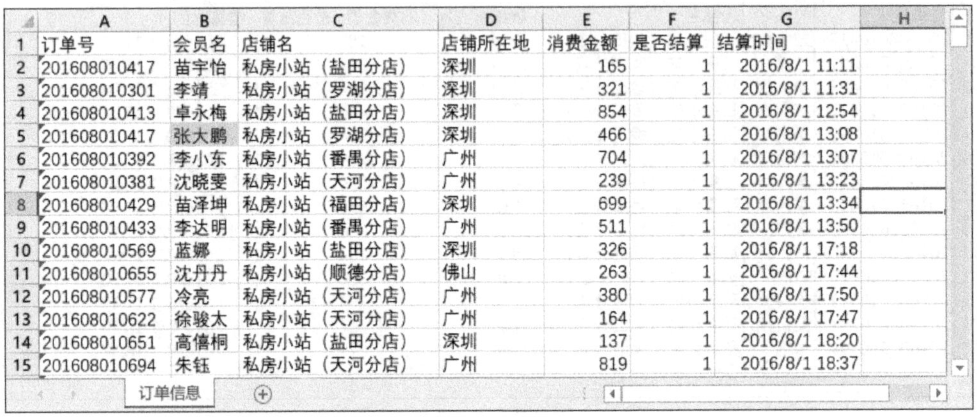

图 4-34　突出显示文本包含单元格设置效果

3. 突出显示发生日期

为了方便查找特定的发生日期，常对单元格进行突出显示发生日期设置。设定计算机的日期为 2016 年 8 月 2 日，在【订单信息】工作表中突出显示结算时间发生在昨天的单元格，具体操作步骤如下。

（1）选择单元格区域。在【订单信息】工作表中选择单元格区域 G 列，如图 4-35 所示。

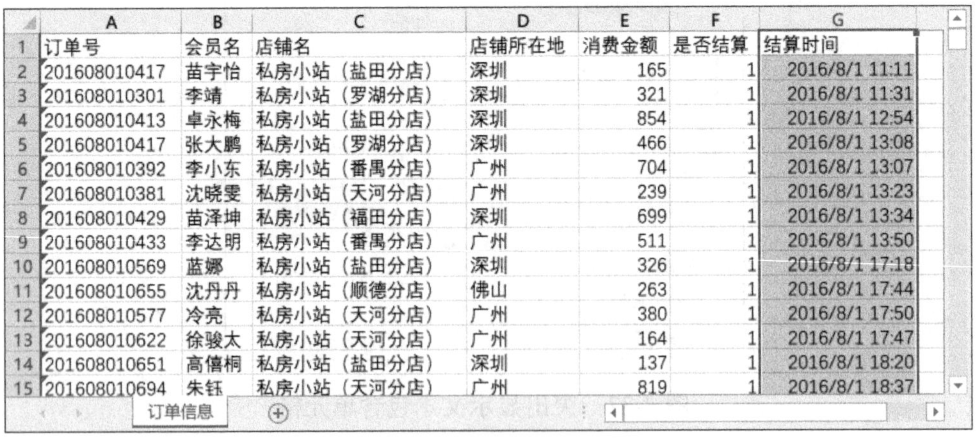

图 4-35　选择单元格区域 G 列

（2）打开【发生日期】对话框。在【开始】选项卡的【样式】命令组中选择【条件格式】命令，在下拉菜单中依次选择【突出显示单元格规则】和【发生日期】命令，如图 4-36 所示，弹出【发生日期】对话框。

（3）设置参数。在【发生日期】对话框中单击左侧下拉列表框的 ✓ 按钮，在下拉列表中选择【昨天】，单击右侧下拉列表框的 ✓ 按钮，在下拉列表中选择【浅红填充色深红色文本】，如图 4-37 所示。

图 4-36　突出显示发生日期单元格

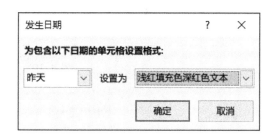

图 4-37　【发生日期】对话框

（4）确定设置。单击图 4-37 中的【确定】按钮，结算时间在昨天的单元格都被浅红色填充，设置效果如图 4-38 所示。

	A	B	C	D	E	F	G
10	201608010569	蓝娜	私房小站（盐田分店）	深圳	326	1	2016/8/1 17:18
11	201608010655	沈丹丹	私房小站（顺德分店）	佛山	263	1	2016/8/1 17:44
12	201608010577	冷亮	私房小站（天河分店）	广州	380	1	2016/8/1 17:50
13	201608010622	徐骏太	私房小站（天河分店）	广州	164	1	2016/8/1 17:47
14	201608010651	高僖桐	私房小站（盐田分店）	深圳	137	1	2016/8/1 18:20
15	201608010694	朱钰	私房小站（天河分店）	广州	819	1	2016/8/1 18:37
16	201608010462	孙新潇	私房小站（福田分店）	深圳	431	1	2016/8/1 18:49
17	201608010458	牛长金	私房小站（番禺分店）	广州	700	1	2016/8/1 19:31
18	201608010467	赵英	私房小站（福田分店）	深圳	615	0	
19	201608010562	王嘉淏	私房小站（福田分店）	深圳	366	1	2016/8/1 19:57
20	201608010486	艾文茜	私房小站（天河分店）	广州	443	1	2016/8/1 20:36
21	201608010517	许和怡	私房小站（珠海分店）	珠海	294	1	2016/8/1 21:21
22	201608010452	曾耀扬	私房小站（番禺分店）	广州	167	1	2016/8/1 21:29
23	201608010448	苗秋兰	私房小站（福田分店）	深圳	609	1	2016/8/1 21:52
24	201608020193	吴秋雨	私房小站（珠海分店）	珠海	238	1	2016/8/2 11:33

订单信息

图 4-38　突出显示发生日期单元格设置效果

4．突出显示重复值

为了方便查找重复值，常对单元格进行突出显示重复值设置。在【订单信息】工作表中突出显示订单号有重复值的单元格，具体操作步骤如下。

（1）选择单元格区域。在【订单信息】工作表中选择单元格区域 A 列，如图 4-39 所示。

（2）打开【重复值】对话框。在【开始】选项卡的【样式】命令组中选择【条件格式】命令，在下拉菜单中依次选择【突出显示单元格规则】和【重复值】命令，如图 4-40 所示，弹出【重复值】对话框。

	A	B	C	D	E	F	G
1	订单号	会员名	店铺名	店铺所在地	消费金额	是否结算	结算时间
2	201608010417	苗宇怡	私房小站（盐田分店）	深圳	165	1	2016/8/1 11:11
3	201608010301	李靖	私房小站（罗湖分店）	深圳	321	1	2016/8/1 11:31
4	201608010413	卓永梅	私房小站（盐田分店）	深圳	854	1	2016/8/1 12:54
5	201608010417	张大鹏	私房小站（罗湖分店）	深圳	466	1	2016/8/1 13:08
6	201608010392	李小东	私房小站（番禺分店）	广州	704	1	2016/8/1 13:07
7	201608010381	沈晓雯	私房小站（天河分店）	广州	239	1	2016/8/1 13:23
8	201608010429	苗泽坤	私房小站（福田分店）	深圳	699	1	2016/8/1 13:34
9	201608010433	李达明	私房小站（番禺分店）	广州	511	1	2016/8/1 13:50
10	201608010569	蓝娜	私房小站（盐田分店）	深圳	326	1	2016/8/1 17:18
11	201608010655	沈丹丹	私房小站（顺德分店）	佛山	263	1	2016/8/1 17:44
12	201608010577	冷亮	私房小站（天河分店）	广州	380	1	2016/8/1 17:50
13	201608010622	徐骏太	私房小站（天河分店）	广州	164	1	2016/8/1 17:47
14	201608010651	高僖桐	私房小站（盐田分店）	深圳	137	1	2016/8/1 18:20
15	201608010694	朱钰	私房小站（天河分店）	广州	819	1	2016/8/1 18:37

订单信息

图 4-39　选择单元格区域 A 列

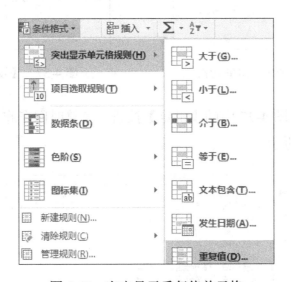

图 4-40　突出显示重复值单元格

（3）设置参数。在【重复值】对话框中单击左侧下拉列表框的 ∨ 按钮，在下拉列表中选择【重复】，单击右侧下拉列表框的 ∨ 按钮，在下拉列表中选择【浅红填充色深红色文本】，如图 4-41 所示。

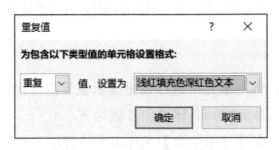

图 4-41　【重复值】对话框

（4）确定设置。单击图 4-41 中的【确定】按钮，订单号有重复值的单元格就都被浅红色填充，设置效果如图 4-42 所示。

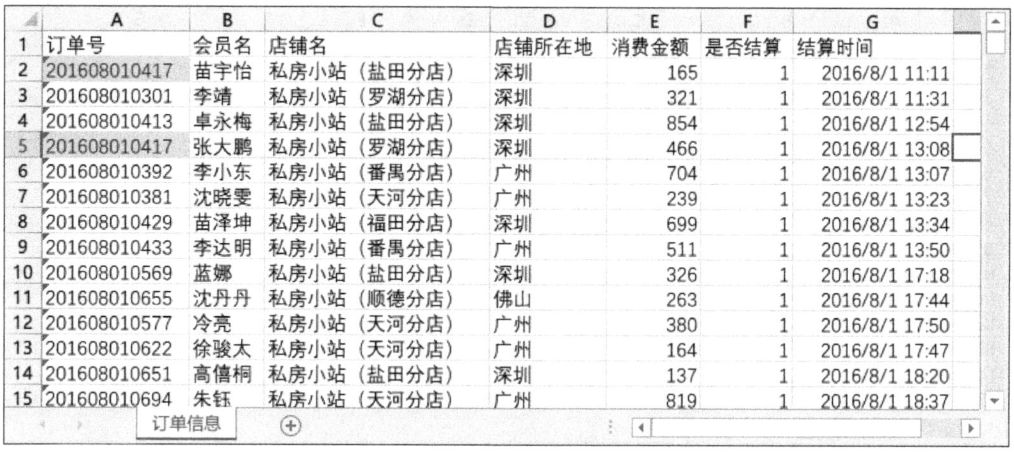

	A	B	C	D	E	F	G
1	订单号	会员名	店铺名	店铺所在地	消费金额	是否结算	结算时间
2	201608010417	苗宇怡	私房小站（盐田分店）	深圳	165	1	2016/8/1 11:11
3	201608010301	李靖	私房小站（罗湖分店）	深圳	321	1	2016/8/1 11:31
4	201608010413	卓永梅	私房小站（盐田分店）	深圳	854	1	2016/8/1 12:54
5	201608010417	张大鹏	私房小站（罗湖分店）	深圳	466	1	2016/8/1 13:08
6	201608010392	李小东	私房小站（番禺分店）	广州	704	1	2016/8/1 13:07
7	201608010381	沈晓雯	私房小站（天河分店）	广州	239	1	2016/8/1 13:23
8	201608010429	苗泽坤	私房小站（福田分店）	深圳	699	1	2016/8/1 13:34
9	201608010433	李达明	私房小站（番禺分店）	广州	511	1	2016/8/1 13:50
10	201608010569	蓝娜	私房小站（盐田分店）	深圳	326	1	2016/8/1 17:18
11	201608010655	沈丹丹	私房小站（顺德分店）	佛山	263	1	2016/8/1 17:44
12	201608010577	冷亮	私房小站（天河分店）	广州	380	1	2016/8/1 17:50
13	201608010622	徐骏太	私房小站（天河分店）	广州	164	1	2016/8/1 17:47
14	201608010651	高僖桐	私房小站（盐田分店）	深圳	137	1	2016/8/1 18:20
15	201608010694	朱钰	私房小站（天河分店）	广州	819	1	2016/8/1 18:37

订单信息

图 4-42　突出显示重复值单元格设置效果

4.2.2　设置数据条

在【订单信息】工作表中使用【蓝色数据条】直观显示消费金额数据，具体操作步骤如下。

（1）选择单元格区域。在【订单信息】工作表中选择单元格区域 E 列，如图 4-26 所示。

（2）打开【数据条】命令。在【开始】选项卡的【样式】命令组中选择【条件格式】命令，在下拉菜单中选择【数据条】命令，如图 4-43 所示。

图 4-43　数据条的设置

（3）选择数据条。单击图 4-43 所示的第 1 个图标即可使用【蓝色数据条】直观显示消费金额数据，设置效果如图 4-44 所示。

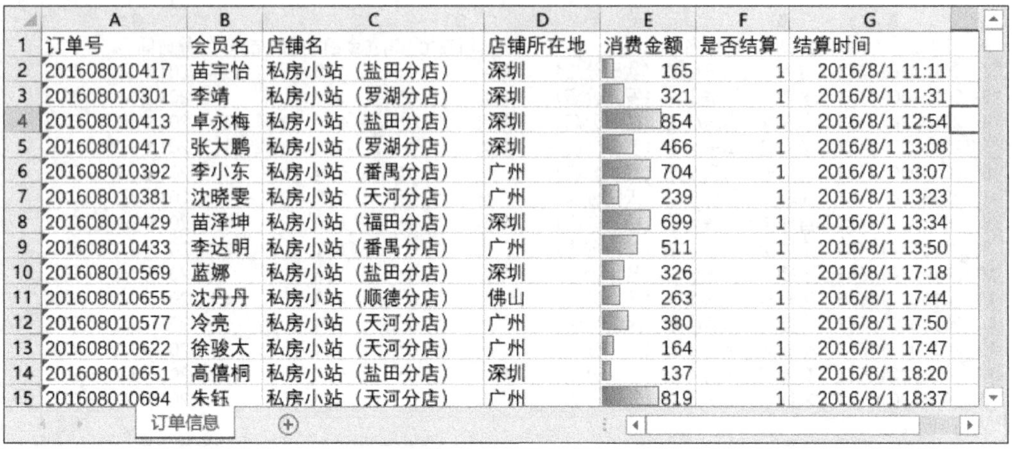

	A	B	C	D	E	F	G
1	订单号	会员名	店铺名	店铺所在地	消费金额	是否结算	结算时间
2	201608010417	苗宇怡	私房小站（盐田分店）	深圳	165	1	2016/8/1 11:11
3	201608010301	李靖	私房小站（罗湖分店）	深圳	321	1	2016/8/1 11:31
4	201608010413	卓永梅	私房小站（盐田分店）	深圳	854	1	2016/8/1 12:54
5	201608010417	张大鹏	私房小站（罗湖分店）	深圳	466	1	2016/8/1 13:08
6	201608010392	李小东	私房小站（番禺分店）	广州	704	1	2016/8/1 13:07
7	201608010381	沈晓雯	私房小站（天河分店）	广州	239	1	2016/8/1 13:23
8	201608010429	苗泽坤	私房小站（福田分店）	深圳	699	1	2016/8/1 13:34
9	201608010433	李达明	私房小站（番禺分店）	广州	511	1	2016/8/1 13:50
10	201608010569	蓝娜	私房小站（盐田分店）	深圳	326	1	2016/8/1 17:18
11	201608010655	沈丹丹	私房小站（顺德分店）	佛山	263	1	2016/8/1 17:44
12	201608010577	冷亮	私房小站（天河分店）	广州	380	1	2016/8/1 17:50
13	201608010622	徐骏太	私房小站（天河分店）	广州	164	1	2016/8/1 17:47
14	201608010651	高僖桐	私房小站（盐田分店）	深圳	137	1	2016/8/1 18:20
15	201608010694	朱钰	私房小站（天河分店）	广州	819	1	2016/8/1 18:37

订单信息

图 4-44　数据条的设置效果

4.2.3　设置色阶

在【订单信息】工作表中使用【绿-黄-红色阶】直观显示消费金额数据，具体操作步骤如下。

（1）选择单元格区域。在【订单信息】工作表中选择单元格区域 E 列，如图 4-26 所示。

（2）打开【色阶】命令。在【开始】选项卡的【样式】命令组中选择【条件格式】命令，在下拉菜单中选择【色阶】命令，如图 4-45 所示。

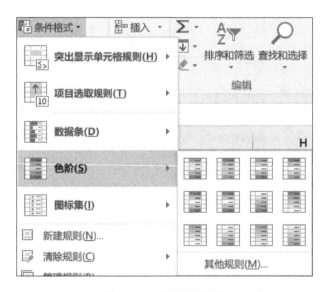

图 4-45　色阶的设置

（3）选择色阶。单击图 4-45 所示的第 1 个图标即可使用【绿-黄-红色阶】直观显示消费金额数据，其设置效果如图 4-46 所示。

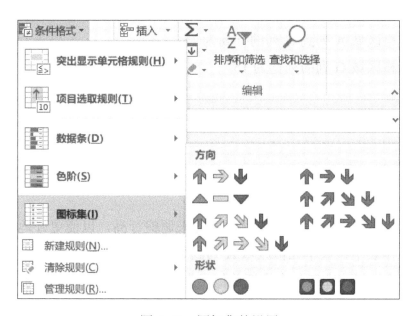

	A	B	C	D	E	F	G
1	订单号	会员名	店铺名	店铺所在地	消费金额	是否结算	结算时间
2	201608010417	苗宇怡	私房小站（盐田分店）	深圳	165	1	2016/8/1 11:11
3	201608010301	李靖	私房小站（罗湖分店）	深圳	321	1	2016/8/1 11:31
4	201608010413	卓永梅	私房小站（盐田分店）	深圳	854	1	2016/8/1 12:54
5	201608010417	张大鹏	私房小站（罗湖分店）	深圳	466	1	2016/8/1 13:08
6	201608010392	李小东	私房小站（番禺分店）	广州	704	1	2016/8/1 13:07
7	201608010381	沈晓雯	私房小站（天河分店）	广州	239	1	2016/8/1 13:23
8	201608010429	苗泽坤	私房小站（福田分店）	深圳	699	1	2016/8/1 13:34
9	201608010433	李达明	私房小站（番禺分店）	广州	511	1	2016/8/1 13:50
10	201608010569	蓝娜	私房小站（盐田分店）	深圳	326	1	2016/8/1 17:18
11	201608010655	沈丹丹	私房小站（顺德分店）	佛山	263	1	2016/8/1 17:44
12	201608010577	冷亮	私房小站（天河分店）	广州	380	1	2016/8/1 17:50
13	201608010622	徐骏太	私房小站（天河分店）	广州	164	1	2016/8/1 17:47
14	201608010651	高僖桐	私房小站（盐田分店）	深圳	137	1	2016/8/1 18:20
15	201608010694	朱钰	私房小站（天河分店）	广州	819	1	2016/8/1 18:37

订单信息

图 4-46　色阶的设置效果

4.2.4　设置图标集

在【订单信息】工作表中使用【三色箭头图标集】直观显示消费金额数据，具体操作步骤如下。

（1）选择单元格区域。在【订单信息】工作表中选择单元格区域 E 列，如图 4-26 所示。

（2）打开【图标集】命令。在【开始】选项卡的【样式】命令组中选择【条件格式】命令，在下拉菜单中选择【图标集】命令，如图 4-47 所示。

图 4-47　图标集的设置

（3）选择图标。单击图 4-47 所示的第 1 个图标即可使用【三色箭头图标集】直观显示消费金额数据，设置效果如图 4-48 所示。

	A	B	C	D	E	F	G
1	订单号	会员名	店铺名	店铺所在地	消费金额	是否结算	结算时间
2	201608010417	苗宇怡	私房小站（盐田分店）	深圳	⬇ 165	1	2016/8/1 11:11
3	201608010301	李靖	私房小站（罗湖分店）	深圳	⬇ 321	1	2016/8/1 11:31
4	201608010413	卓永梅	私房小站（盐田分店）	深圳	➡ 854	1	2016/8/1 12:54
5	201608010417	张大鹏	私房小站（罗湖分店）	深圳	➡ 466	1	2016/8/1 13:08
6	201608010392	李小东	私房小站（番禺分店）	广州	➡ 704	1	2016/8/1 13:07
7	201608010381	沈晓雯	私房小站（天河分店）	广州	⬇ 239	1	2016/8/1 13:23
8	201608010429	苗泽坤	私房小站（福田分店）	深圳	➡ 699	1	2016/8/1 13:34
9	201608010433	李达明	私房小站（番禺分店）	广州	➡ 511	1	2016/8/1 13:50
10	201608010569	蓝娜	私房小站（盐田分店）	深圳	⬇ 326	1	2016/8/1 17:18
11	201608010655	沈丹丹	私房小站（顺德分店）	佛山	⬇ 263	1	2016/8/1 17:44
12	201608010577	冷亮	私房小站（天河分店）	广州	⬇ 380	1	2016/8/1 17:50
13	201608010622	徐骏太	私房小站（天河分店）	广州	⬇ 164	1	2016/8/1 17:47
14	201608010651	高僖桐	私房小站（盐田分店）	深圳	⬇ 137	1	2016/8/1 18:20
15	201608010694	朱钰	私房小站（天河分店）	广州	➡ 819	1	2016/8/1 18:37

订单信息

图 4-48　图标集的设置效果

任务 4.3　调整行与列

◎ 任务描述

在单元格中输入内容时，为了更好地显示所有的内容，会对工作表的表格格式进行设置。在【订单信息】工作表中调整单元格的行高和列宽都合适的数值，并隐藏和冻结首行。

◎ 任务分析

（1）调整单元格区域 A 列到 G 列的行高为 15。

（2）调整单元格区域 G 列的列宽为 15。

（3）隐藏首行。

（4）冻结首行。

4.3.1　调整行高

在单元格中输入内容时，有时需要根据内容来调整行高，以便更好地显示所有的内容。在【订单信息】工作表中调整单元格区域 A 列到 G 列的行高为 15，具体操作步骤如下。

（1）选择单元格区域。在工作表【订单信息】中选择单元格区域 A 列到 G 列，如图 4-49 所示。

（2）打开【行高】对话框。在【开始】选项卡的【单元格】命令组中选择【格式】命令，如图 4-50 所示，在下拉菜单中选择【行高】命令，弹出【行高】对话框。

（3）设置行高。在【行高】对话框的文本框中输入 15，如图 4-51 所示，单击【确定】按钮即可调整单元格区域 A 列到 G 列的行高为 15。

也可以选择图 4-50 中的【自动调整行高】命令，让 Excel 根据内容自动调整合适的行高。

图 4-49 选择单元格区域 A 列到 G 列

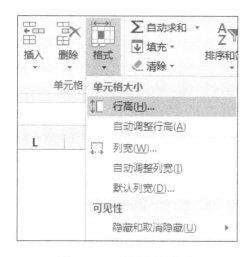

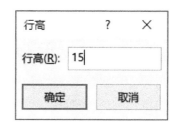

图 4-50 【行高】命令   图 4-51 【行高】对话框

4.3.2 调整列宽

在单元格中输入内容时，有时需要根据内容来调整列宽，以便更好地显示所有的内容。在【订单信息】工作表中调整单元格区域 G 列的列宽为 15，具体操作步骤如下。

（1）选择单元格区域。在【订单信息】工作表中选择单元格区域 G 列，如图 4-52 所示。

（2）打开【列宽】对话框。在【开始】选项卡的【单元格】命令组中选择【格式】命令，在下拉菜单中选择【列宽】命令，如图 4-53 所示，弹出【列宽】对话框。

（3）设置列宽。在【列宽】对话框的文本框中输入 15，如图 4-54 所示，单击【确定】按钮调整单元格区域 G 列的列宽为 15。

图 4-52　选择单元格区域 G 列

也可以选择图 4-53 所示的【自动调整列宽】命令，让 Excel 根据内容自动调整合适的列宽。

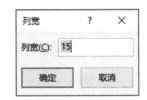

图 4-53　【列宽】命令　　　　　　图 4-54　【列宽】对话框

4.3.3　隐藏行或列

在工作表中可以隐藏行或列，以便更好地显示所有的内容。在【订单信息】工作表中隐藏首行，具体操作步骤如下。

（1）选择单元格。在【订单信息】工作表中选择单元格 A1。

（2）打开【隐藏和取消隐藏】命令。在【开始】选项卡的【单元格】命令组中选择【格式】命令，在下拉菜单中选择【隐藏和取消隐藏】命令，如图 4-55 所示。

（3）选择【隐藏行】命令。在图 4-55 所示的子菜单中选择【隐藏行】命令即可隐藏工作表首行，设置效果如图 4-56 所示。

如果在图 4-55 所示的子菜单中选择【隐藏列】命令，则可隐藏工作表首列。

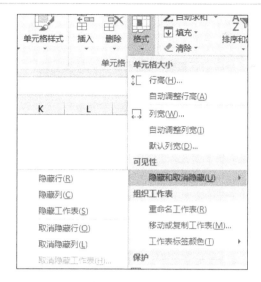

图 4-55　【隐藏和取消隐藏】命令

	A	B	C	D	E	F	G
2	201608010417	苗宇怡	私房小站（盐田分店）	深圳	165	1	2016/8/1 11:11
3	201608010301	李靖	私房小站（罗湖分店）	深圳	321	1	2016/8/1 11:31
4	201608010413	卓永梅	私房小站（盐田分店）	深圳	854	1	2016/8/1 12:54
5	201608010417	张大鹏	私房小站（罗湖分店）	深圳	466	1	2016/8/1 13:08
6	201608010392	李小东	私房小站（番禺分店）	广州	704	1	2016/8/1 13:07
7	201608010381	沈晓雯	私房小站（天河分店）	广州	239	1	2016/8/1 13:23
8	201608010429	苗泽坤	私房小站（福田分店）	深圳	699	1	2016/8/1 13:34
9	201608010433	李达明	私房小站（番禺分店）	广州	511	1	2016/8/1 13:50
10	201608010569	蓝娜	私房小站（盐田分店）	深圳	326	1	2016/8/1 17:18
11	201608010655	沈丹丹	私房小站（顺德分店）	佛山	263	1	2016/8/1 17:44
12	201608010577	冷亮	私房小站（天河分店）	广州	380	1	2016/8/1 17:50
13	201608010622	徐骏太	私房小站（天河分店）	广州	164	1	2016/8/1 17:47
14	201608010651	高僖桐	私房小站（盐田分店）	深圳	137	1	2016/8/1 18:20
15	201608010694	朱钰	私房小站（天河分店）	广州	819	1	2016/8/1 18:37
16	201608010462	孙新潇	私房小站（福田分店）	深圳	431	1	2016/8/1 18:49

订单信息

图 4-56　隐藏行设置效果

若要显示隐藏的行，可进行如下操作。

（1）选择单元格。若要显示隐藏的行（首行除外），可以选择要显示的行的上一行和下一行；若要显示隐藏的首行，可以在【名称框】中输入 A1。

（2）选择【取消行隐藏】命令。在图 4-55 所示的子菜单中选择【取消行隐藏】命令即可。显示隐藏列的操作类似显示隐藏行的操作。

4.3.4　冻结行或列

在工作表中，可以冻结选定行或列，使选定的行或列锁定在工作表上，在滑动滚动条时仍然可以看见这些行或列，以便更好地显示所有的内容。在【订单信息】工作表中冻结首行，具体操作如下。

（1）选择单元格。在【订单信息】工作表中选择任一非空单元格。

（2）打开【冻结窗格】命令。在【视图】选项卡的【窗口】命令组中选择【冻结窗格】

命令，如图 4-57 所示。

图 4-57　冻结首行

（3）选择【冻结首行】命令。在图 4-57 所示的下拉菜单中选择【冻结首行】命令即可冻结工作表首行，设置效果如图 4-58 所示。

	A	B	C	D	E	F	G	H
1	订单号	会员名	店铺名	店铺所在地	消费金额	是否结算	结算时间	
2	201608010417	苗宇怡	私房小站（盐田分店）	深圳	165	1	2016/8/1 11:11	
3	201608010301	李靖	私房小站（罗湖分店）	深圳	321	1	2016/8/1 11:31	
4	201608010413	卓永梅	私房小站（盐田分店）	深圳	854	1	2016/8/1 12:54	
5	201608010417	张大鹏	私房小站（罗湖分店）	深圳	466	1	2016/8/1 13:08	
6	201608010392	李小东	私房小站（番禺分店）	广州	704	1	2016/8/1 13:07	
7	201608010381	沈晓雯	私房小站（天河分店）	广州	239	1	2016/8/1 13:23	
8	201608010429	苗泽坤	私房小站（福田分店）	深圳	699	1	2016/8/1 13:34	
9	201608010433	李达明	私房小站（番禺分店）	广州	511	1	2016/8/1 13:50	
10	201608010569	蓝娜	私房小站（盐田分店）	深圳	326	1	2016/8/1 17:18	
11	201608010655	沈丹丹	私房小站（顺德分店）	佛山	263	1	2016/8/1 17:44	
12	201608010577	冷亮	私房小站（天河分店）	广州	380	1	2016/8/1 17:50	
13	201608010622	徐骏太	私房小站（天河分店）	广州	164	1	2016/8/1 17:47	
14	201608010651	高僖桐	私房小站（盐田分店）	深圳	137	1	2016/8/1 18:20	
15	201608010694	朱钰	私房小站（天河分店）	广州	819	1	2016/8/1 18:37	

图 4-58　冻结首行设置效果

如果在图 4-57 所示的下拉菜单中选择【冻结首列】命令，则可冻结工作表首列。

如果在图 4-57 所示的下拉菜单中选择【冻结拆分窗口】命令，则所选择的单元格左边的列和上边的行都会被冻结。

实训

实训 1　设置单元格格式

1. 训练要点

掌握 Excel 2016 中单元格格式的设置。

2．需求说明

现有一个【自动便利店库存】工作表，如图 4-59 所示。为了美化【自动便利店库存】工作表，现对其进行格式设置，包括合并单元格、设置边框、调整行高和列宽、设置单元格底纹和突出显示库存数小于 10 的单元格。

图 4-59　【自动便利店库存】工作表

3．实现思路及步骤

（1）在【自动便利店库存】工作表中合并单元格区域 A1:G1。

（2）在【自动便利店库存】工作表中为单元格区域 A1:G11 添加所有框线。

（3）在【自动便利店库存】工作表的单元格 A2 中依次输入"商品品类""店铺"。

（4）添加斜向边框。

（5）在【自动便利店库存】工作表中用黄色填充单元格区域 A1:G1。

（6）在【自动便利店库存】工作表中用红色和黄色填充单元格区域 B2:G2。

实训 2　设置条件格式

1．训练要点

掌握 Excel 2016 中条件格式的设置。

2．需求说明

现有一个【自助便利店销售业绩】工作表，如图 4-60 所示，对其进行条件格式设置。

3．实现思路及步骤

（1）在【自助便利店销售业绩】工作表中突出显示单价大于 7 的商品。

（2）在【自助便利店销售业绩】工作表中突出显示商品为日式鱼果的单元格。

（3）在【自助便利店销售业绩】工作表中设定当前时间为 2017 年 9 月 7 日，突出显示发生日期为昨天的单元格。

	A	B	C	D	E	F	G	H	I
1	订单号	商品	日期	单价	数量	总价	大类		
2	dp663099	优益C	2017/9/5 20:56	7	1	7	饮料		
3	dp663099	咪咪虾	2017/9/6 9:31	0.8	1	0.8	非饮料		
4	dp663099	四洲粟	2017/9/6 10:29	9	1	9	非饮料		
5	dp663099	卫龙亲	2017/9/6 10:33	1.5	1	1.5	非饮料		
6	dp663099	日式鱼	2017/9/6 10:34	4	1	4	非饮料		
7	dp663099	咪咪虾	2017/9/6 10:34	0.8	1	0.8	非饮料		
8	dp663099	优益C	2017/9/6 10:36	7	1	7	饮料		
9	dp663099	无穷烤	2017/9/6 13:14	3	1	3	非饮料		
10	dp663099	雪碧	2017/9/6 14:40	3.5	1	3.5	饮料		
11	dp663099	咪咪虾	2017/9/6 16:11	0.8	1	0.8	非饮料		
12	dp663099	日式鱼	2017/9/6 17:38	4	1	4	非饮料		
13	dp663099	雀巢咖	2017/9/6 17:59	7.5	1	7.5	饮料		

自助便利店销售业绩

图 4-60　【自助便利店销售业绩】工作表

（4）在【自助便利店销售业绩】工作表中突出显示订单号为 dp663099170906103409381 的单元格。

（5）在【自助便利店销售业绩】工作表中分别用数据条、三色色阶和图标集设置单元格区域 F 列。

实训 3　设置表格格式

1. 训练要点

掌握 Excel 2016 中表格格式的设置。

2. 需求说明

现有一个【自助便利店销售业绩】工作表，如图 4-60 所示，对其进行表格格式设置。

3. 实现思路及步骤

（1）在【自助便利店销售业绩】工作表中调整数据区域的行高为合适的大小，以便更好地观察所有的数据。

（2）在【自助便利店销售业绩】工作表中调整数据区域的列宽为合适的大小，以便观察所有的列名。

（3）在【自助便利店销售业绩】工作表中同时冻结第一行和第一列。

第5章 排序、筛选与分类汇总

当今社会产生的数据日益递增，面对海量的数据，必须进行数据处理。在 Excel 2016 中，可以帮助用户快速处理海量的工作表数据的方法有排序、筛选和分类汇总。

 学习目标

(1) 掌握排序的基本操作。

(2) 掌握筛选的基本操作。

(3) 掌握分类汇总的基本操作。

任务5.1 排序

○ 任务描述

在 Excel 中，编辑的数据一般会有特定的顺序，当查看这些数据的角度发生变化时，为了方便查看，常常会对编辑的数据进行排序。在设置好颜色和图标的【订单信息】工作表中根据会员名进行升序，再根据店铺名进行降序；根据店铺所在地进行自定义排序，或根据颜色和图标集对店铺所在地进行排序。

○ 任务分析

(1) 根据会员名进行升序排序。

(2) 先根据会员名进行升序排序，再根据店铺名进行降序排序。

(3) 根据店铺所在地进行自定义排序。

(4) 根据颜色对店铺所在地进行排序。

(5) 根据图标集对店铺所在地进行排序。

5.1.1 根据单个关键字排序

在【订单信息】工作表中根据会员名进行升序的方法有两种。

第一种方法的具体操作步骤如下。

（1）选择单元格区域。在【订单信息】工作表中，选择单元格区域 B 列，如图 5-1 所示。

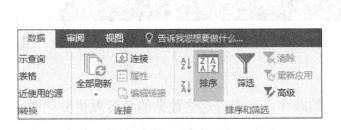

图 5-1　选择单元格区域 B 列

（2）打开【排序】对话框。在【数据】选项卡的【排序和筛选】命令组中，单击【排序】命令，如图 5-2 所示。弹出【排序提醒】对话框，如图 5-3 所示，单击【排序】按钮，弹出【排序】对话框。

图 5-2　【排序】命令　　　　　　　　　　图 5-3　【排序提醒】对话框

（3）设置主要关键字。在【排序】对话框的【主要关键字】栏的第一个下拉框中单击 ⌄ 按钮，在下拉列表中选择【会员名】，如图 5-4 所示。

（4）确定升序设置。单击如图 5-4 所示的【确定】按钮即可根据会员名进行升序，设置效果如图 5-5 所示。

图 5-4　【排序】对话框

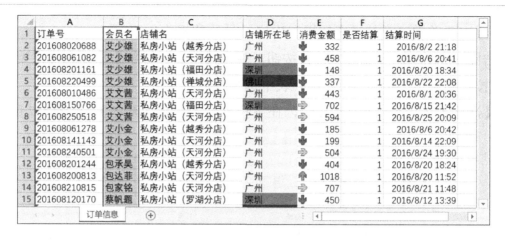

图 5-5　根据单个关键字排序设置效果

第二种方法快捷简便，其具体操作步骤如下。

（1）选择单元格。在【订单信息】工作表中，选择【会员名】下面任一非空单元格，例如单元格 B3。

（2）设置升序。在【数据】选项卡的【排序和筛选】命令组中，单击⇅按钮即可根据会员名进行升序。

5.1.2　根据多个关键字排序

在【订单信息】工作表中，先根据会员名进行升序，再把相同会员名的订单根据店铺名进行降序，具体操作步骤如下。

（1）选择单元格。在【订单信息】工作表中，选择任一非空单元格。

（2）打开【排序】对话框。在【数据】选项卡的【排序和筛选】命令组中，单击【排序】命令，如图 5-2 所示，弹出【排序】对话框。

（3）设置主要关键字。在【排序】对话框的【主要关键字】栏的第一个下拉框中单击⌄按钮，在下拉列表中选择【会员名】，如图 5-6 所示。

图 5-6　设置主要关键字

（4）设置次要关键字及其排序依据和次序，具体的操作如下。

① 单击图 5-6 所示的【添加条件】按钮，弹出【次要关键字】栏，在【次要关键字】栏的第一个下拉框中单击 按钮，在下拉列表中选择【店铺名】。

② 在【次序】下拉框中单击 按钮，在下拉列表中选择【降序】，如图 5-7 所示。

图 5-7　设置次要关键字

（5）确定多个排序的设置。单击图 5-7 所示的【确定】按钮即可先根据会员名进行升序，再把相同会员名的订单根据店铺名进行降序，设置效果如图 5-8 所示。

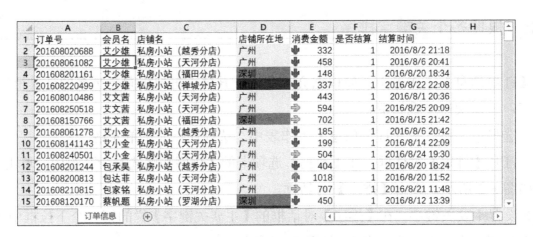

图 5-8　根据多个关键字排序设置效果

5.1.3　自定义排序

在【订单信息】工作表中，根据店铺所在地进行自定义排序的具体操作步骤如下。

（1）创建一个自定义序列为"珠海、深圳、佛山、广州"。其操作步骤参见本书 3.3.3 小节。

（2）选择单元格。在【订单信息】工作表中，选择任一非空单元格。

（3）打开【排序】对话框。在【数据】选项卡的【排序和筛选】命令组中，单击【排序】命令，如图 5-2 所示，弹出【排序】对话框。

（4）设置主要关键字及其次序，具体的操作如下。

① 在【排序】对话框的【主要关键字】栏的第一个下拉框中单击 按钮，在下拉列表中选择【店铺所在地】。

② 在【次序】下拉框中单击 按钮，在下拉列表中选择【自定义序列】，如图 5-9 所示，弹出【自定义序列】对话框。

图 5-9　选择【自定义序列】

（5）选择自定义序列。在【自定义序列】对话框的【自定义序列】列表框中选择自定义序列为【珠海、深圳、佛山、广州】，如图 5-10 所示，单击【确定】按钮，回到【排序】对话框，如图 5-11 所示。

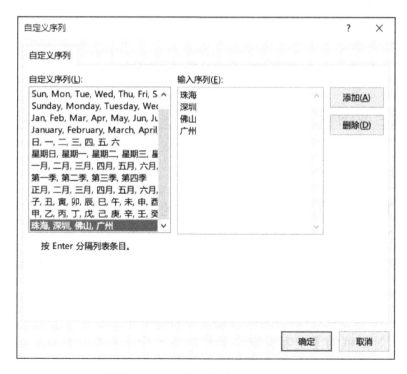

图 5-10　【自定义序列】对话框

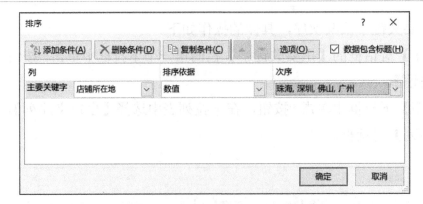

图 5-11　根据自定义排序设置主要关键字

（6）确定自定义排序设置。单击图 5-11 所示的【确定】按钮即可根据店铺所在地进行自定义排序，设置效果如图 5-12 所示。

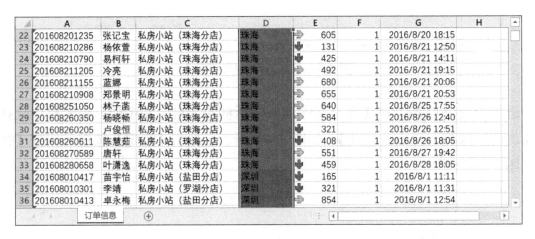

图 5-12　自定义排序设置效果

5.1.4　根据颜色或图标集排序

1. 根据颜色排序

在【订单信息】工作表中，根据颜色进行排序的具体操作步骤如下。

（1）选择单元格。在【订单信息】工作表中，选择任一非空单元格。

（2）打开【排序】对话框。在【数据】选项卡的【排序和筛选】命令组中，单击【排序】命令，如图 5-2 所示，弹出【排序】对话框。

（3）设置主要关键字及其排序依据和次序，具体的操作如下。

① 在【排序】对话框的【主要关键字】栏的第一个下拉框中单击 按钮，在下拉列表中选择【店铺所在地】。

② 在【排序依据】下拉框中单击 按钮，在下拉列表中选择【单元格颜色】。

③ 在【次序】组的第一个下拉框中单击倒三角形按钮，在下拉列表中选择绿色图标，

如图 5-13 所示。

图 5-13　根据颜色设置主要关键字

（4）设置次要关键字及其排序依据和次序，具体的操作如下。

① 单击图 5-13 所示的【添加条件】按钮，弹出【次要关键字】栏，在【次要关键字】栏的第一个下拉框中单击▽按钮，在下拉列表中选择【店铺所在地】。

② 在【排序依据】下拉框中单击▽按钮，在下拉列表中选择【单元格颜色】。

③ 在【次序】组的第一个下拉框中单击倒三角形按钮符号，在下拉列表中选择黄色图标，如图 5-14 所示。

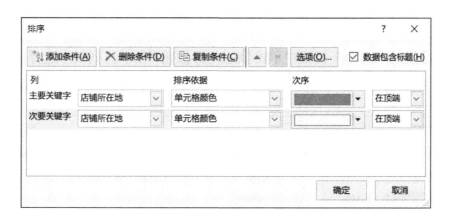

图 5-14　选择黄色图标

（5）设置剩余的次要关键字及其排序依据和次序。重复两次步骤（4），不同的是在【次序】组的第一个下拉框中单击▽按钮，在下拉列表中先后选择红色图标和蓝色图标，如图 5-15 所示。

（6）确定排序设置。单击图 5-15 所示的【确定】按钮即可根据颜色排序，设置效果为绿色的单元格在最顶端，然后是黄色的单元格，接着是红色的单元格，最后是蓝色的单元格，同一种颜色的单元格之间的顺序维持不变。

图 5-15　根据颜色设置次要关键字 2

2. 根据图标集排序

在【订单信息】工作表中，根据图标集进行排序的具体操作步骤如下。

（1）选择单元格。在【订单信息】工作表中，选择任一非空单元格。

（2）打开【排序】对话框。在【数据】选项卡的【排序和筛选】命令组中，单击【排序】命令，如图 5-2 所示，弹出【排序】对话框。

（3）设置主要关键字及其排序依据和次序，具体的操作如下。

① 在【排序】对话框的【主要关键字】栏的第一个下拉框中单击 ∨ 按钮，在下拉列表中选择【消费金额】。

② 在【排序依据】下拉框中单击 ∨ 按钮，在下拉列表中选择【单元格图标】。

③ 在【次序】组的第一个下拉框中单击倒三角形按钮，在下拉列表中选择 ↓ 图标，如图 5-16 所示。

图 5-16　根据图标集设置主要关键字

（4）设置次要关键字及其排序依据和次序，具体操作步骤如下。

① 单击图 5-16 所示的【添加条件】按钮，弹出【次要关键字】栏，在【次要关键字】栏的第一个下拉框中单击 ∨ 按钮，在下拉列表中选择【消费金额】。

② 在【排序依据】下拉框中单击∨按钮，在下拉列表中选择【单元格图标】。

③ 在【次序】组的第一个下拉框中单击倒三角形按钮，在下拉列表中选择⇨图标，如图 5-17 所示。

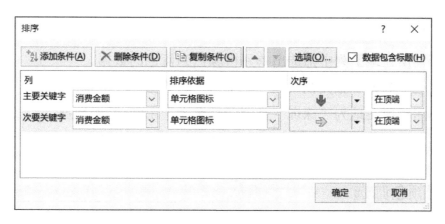

图 5-17　选择⇨图标

（5）设置剩余的次要关键字及其排序依据和次序。重复步骤（4），不同的是在【次序】组的第一个下拉框中单击∨按钮，在下拉列表中选择⬆图标，如图 5-18 所示。

（6）确定排序设置。单击图 5-18 所示的【确定】按钮即可根据图标集排序。设置效果为带⬇图标的单元格在最顶端，接着是带⇨图标的单元格，最后是带⬆图标的单元格。

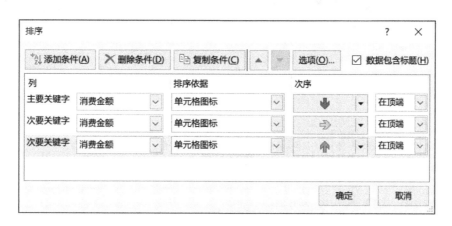

图 5-18　确定排序设置

任务 5.2　筛选

○ 任务描述

在海量的工作表数据中，有时不是所有的数据都必须同时在一起研究，单独的几个条件组合起来的数据反而更有意义，因此往往对海量的数据进行筛选。在设好颜色的【订单信息】

工作表中，分别根据颜色筛选出店铺所在地在珠海的数据，会员名为"张大鹏"和"李小东"的数据，店铺所在地在"深圳"且消费金额大于1200元的数据，店铺所在地在"深圳"或消费金额大于1200元的数据。

◎ 任务分析

（1）在【店铺所在地】列中筛选出单元格颜色为蓝色的数据。

（2）筛选出会员名为"张大鹏"和"李小东"的数据。

（3）筛选出店铺所在地为"深圳"且消费金额大于1200元的数据。

（4）筛选出店铺所在地为"深圳"或消费金额大于1200元的数据。

5.2.1 根据颜色筛选

在【订单信息】工作表中，筛选出单元格颜色为蓝色的行，具体操作步骤如下。

（1）选择单元格。在【订单信息】工作表中，选择任一非空单元格。

（2）选择【筛选】命令。在【数据】选项卡的【排序和筛选】命令组中，单击【筛选】命令，此时【订单信息】工作表的列标题旁边都显示有一个倒三角形按钮，如图5-19所示。

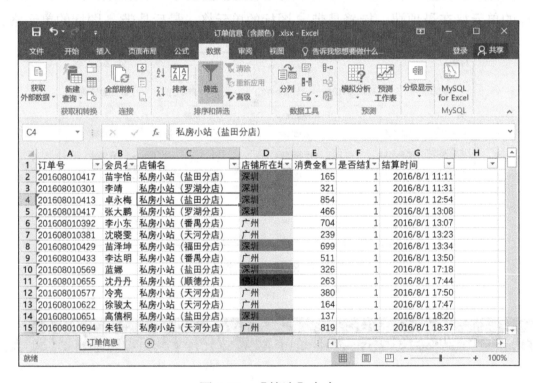

图 5-19　【筛选】命令

（3）设置筛选条件并确定。单击【店铺所在地】旁的倒三角形按钮，在下拉菜单中选择【按颜色筛选】命令，如图5-20所示，单击蓝色图标即可筛选出单元格颜色为蓝色的行，设置效果如图 5-21 所示。

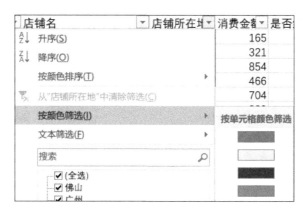

图 5-20　【按颜色筛选】命令

图 5-21　根据颜色筛选设置效果

5.2.2　自定义筛选

在【订单信息】工作表中，筛选出会员名为"张大鹏"和"李小东"的行，具体操作步骤如下。

（1）选择单元格。在【订单信息】工作表中，选择任一非空单元格。

（2）打开【自定义自动筛选方式】对话框。在【数据】选项卡的【排序和筛选】命令组中，单击【筛选】命令，单击【会员名】旁的倒三角形按钮，依次选择【文本筛选】命令和【自定义筛选】命令，如图 5-22 所示，弹出【自定义自动筛选方式】对话框。

（3）设置自定义筛选条件，条件的设置如图 5-23 所示，具体操作步骤如下。

① 在第一个条件设置中，单击第一个 ∨ 符号，在下拉列表中选择【等于】，在旁边的文本框中输入"张大鹏"。

② 选择【或】单选按钮。

③ 在第二个条件设置中，单击第一个 ∨ 符号，在下拉列表中选择【等于】，在旁边的文

本框中输入"李小东"。

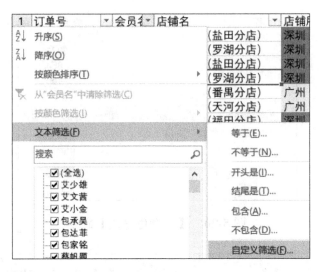

图 5-22   【自定义筛选】命令

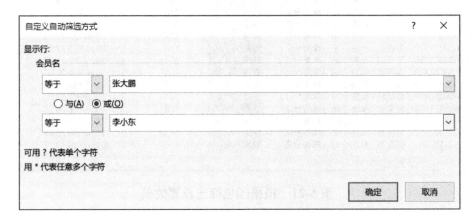

图 5-23   【自定义自动筛选方式】对话框

（4）确定筛选设置。单击图 5-23 所示的【确定】按钮即可在【订单信息】工作表中筛选出会员名为"张大鹏"和"李小东"的行，设置效果如图 5-24 所示。

	A	B	C	D	E	F	G	H
1	订单号	会员名	店铺名	店铺所在地	消费金额	是否结算	结算时间	
5	201608010417	张大鹏	私房小站（罗湖分店）	深圳	466	1	2016/8/1 13:08	
6	201608010392	李小东	私房小站（番禺分店）	广州	704	1	2016/8/1 13:07	
132	201608060475	张大鹏	私房小站（天河分店）	广州	142	1	2016/8/6 19:22	
301	201608120684	李小东	私房小站（天河分店）	广州	511	1	2016/8/12 18:28	
357	201608131311	张大鹏	私房小站（盐田分店）	深圳	976	1	2016/8/13 19:36	
471	201608160770	李小东	私房小站（福田分店）	深圳	225	1	2016/8/16 21:27	
482	201608170513	张大鹏	私房小站（福田分店）	深圳	784	1	2016/8/17 18:40	
658	201608211023	李小东	私房小站（福田分店）	深圳	409	1	2016/8/21 20:07	
915	201608300446	张大鹏	私房小站（盐田分店）	深圳	143	1	2016/8/30 18:15	
941	201608310647	李小东	私房小站（番禺分店）	广州	262	1	2016/8/31 21:55	
943								
944								
945								
946								

订单信息

图 5-24   自定义筛选效果

5.2.3　根据高级条件筛选

1．同时满足多个条件的筛选

在【订单信息】工作表中，筛选出店铺所在地在"深圳"且消费金额大于 1200 的行，具体操作步骤如下。

（1）新建一个工作表并输入筛选条件。在【订单信息】工作表旁创建一个新的工作表【Sheet1】，在【Sheet1】工作表的单元格区域 A1:B2 中建立条件区域，如图 5-25 所示。

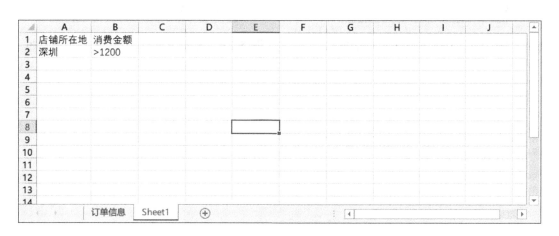

图 5-25　同时满足多个条件的条件区域设置

（2）打开【高级筛选】对话框。在【订单信息】工作表中，单击任一非空单元格，在【数据】选项卡的【排序和筛选】命令组中，单击【高级】命令，弹出【高级筛选】对话框，如图 5-26 所示。

（3）选择列表区域。单击图 5-26 所示的【列表区域】文本框右侧的 按钮，弹出【高级筛选-列表区域】对话框，选择【订单信息】工作表的单元格区域 A 列到 G 列，如图 5-27 所示，单击 按钮回到【高级筛选】对话框。

（4）选择条件区域。单击图 5-26 所示的【条件区域】文本框右侧的 按钮，弹出【高级筛选-条件区域】对话框，选择【Sheet1】工作表的单元格区域 A1:B2，如图 5-28 所示，单击 按钮回到【高级筛选】对话框。

（5）确定筛选设置。单击图 5-26 所示的【确定】按钮即可在【订单信息】工作表中筛选出店铺所在地在"深圳"且消费金额大于 1200 的行，设置效果如图 5-29 所示。

2．满足其中一个条件的筛选

在【订单信息】工作表中，筛选出店铺所在地在"深圳"或消费金额大于 1200 的行，具体的操作步骤如下。

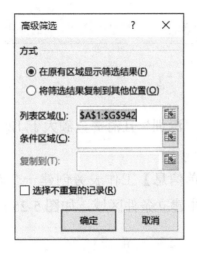

图 5-26 【高级筛选】对话框

图 5-27 【高级筛选-列表区域】对话框

图 5-28 【高级筛选-条件区域】对话框

	A	B	C	D	E	F	G	H
1	订单号	会员名	店铺名	店铺所在地	消费金额	是否结算	结算时间	
576	201608201119	崔浩晖	私房小站（福田分店）	深圳	1212	1	2016/8/20 18:47	
854	201608281166	申鹭达	私房小站（罗湖分店）	深圳	1314	1	2016/8/28 18:14	
943								
944								
945								
946								
947								
948								
949								
950								
951								
952								
953								

订单信息　Sheet1

图 5-29 同时满足多个条件的筛选效果

（1）输入筛选条件。在【订单信息】工作表旁创建一个新的工作表【Sheet2】，在【Sheet2】工作表的单元格区域 A1:B3 建立条件区域，如图 5-30 所示。

	A	B	C	D	E	F	G	H	I	J
1	店铺所在地	消费金额								
2	深圳									
3		>1200								
4										
5										
6										
7										
8										
9										
10										
11										
12										

订单信息　Sheet1　Sheet2

图 5-30 满足其中一个条件的条件区域设置

（2）打开【高级筛选】对话框。在【订单信息】工作表中，单击任一非空单元格，在【数

据】选项卡的【排序和筛选】命令组中，单击【高级】命令，弹出【高级筛选】对话框，如图 5-26 所示。

（3）选择列表区域。单击图 5-26 所示的【列表区域】文本框右侧的 按钮，弹出【高级筛选-列表区域】对话框，选择【订单信息】工作表的单元格区域 A 列到 G 列，如图 5-27 所示，单击 按钮回到【高级筛选】对话框。

（4）选择条件区域。单击图 5-26 所示的【条件区域】文本框右侧的 按钮，弹出【高级筛选-条件区域】对话框，选择【Sheet2】工作表的单元格区域 A1:B3，如图 5-31 所示，单击 按钮回到【高级筛选】对话框。

图 5-31　【高级筛选-条件区域】对话框

（5）确定筛选设置。单击图 5-26 所示的【确定】按钮即可在【订单信息】工作表中筛选出店铺所在地在"深圳"或消费金额大于 1200 的行，设置效果如图 5-32 所示。

	A	B	C	D	E	F	G	H
102	2016080060311	张小雨	私房小站（福田分店）	深圳	402	1	2016/8/6 13:13	
107	2016080060848	夏晴	私房小站（罗湖分店）	深圳	458	1	2016/8/6 13:47	
109	2016080060872	刘爱梅	私房小站（罗湖分店）	深圳	405	1	2016/8/6 14:05	
110	2016080060800	刘斌义	私房小站（福田分店）	深圳	612	1	2016/8/6 14:12	
113	2016080061038	冯颖	私房小站（福田分店）	深圳	486	1	2016/8/6 17:27	
114	2016080060690	李孩立	私房小站（盐田分店）	深圳	1000	1	2016/8/6 17:38	
115	2016080061026	袁家蕊	私房小站（福田分店）	深圳	1027	1	2016/8/6 17:40	
116	2016080061004	黄哲	私房小站（盐田分店）	深圳	801	1	2016/8/6 17:20	
117	2016080061012	黄碧萍	私房小站（罗湖分店）	深圳	194	1	2016/8/6 17:55	
120	2016080061317	习有汐	私房小站（天河分店）	广州	1210	1	2016/8/6 18:08	
121	2016080061002	俞子昕	私房小站（福田分店）	深圳	224	1	2016/8/6 18:07	
127	2016080060712	卓亚萍	私房小站（盐田分店）	深圳	307	1	2016/8/6 18:51	
130	2016080061258	柴亮亮	私房小站（福田分店）	深圳	240	1	2016/8/6 19:09	
131	2016080060778	占锦曦	私房小站（盐田分店）	深圳	207	1	2016/8/6 19:08	

订单信息　Sheet1

图 5-32　满足其中一个条件的筛选效果

任务 5.3　分类汇总数据

○ 任务描述

在海量的数据中，常常要通过分类汇总求得数据的和、积和平均值等数值。现在【订单信息】工作表中分别进行如下操作：统计各会员的消费金额的总和与平均值；统计各会员在不同店铺的消费总额；基于统计各会员的消费总额后的数据，进行分页显示。

● **任务分析**

（1）统计各会员的消费金额的总和。

（2）统计各会员的消费金额的平均值。

（3）先对会员名进行分类汇总后，再对店铺名进行汇总。

（4）统计各会员的消费金额的总和，并将汇总结果分页显示。

5.3.1　插入分类汇总

1. 简单分类汇总

在【订单信息】工作表中统计各会员的消费金额，具体操作步骤如下。

（1）根据会员名升序。选中 B 列任一非空单元格，例如 B3 单元格，在【数据】选项卡的【排序和筛选】命令组中，单击 符号，将该列数据按数值大小升序，设置效果如图 5-33 所示。

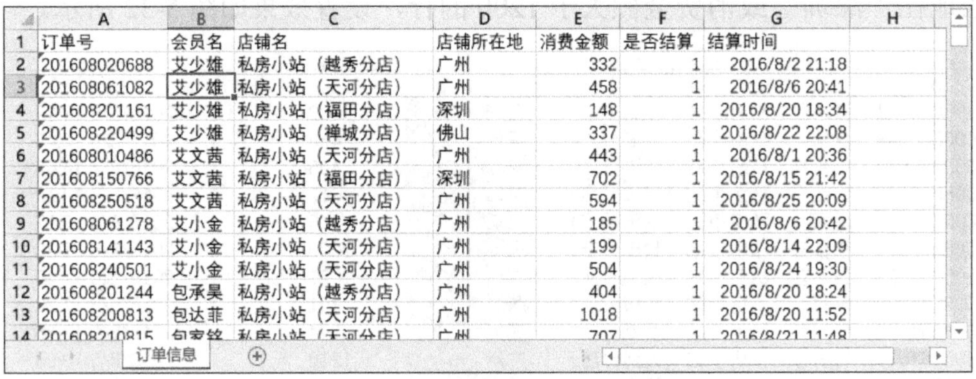

图 5-33　根据会员名按升序排列

（2）打开【分类汇总】对话框。在【数据】选项卡的【分级显示】命令组中，单击【分类汇总】命令，如图 5-34 所示，弹出【分类汇总】对话框。

图 5-34　【分类汇总】命令

（3）设置参数。在【分类汇总】对话框中单击【分类字段】下拉框的 按钮，在下拉列表中选择【会员名】；单击【汇总方式】下拉框的 按钮，在下拉列表中选择【求和】；在【选定汇总项】列表框中勾选【消费金额】复选框，取消其他复选框的勾选，如图 5-35 所示。

图 5-35　【分类汇总】对话框

（4）确定设置。单击图 5-35 所示的【确定】按钮即可在【订单信息】工作表中统计各会员的消费金额的总额，设置效果如图 5-36 所示。

在分类汇总后，工作表行号左侧出现的⊞和⊟按钮是层次按钮，分别能显示和隐藏组中明细数据。在层次按钮上方出现的 1 2 3 按钮是分级显示按钮，单击所需级别的数字就会隐藏较低级别的明细数据，显示其他级别的明细数据。

若要删除分类汇总，则选择包含分类汇总的单元格区域，然后在图 5-35 所示的【分类汇总】对话框中单击【全部删除】按钮即可。

	订单号	会员名	店铺名	店铺所在地	消费金额	是否结算	结算时间
1	订单号	会员名	店铺名	店铺所在地	消费金额	是否结算	结算时间
2	201608020688	艾少雄	私房小站（越秀分店）	广州	332	1	2016/8/2 21:18
3	201608061082	艾少雄	私房小站（天河分店）	广州	458	1	2016/8/6 20:41
4	201608201161	艾少雄	私房小站（福田分店）	深圳	148	1	2016/8/20 18:34
5	201608220499	艾少雄	私房小站（禅城分店）	佛山	337	1	2016/8/22 22:08
6		艾少雄 汇总			1275		
7	201608010486	艾文茜	私房小站（天河分店）	广州	443	1	2016/8/1 20:36
8	201608150766	艾文茜	私房小站（福田分店）	深圳	702	1	2016/8/15 21:42
9	201608250518	艾文茜	私房小站（天河分店）	广州	594	1	2016/8/25 20:09
10		艾文茜 汇总			1739		
11	201608061278	艾小金	私房小站（越秀分店）	广州	185	1	2016/8/6 20:42
12	201608141143	艾小金	私房小站（天河分店）	广州	199	1	2016/8/14 22:09
13	201608240501	艾小金	私房小站（天河分店）	广州	504	1	2016/8/24 19:30
14		艾小金 汇总			888		

图 5-36　简单分类汇总效果

2. 高级分类汇总

在【订单信息】工作表中，统计各会员消费金额的平均值的具体操作步骤如下。

（1）打开【分类汇总】对话框。在简单分类汇总结果的基础上，在【数据】选项卡的【分级显示】命令组中，单击【分类汇总】命令，如图 5-34 所示，弹出【分类汇总】对话框。

（2）设置参数。在【分类汇总】对话框中，单击【分类字段】下拉框的 ✓ 按钮，在下拉列表中选择【会员名】；单击【汇总方式】列表框的 ✓ 按钮，在下拉列表中选择【平均值】；【分类字段】和【选定汇总项】列表框保持不变，取消勾选【替换当前分类汇总】复选框，如图 5-37 所示。

图 5-37　选择汇总方式为平均值

（3）确定设置。单击图 5-37 所示的【确定】按钮即可统计各会员的消费金额的平均值，设置效果如图 5-38 所示。

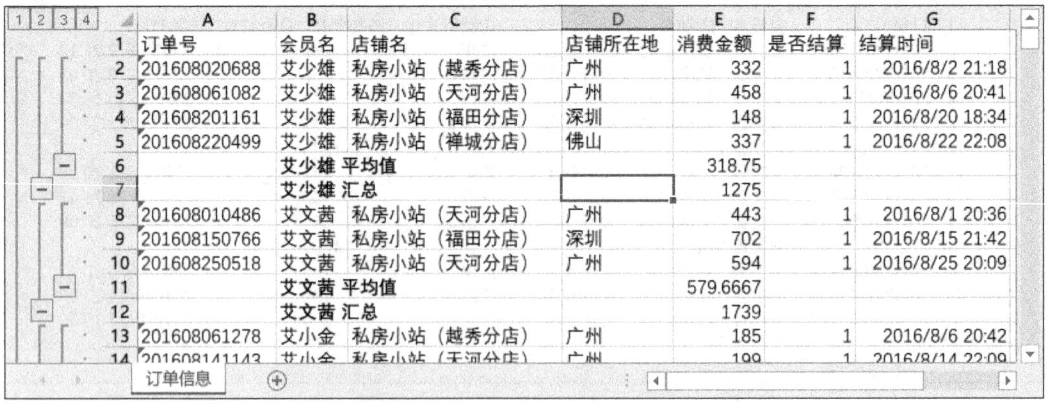

1 2 3 4		A	B	C	D	E	F	G
	1	订单号	会员名	店铺名	店铺所在地	消费金额	是否结算	结算时间
	2	201608020688	艾少雄	私房小站（越秀分店）	广州	332	1	2016/8/2 21:18
	3	201608061082	艾少雄	私房小站（天河分店）	广州	458	1	2016/8/6 20:41
	4	201608201161	艾少雄	私房小站（福田分店）	深圳	148	1	2016/8/20 18:34
	5	201608220499	艾少雄	私房小站（禅城分店）	佛山	337	1	2016/8/22 22:08
	6		艾少雄 平均值			318.75		
	7		艾少雄 汇总			1275		
	8	201608010486	艾文茜	私房小站（天河分店）	广州	443	1	2016/8/1 20:36
	9	201608150766	艾文茜	私房小站（福田分店）	深圳	702	1	2016/8/15 21:42
	10	201608250518	艾文茜	私房小站（天河分店）	广州	594	1	2016/8/25 20:09
	11		艾文茜 平均值			579.6667		
	12		艾文茜 汇总			1739		
	13	201608061278	艾小金	私房小站（越秀分店）	广州	185	1	2016/8/6 20:42
	14	201608141143	艾小金	私房小站（天河分店）	广州	199	1	2016/8/14 22:09

订单信息

图 5-38　高级分类汇总效果

3. 嵌套分类汇总

在【订单信息】工作表中，先对会员名进行简单分类汇总，再对店铺名进行汇总，具体操作步骤如下。

（1）对数据进行排序。【订单信息】工作表中，先根据会员名进行升序，再将相同会员名的订单根据店铺名进行升序，排序效果如图 5-39 所示。

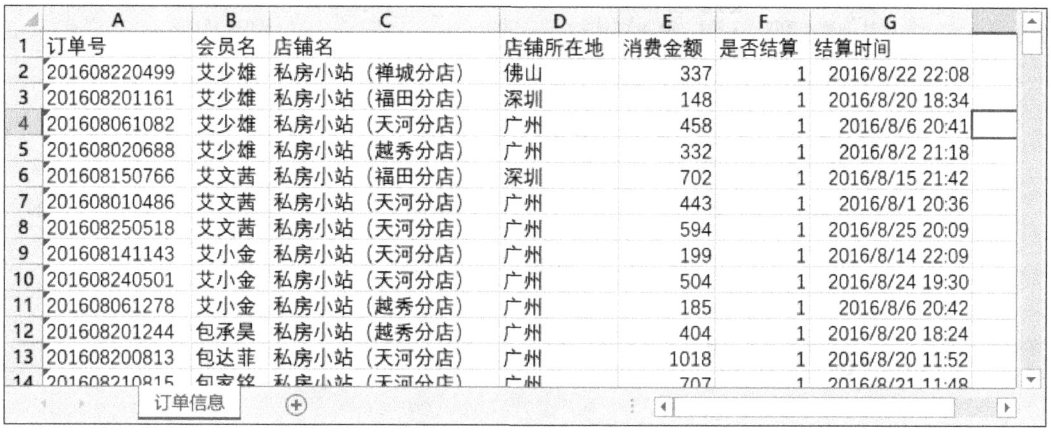

	A	B	C	D	E	F	G
1	订单号	会员名	店铺名	店铺所在地	消费金额	是否结算	结算时间
2	201608220499	艾少雄	私房小站（禅城分店）	佛山	337	1	2016/8/22 22:08
3	201608201161	艾少雄	私房小站（福田分店）	深圳	148	1	2016/8/20 18:34
4	201608061082	艾少雄	私房小站（天河分店）	广州	458	1	2016/8/6 20:41
5	201608020688	艾少雄	私房小站（越秀分店）	广州	332	1	2016/8/2 21:18
6	201608150766	艾文茜	私房小站（福田分店）	深圳	702	1	2016/8/15 21:42
7	201608010486	艾文茜	私房小站（天河分店）	广州	443	1	2016/8/1 20:36
8	201608250518	艾文茜	私房小站（天河分店）	广州	594	1	2016/8/25 20:09
9	201608141143	艾小金	私房小站（天河分店）	广州	199	1	2016/8/14 22:09
10	201608240501	艾小金	私房小站（天河分店）	广州	504	1	2016/8/24 19:30
11	201608061278	艾小金	私房小站（越秀分店）	广州	185	1	2016/8/6 20:42
12	201608201244	包承昊	私房小站（越秀分店）	广州	404	1	2016/8/20 18:24
13	201608200813	包达菲	私房小站（天河分店）	广州	1018	1	2016/8/20 11:52
14	201608210815	包寄铭	私房小站（天河分店）	广州	707		2016/8/21 11:48

订单信息

图 5-39　排序效果

（2）进行简单分类汇总。在【数据】选项卡的【分级显示】命令组中，单击【分类汇总】命令，在弹出的【分类汇总】对话框中设置参数，如图 5-40 所示，单击【确定】按钮得到第一次汇总结果。

（3）设置第二次分类汇总的参数。在【数据】选项卡的【分级显示】命令组中，单击【分类汇总】命令，在弹出的【分类汇总】对话框中设置参数，如图 5-41 所示。

（4）确定设置。单击图 5-41 所示的【确定】按钮即可先对会员名进行简单分类汇总，再对店铺名进行汇总，设置效果如图 5-42 所示。

图 5-40　第一次汇总的参数

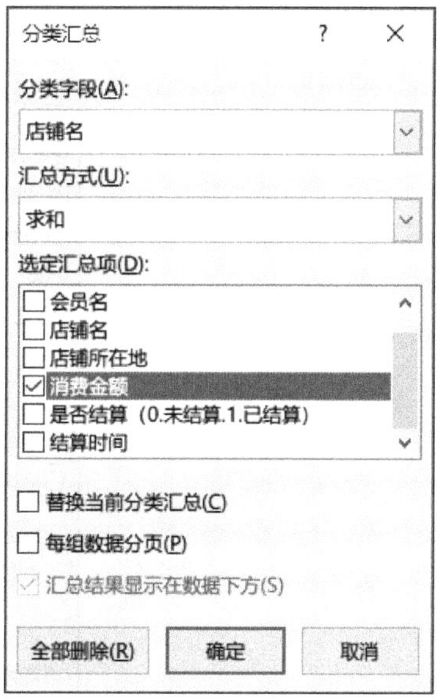

图 5-41　第二次汇总的参数设置

图 5-42　嵌套分类汇总效果

5.3.2　分页显示数据列表

分页显示分类汇总是将汇总的每一类数据单独地列在一页中，以方便清晰地显示打印出来的数据。

在【订单信息】工作表中统计各会员的消费金额的总和，并将汇总结果分页显示，具体操作步骤如下。

（1）根据会员名升序。选中 B 列任一非空单元格，例如 B2 单元格，在【数据】选项卡的【排序和筛选】命令组中，单击 ⏷↓ 符号，将该列数据按数值大小升序。

（2）打开【分类汇总】对话框。选择任一非空单元格，在【数据】选项卡的【分级显示】命令组中，单击【分类汇总】命令，弹出【分类汇总】对话框。

（3）设置参数。单击【分类字段】下拉框的 ⏷ 按钮，在下拉列表中选择【会员名】，在【选定汇总项】列表框中勾选【消费金额】复选框，勾选【每组数据分页】复选框，如图 5-43 所示。

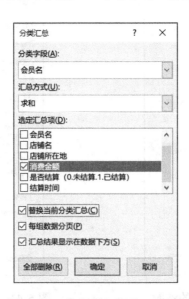

图 5-43　【分类汇总】对话框

（4）确定设置。单击图 5-43 所示的【确定】按钮即可在【订单信息】工作表中统计各会员的消费金额，并将汇总结果分页显示，设置效果如图 5-44 所示。

1 2 3		A	B	C	D	E	F	G	H
	1	订单号	会员名	店铺名	店铺所在地	消费金额	是否结算	结算时间	
	2	201608220499	艾少雄	私房小站（禅城分店）	佛山	337	1	2016/8/22 22:08	
	3	201608201161	艾少雄	私房小站（福田分店）	深圳	148	1	2016/8/20 18:34	
	4	201608061082	艾少雄	私房小站（天河分店）	广州	458	1	2016/8/6 20:41	
	5	201608020688	艾少雄	私房小站（越秀分店）	广州	332	1	2016/8/2 21:18	
	6		艾少雄 汇总			1275			
	7	201608150766	艾文茜	私房小站（福田分店）	深圳	702	1	2016/8/15 21:42	
	8	201608010486	艾文茜	私房小站（天河分店）	广州	443	1	2016/8/1 20:36	
	9	201608250518	艾文茜	私房小站（天河分店）	广州	594	1	2016/8/25 20:09	
	10		艾文茜 汇总			1739			
	11	201608141143	艾小金	私房小站（天河分店）	广州	199	1	2016/8/14 22:09	
	12	201608240501	艾小金	私房小站（天河分店）	广州	504	1	2016/8/24 19:30	
	13	201608061278	艾小金	私房小站（越秀分店）	广州	185	1	2016/8/6 20:42	
	14		艾小金 汇总			888			

订单信息

图 5-44　分页显示数据列表效果

实训

实训 1　排序

1．训练要点

（1）了解排序的类型和各自的逻辑顺序。

（2）掌握各种排序方法的基本操作。

2．需求说明

现有一个【9 月自助便利店销售业绩】工作表，分别需要按商品名称和"天河区便利店、越秀区便利店、白云区便利店"自定义序列显示与理解数据，所以在【9 月自助便利店销售业绩】工作表中，分别根据商品名称和自定义序列进行排序。

3．实现思路及步骤

（1）根据商品名称进行升序。

（2）创建自定义序列，并根据自定义序列进行排序。

实训 2　筛选

1．训练要点

（1）了解筛选的类型。

（2）掌握各种筛选方法的基本操作。

2．需求说明

现有一个设有颜色的【9月自助便利店销售业绩】工作表，为了查看带有红色标记单元格的行和查找全部二级类目为乳制品和碳酸饮料的行，分别用多种筛选方法对【9月自助便利店销售业绩】工作表的数据进行筛选。

3．实现思路及步骤

（1）在【二级类目】列筛选出单元格颜色为红色的数据。

（2）在【二级类目】列筛选出二级类目为"乳制品"或"碳酸饮料"的数据。

（3）筛选出二级类目为乳制品且单价大于 5 的数据。

实训3　分类汇总数据

1．训练要点

（1）了解分类汇总的类型。

（2）掌握各种分类汇总方法的基本操作。

2．需求说明

某企业的自动便利店销售数据存在【9月自助便利店销售业绩】工作表中，为了统计每个店铺的营业总额和订单个数，并把将各店铺的营业总额打印出来，需要分别用多种分类汇总方法对【9月自助便利店销售业绩】工作表进行分类汇总。

3．实现思路及步骤

（1）使用简单分类汇总方法统计各店铺的营业总额。

（2）使用高级分类汇总方法统计各店铺的订单个数。

（3）使用分页汇总方法统计各店铺的营业总额，并将汇总结果分页显示。

第6章 数据透视表

数据透视表不仅可以转换行和列以显示源数据的不同汇总的结果，而且可以显示不同页面以筛选数据，还可以根据用户的需要显示数据区域中的数据。数据透视图是另一种数据表现形式，与数据透视表不同的地方在于它可以选择适当的图表，并使用多种颜色来描述数据的特性。

学习目标

（1）掌握数据透视表的创建方法。

（2）熟悉数据透视表的编辑。

（3）熟悉数据透视表中数据的常用操作。

（4）掌握数据透视图的创建方法。

任务 6.1 创建数据透视表

◎ 任务描述

数据透视表是一种交互式表格，能全面、灵活地对数据进行分析、汇总。只需通过转换行或者列，即可得到多种分析结果，还可以显示不同的页面来筛选数据。现有某餐饮店的订单信息，但因为数据量较大所以只列出部分数据，如图 6-1 所示，在 Excel 中创建一个数据透视表。

	A	B	C	D	E	F	G	H
1	订单号	会员名	店铺名	店铺所在地	点餐时间	消费金额	是否结算（0.未结算.1.已结算）	结算时间
2	201608010417	苗宇怡	私房小站（盐田分店）	深圳	2016/8/1 11:05	165	1	2016/8/1 11:11
3	201608010301	李靖	私房小站（罗湖分店）	深圳	2016/8/1 11:15	321	1	2016/8/1 11:31
4	201608010413	卓永梅	私房小站（盐田分店）	深圳	2016/8/1 12:42	854	1	2016/8/1 12:54
5	201608010415	张大鹏	私房小站（罗湖分店）	深圳	2016/8/1 12:51	466	1	2016/8/1 13:08
6	201608010392	李小东	私房小站（番禺分店）	广州	2016/8/1 12:58	704	1	2016/8/1 13:07
7	201608010381	沈晓雯	私房小站（天河分店）	广州	2016/8/1 13:15	239	1	2016/8/1 13:23
8	201608010429	苗泽坤	私房小站（福田分店）	深圳	2016/8/1 13:17	699	1	2016/8/1 13:34
9	201608010433	李达明	私房小站（番禺分店）	广州	2016/8/1 13:38	511	1	2016/8/1 13:50
10	201608010569	蓝娜	私房小站（盐田分店）	深圳	2016/8/1 17:06	326	1	2016/8/1 17:18

图 6-1 某餐饮店的部分订单信息

◎ 任务分析

利用餐饮店的订单信息创建数据透视表。

6.1.1 从工作簿中的数据区域创建

1. 自动创建数据透视表

利用 Excel 自动创建数据透视表，具体操作步骤如下。

（1）打开【推荐的数据透视表】对话框。打开"订单信息.xlsx"工作簿，单击数据区域内任一单元格，在【插入】选项卡的【表格】命令组中，单击【推荐的数据透视表】命令，如图 6-2 所示，弹出【推荐的数据透视表】对话框，如图 6-3 所示。

图 6-2 【推荐的数据透视表】命令

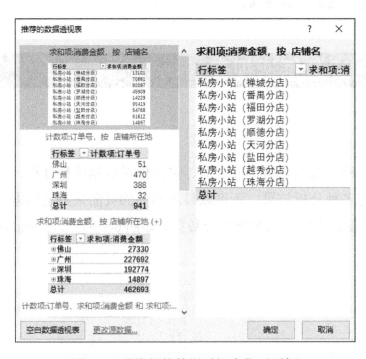

图 6-3 【推荐的数据透视表】对话框

在对话框中显示了一些缩略图，描绘了可以选择的数据透视表。

（2）选择一个数据透视表并确定。在【推荐的数据透视表】对话框左边的缩略图中选择其中一个，此处选择第一个，单击【确定】按钮，Excel 将在一个新的工作表中创建数据透视表，如图 6-4 所示。

2．手动创建数据透视表

如果推荐的数据透视表都不适合，那么可以手动创建数据透视表，具体操作步骤如下。

（1）打开【创建数据透视表】对话框。打开【订单信息】工作表，单击数据区域内任一单元格，在【插入】选项卡里面的【表格】命令组中，单击【数据透视表】命令，如图 6-5 所示，弹出【创建数据透视表】对话框，如图 6-6 所示。

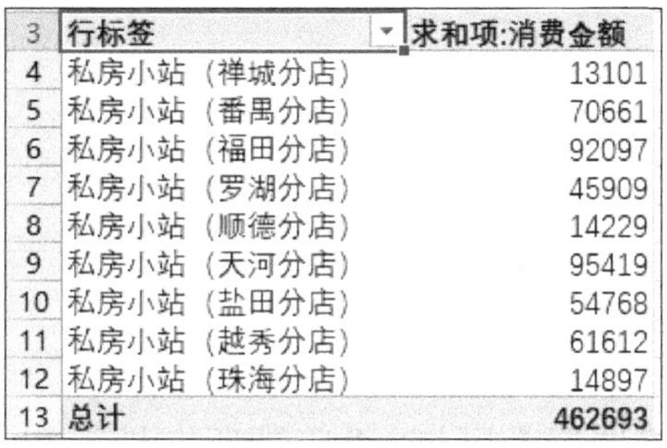

3	行标签 ▾	求和项:消费金额
4	私房小站（禅城分店）	13101
5	私房小站（番禺分店）	70661
6	私房小站（福田分店）	92097
7	私房小站（罗湖分店）	45909
8	私房小站（顺德分店）	14229
9	私房小站（天河分店）	95419
10	私房小站（盐田分店）	54768
11	私房小站（越秀分店）	61612
12	私房小站（珠海分店）	14897
13	总计	462693

图 6-4　自动创建数据透视表

图 6-5　【数据透视表】命令

图 6-6　【创建数据透视表】对话框

其中，选择的数据为整个数据区域，而放置数据透视表的位置默认为新工作表，但是用户可以指定放置在现有工作表中。

（2）确定创建空白数据透视表。单击图 6-6 中的【确定】按钮，Excel 将创建一个空白数据透视表，并显示【数据透视表字段】窗格，如图 6-7 所示。

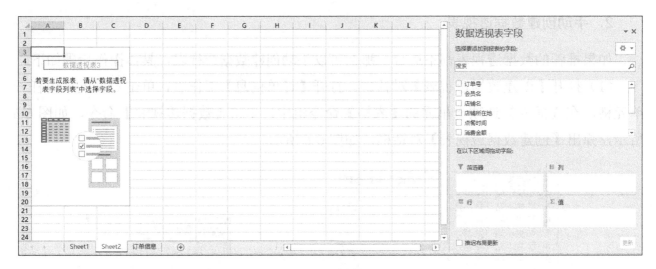

图 6-7　空白数据透视表

（3）添加字段。将"结算时间"拖曳至【筛选器】区域，"店铺所在地"和"店铺名"分别拖曳至【行】区域，"消费金额"拖曳至【值】区域，如图 6-8 所示，创建的数据透视表如图 6-9 所示。

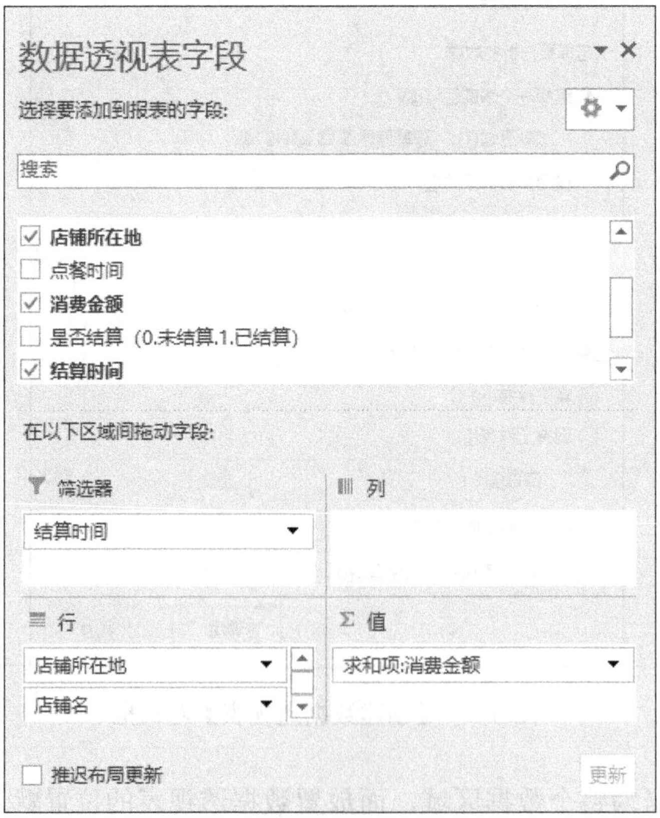

图 6-8　数据透视表字段

1	结算时间	(全部) ▼
2		
3	行标签 ▼	求和项:消费金额
4	⊟佛山	27330
5	私房小站（禅城分店）	13101
6	私房小站（顺德分店）	14229
7	⊟广州	227692
8	私房小站（番禺分店）	70661
9	私房小站（天河分店）	95419
10	私房小站（越秀分店）	61612
11	⊟深圳	192774
12	私房小站（福田分店）	92097
13	私房小站（罗湖分店）	45909
14	私房小站（盐田分店）	54768
15	⊟珠海	14897
16	私房小站（珠海分店）	14897
17	总计	462693

图 6-9　手动创建数据透视表

6.1.2　通过导入外部数据源来创建

　　外部数据源主要包括文本文件、Microsoft SQL Server 数据库、Microsoft Access 数据库等。在创建数据透视表之前，需要先将"订单信息.accdb"文件复制到"文档\我的数据源"目录下。

　　通过 Access 数据库文件创建数据透视表，具体操作步骤如下。

　　（1）打开【创建数据透视表】对话框。新建一个工作簿，重命名为"数据透视表.xlsx"，在【插入】选项卡的【表格】命令组中，单击【数据透视表】命令，弹出【创建数据透视表】对话框，如图 6-10 所示。

图 6-10　【创建数据透视表】对话框

（2）打开【现有连接】对话框。单击图 6-10 所示的【使用外部数据源】单选框，单击【选择连接】按钮，弹出【现有连接】对话框，如图 6-11 所示。

图 6-11　【现有连接】对话框

（3）选择数据源文件来创建数据透视表。在图 6-11 中的【此计算机的连接文件】列表框中选择数据源文件，因为只有一个文件，所以选中"订单信息"，之后单击【打开】按钮，回到【创建数据透视表】对话框，单击【确定】按钮，Excel 将创建一个空白数据透视表，如图 6-12 所示。

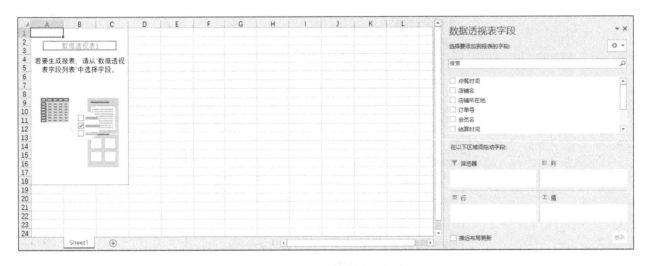

图 6-12　空白数据透视表

（4）设置字段。将"结算时间"拖曳至【筛选器】区域，"店铺所在地"和"店铺名"分别拖曳至【行】区域，"消费金额"拖曳至【值】区域，创建的数据透视表如图 6-13 所示。

1	结算时间		(全部)	▼
2				
3	行标签	▼	求和项:消费金额	
4	□佛山		27330	
5	私房小站（禅城分店）		13101	
6	私房小站（顺德分店）		14229	
7	□广州		227692	
8	私房小站（番禺分店）		70661	
9	私房小站（天河分店）		95419	
10	私房小站（越秀分店）		61612	
11	□深圳		192774	
12	私房小站（福田分店）		92097	
13	私房小站（罗湖分店）		45909	
14	私房小站（盐田分店）		54768	
15	□珠海		14897	
16	私房小站（珠海分店）		14897	
17	总计		462693	

图 6-13 通过导入外部数据源创建数据透视表

任务 6.2　编辑数据透视表

○ 任务描述

对于制作好的数据透视表，有时还需要进行编辑，常见的操作包括复制和移动数据透视表、重命名透视表、改变透视表布局、格式化透视表等。在 Excel 中分别使用上述编辑操作，对 6.1.2 小节所创建的数据透视表进行更改，数据透视表如图 6-14 所示。

图 6-14　数据透视表

○ 任务分析

（1）修改数据透视表。

（2）复制和移动数据透视表。

（3）重命名数据透视表。

（4）改变数据透视表的布局。

（5）格式化数据透视表。

6.2.1　修改数据透视表

对数据透视表显示的内容进行修改，具体的操作步骤如下。

（1）行字段改为列字段。打开"数据透视表.xlsx"工作簿，在【数据透视表字段】窗格中，将【店铺所在地】由【行】区域拖曳到【列】区域，如图 6-15 所示。

图 6-15　数据透视表字段

此时数据透视表如图 6-16 所示。

1	结算时间	(全部)				
2						
3	求和项:消费金额	列标签				
4	行标签	佛山	广州	深圳	珠海	总计
5	私房小站（禅城分店）	13101				13101
6	私房小站（番禺分店）		70661			70661
7	私房小站（福田分店）			92097		92097
8	私房小站（罗湖分店）			45909		45909
9	私房小站（顺德分店）	14229				14229
10	私房小站（天河分店）		95419			95419
11	私房小站（盐田分店）			54768		54768
12	私房小站（越秀分店）		61612			61612
13	私房小站（珠海分店）				14897	14897
14	总计	27330	227692	192774	14897	462693

图 6-16　修改后的数据透视表

（2）列字段改为行字段。将【店铺所在地】由【列】区域拖曳到【行】区域，结果如图 6-17
所示。

1	结算时间	（全部）	▼
2			
3	行标签	▼	求和项:消费金额
4	⊟私房小站（禅城分店）		13101
5	佛山		13101
6	⊟私房小站（番禺分店）		70661
7	广州		70661
8	⊟私房小站（福田分店）		92097
9	深圳		92097
10	⊟私房小站（罗湖分店）		45909
11	深圳		45909
12	⊟私房小站（顺德分店）		14229
13	佛山		14229
14	⊟私房小站（天河分店）		95419
15	广州		95419
16	⊟私房小站（盐田分店）		54768
17	深圳		54768
18	⊟私房小站（越秀分店）		61612
19	广州		61612
20	⊟私房小站（珠海分店）		14897
21	珠海		14897
22	总计		462693

图 6-17 修改后的数据透视表

对比图 6-14 与图 6-17 可以发现，同一区域的字段顺序不同，数据透视表的结果也会有
所不同。

6.2.2 复制和移动数据透视表

数据透视表中的单元格比较特殊，所以复制和移动数据透视表的方法也会比较特殊。

1. 复制数据透视表

复制数据透视表的具体操作步骤如下。

（1）选择整个数据透视表。打开"数据透视表.xlsx"工作簿，单击选中数据透视表的任
一单元格，按下【Ctrl+A】组合键，选择整个要复制的数据透视表，如图 6-18 所示。

3	行标签	▼	求和项:消费金额
4	⊟佛山		27330
5	私房小站（禅城分店）		13101
6	私房小站（顺德分店）		14229
7	⊟广州		227692
8	私房小站（番禺分店）		70661
9	私房小站（天河分店）		95419
10	私房小站（越秀分店）		61612
11	⊟深圳		192774
12	私房小站（福田分店）		92097
13	私房小站（罗湖分店）		45909
14	私房小站（盐田分店）		54768
15	⊟珠海		14897
16	私房小站（珠海分店）		14897
17	总计		462693

图 6-18 选中要复制的数据透视表

（2）复制数据透视表。按下【Ctrl+C】组合键，对选中的数据透视表进行复制，如图 6-19
所示。

行标签	▼	求和项:消费金额
⊟佛山		27330
私房小站（禅城分店）		13101
私房小站（顺德分店）		14229
⊟广州		227692
私房小站（番禺分店）		70661
私房小站（天河分店）		95419
私房小站（越秀分店）		61612
⊟深圳		192774
私房小站（福田分店）		92097
私房小站（罗湖分店）		45909
私房小站（盐田分店）		54768
⊟珠海		14897
私房小站（珠海分店）		14897
总计		462693

图 6-19　复制数据透视表

（3）粘贴数据透视表。单击选中目标区域的起始单元格，按下【Ctrl+V】组合键，对数
据透视表进行粘贴，结果如图 6-20 所示。

行标签	▼	求和项:消费金额		行标签	求和项:消费金额
⊟佛山		27330		佛山	27330
私房小站（禅城分店）		13101		私房小站（禅城分店）	13101
私房小站（顺德分店）		14229		私房小站（顺德分店）	14229
⊟广州		227692		广州	227692
私房小站（番禺分店）		70661		私房小站（番禺分店）	70661
私房小站（天河分店）		95419		私房小站（天河分店）	95419
私房小站（越秀分店）		61612		私房小站（越秀分店）	61612
⊟深圳		192774		深圳	192774
私房小站（福田分店）		92097		私房小站（福田分店）	92097
私房小站（罗湖分店）		45909		私房小站（罗湖分店）	45909
私房小站（盐田分店）		54768		私房小站（盐田分店）	54768
⊟珠海		14897		珠海	14897
私房小站（珠海分店）		14897		私房小站（珠海分店）	14897
总计		462693		总计	462693

图 6-20　复制完成

2．移动数据透视表

对于创建好的数据透视表，有时需要移动到其他位置，具体的操作步骤如下。

（1）选择整个数据透视表。单击选中数据透视表的任一单元格，按下【Ctrl+A】组合键，
选择整个要移动的数据透视表，如图 6-21 所示。

（2）打开【移动数据透视表】对话框。在【分析】选项卡的【操作】命令组中，单击【移
动数据透视表】命令，如图 6-22 所示，弹出【移动数据透视表】对话框。

（3）输入放置数据透视表的位置。在弹出【移动数据透视表】对话框的【位置】文本框
中输入"Sheet1!$D$3"，如图 6-23 所示。

（4）确定设置。单击图 6-23 中的【确定】按钮，数据透视表被移动到新的位置，如图 6-24

所示。

图 6-21　选中要移动的数据透视表

图 6-22　【移动数据透视表】命令

图 6-23　输入放置数据透视表的位置

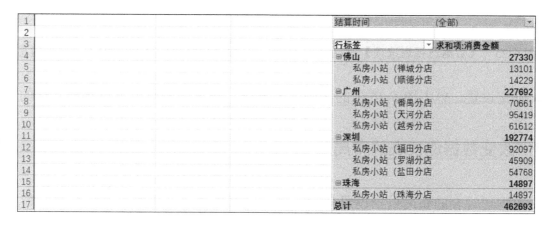

图 6-24　移动数据透视表

6.2.3　重命名数据透视表

对创建好的数据透视表，对其名称进行更改，具体的操作步骤如下。

（1）打开【数据透视表选项】对话框。打开"数据透视表.xlsx"工作簿，单击数据区域内任一单元格，在【分析】选项卡的【数据透视表】命令组中，单击【选项】命令，弹出【数据透视表选项】对话框，如图 6-25 所示。

（2）输入数据透视表的新名称。在图 6-25 中的【数据透视表名称】文本框中输入"订单信息"，如图 6-26 所示。

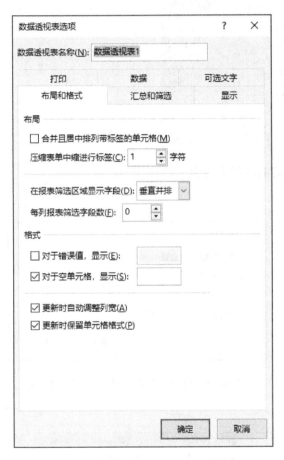
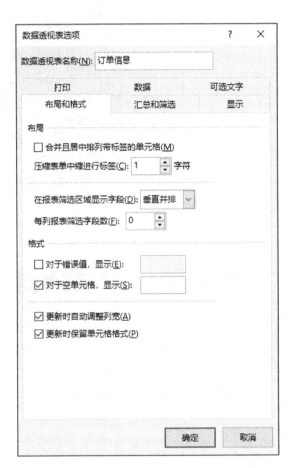

图 6-25　【数据透视表选项】对话框　　　　图 6-26　在文本框中输入"订单信息"

（3）确定设置。单击图 6-26 中的【确定】按钮，即可完成对数据透视表名称的更改。

6.2.4　改变数据透视表的布局

改变数据透视表的布局包括设置分类汇总、设置总计、设置报表布局和空行等。现将数据透视表的布局改为表格形式，具体操作步骤如下。

打开"数据透视表.xlsx"工作簿，单击数据区域内任一单元格，在【设计】选项卡的【布局】命令组中，单击【报表布局】命令，选择【以表格形式显示】，如图 6-27 所示。该数据透视表即以表格形式显示，如图 6-28 所示。

图 6-27　【报表布局】命令

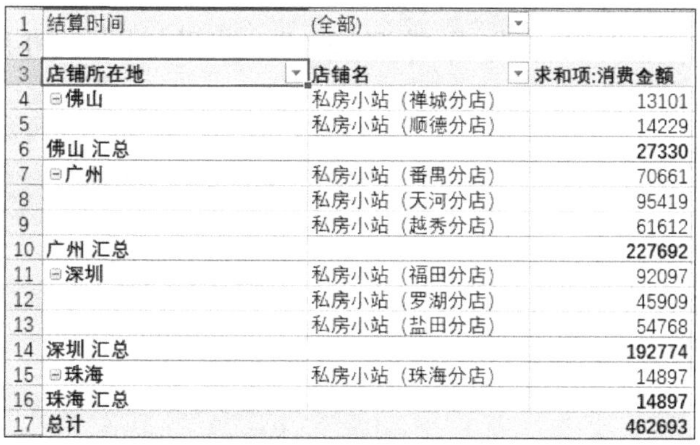

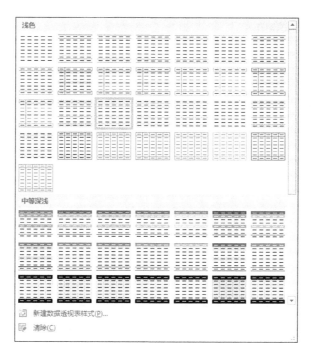

	结算时间	(全部)		
1	结算时间	(全部)	▼	
2				
3	店铺所在地 ▼	店铺名 ▼		求和项:消费金额
4	⊟佛山	私房小站（禅城分店）		13101
5		私房小站（顺德分店）		14229
6	佛山 汇总			27330
7	⊟广州	私房小站（番禺分店）		70661
8		私房小站（天河分店）		95419
9		私房小站（越秀分店）		61612
10	广州 汇总			227692
11	⊟深圳	私房小站（福田分店）		92097
12		私房小站（罗湖分店）		45909
13		私房小站（盐田分店）		54768
14	深圳 汇总			192774
15	⊟珠海	私房小站（珠海分店）		14897
16	珠海 汇总			14897
17	总计			462693

图 6-28　将数据透视表布局改为表格形式

6.2.5　格式化数据透视表

在工作表中插入数据透视表后，还可以对数据透视表的格式进行设置，使数据透视表更加美观。

1. 自动套用样式

用户可以使用系统自带的样式来设置数据透视表的格式，具体操作步骤如下。

（1）打开数据透视表格式的下拉列表。打开"数据透视表.xlsx"工作簿，在【设计】选项卡的【数据透视表样式】命令组中，单击【其他】按钮 ，弹出的下拉列表如图 6-29 所示。

图 6-29　数据透视表样式

（2）选择样式。在弹出的下拉列选择其中一种样式，即可更改数据透视表的样式，此处选择"数据透视表样式 中等深浅 6"，结果如图 6-30 所示。

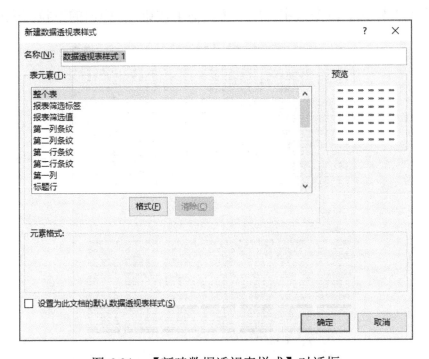

图 6-30　自动套用样式结果

2. 自定义数据透视表样式

如果系统自带的数据透视表样式不能满足需要，那么用户还可以自定义数据透视表样式，具体的操作步骤如下。

（1）打开【新建数据透视表样式】对话框。在【设计】选项卡的【表格样式】命令组中，单击【其他】按钮，在弹出的下拉列表中选择【新建数据透视表样式】，弹出【新建数据透视表样式】对话框，如图 6-31 所示。

图 6-31　【新建数据透视表样式】对话框

（2）输入新样式名称和选择表元素。在图 6-31 所示的【名称】对话框中输入样式的名称，此处输入"新建样式 1"，在【表元素】下拉框中选择【整个表】，如图 6-32 所示。

图 6-32　设置表格样式

（3）打开【设置单元格格式】对话框。单击图 6-32 所示的【格式】按钮，弹出【设置单元格格式】对话框，如图 6-33 所示。

图 6-33　【设置单元格格式】对话框

（4）设置边框样式。切换到【边框】选项卡，在【样式】列表框中选择"无"下面的虚线样式，在【颜色】下拉框中设置边框的颜色为"蓝色"，在【预置】中选择【外边框】，如图 6-34 所示。

图 6-34　设置边框样式

（5）确定设置。单击图 6-34 中的【确定】按钮，返回【新建数据透视表样式】对话框，再单击【确定】按钮，回到工作表中。

（6）打开数据透视表格式的下拉列表。在【设计】选项卡的【数据透视表样式】命令组中，单击【其他】按钮，在弹出的下拉列表中出现了一个自定义样式，如图 6-35 所示。

（7）选择"新建样式 1"。选择图 6-35 中的"新建样式 1"，结果如图 6-36 所示。

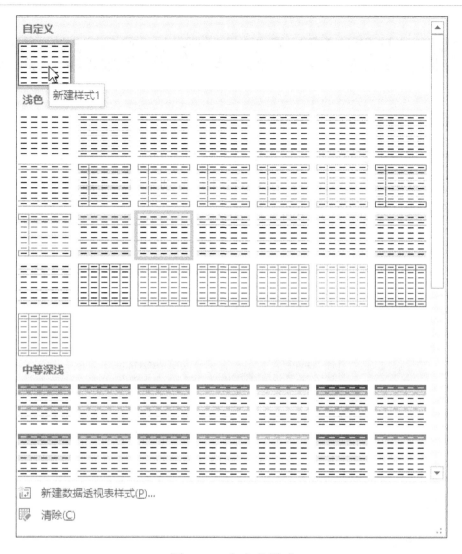

图 6-35　自定义样式

1	结算时间	(全部) ▼
2		
3	行标签 ▼	求和项:消费金额
4	⊟佛山	27330
5	私房小站（禅城分店）	13101
6	私房小站（顺德分店）	14229
7	⊟广州	227692
8	私房小站（番禺分店）	70661
9	私房小站（天河分店）	95419
10	私房小站（越秀分店）	61612
11	⊟深圳	192774
12	私房小站（福田分店）	92097
13	私房小站（罗湖分店）	45909
14	私房小站（盐田分店）	54768
15	⊟珠海	14897
16	私房小站（珠海分店）	14897
17	总计	462693

图 6-36　自定义数据透视表样式结果

任务 6.3　操作数据透视表中的数据

◎ 任务描述

对创建好的数据透视表的操作包括更新数据透视表的数据、设置数据透视表的字段、改变汇总方式、排序数据、筛选数据等。在 Excel 中，分别采用上述操作对 6.1.1 小节中创建的数据透视表进行更改，数据透视表如图 6-37 所示。

1	结算时间	(全部)	▼
2			
3	**行标签**	▼	**求和项:消费金额**
4	⊟佛山		**27330**
5	私房小站（禅城分店）		13101
6	私房小站（顺德分店）		14229
7	⊟广州		**227692**
8	私房小站（番禺分店）		70661
9	私房小站（天河分店）		95419
10	私房小站（越秀分店）		61612
11	⊟深圳		**192774**
12	私房小站（福田分店）		92097
13	私房小站（罗湖分店）		45909
14	私房小站（盐田分店）		54768
15	⊟珠海		**14897**
16	私房小站（珠海分店）		14897
17	**总计**		**462693**

图 6-37　数据透视表

◎ 任务分析

（1）刷新数据透视表。

（2）设置数据透视表字段。

（3）改变数据透视表汇总方式。

（4）对数据进行排序。

（5）筛选数据。

6.3.1　刷新数据透视表

数据透视表的数据来源于数据源，不能在透视表中直接修改。当原数据表中的数据被修改后，数据透视表不会自动进行更新，必须执行更新操作才能刷新数据透视表，具体的操作如下。

打开"订单信息.xlsx"工作簿，切换至【Sheet2】工作表，右击数据透视表的任一单元格，在弹出的菜单中选择【刷新】命令，如图 6-38 所示。

也可以在【分析】选项卡的【数据】命令组中，单击【刷新】命令，对数据透视表进行更新，如图 6-39 所示。

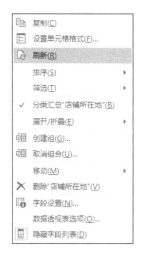

图 6-38　右击选择【刷新】命令　　　图 6-39　通过【刷新】命令对数据透视表进行更新

6.3.2　设置数据透视表的字段

在创建完数据透视表后，用户还可以对数据透视表的字段进行相应的设置。

1．添加字段

除了直接拖动字段到区域中，向数据透视表添加字段的方式还有如下两种。

（1）打开"订单信息.xlsx"工作簿，切换到【Sheet2】工作表，在【选择要添加到报表的字段:】区域中，勾选【是否结算（0.未结算.1.已结算）】复选框，如图 6-40 所示，根据字段的特点，该字段被添加到【值】区域，所得的数据透视表如图 6-41 所示。

图 6-40　勾选【是否结算（0.未结算.1.已结算）】复选框添加字段

1	结算时间	(全部)	▼	
2				
3	行标签	▼	求和项:消费金额	求和项:是否结算（0.未结算.1.已结算）
4	⊟佛山		27330	51
5	私房小站（禅城分店）		13101	25
6	私房小站（顺德分店）		14229	26
7	⊟广州		227692	466
8	私房小站（番禺分店）		70661	152
9	私房小站（天河分店）		95419	187
10	私房小站（越秀分店）		61612	127
11	⊟深圳		192774	387
12	私房小站（福田分店）		92097	182
13	私房小站（罗湖分店）		45909	97
14	私房小站（盐田分店）		54768	108
15	⊟珠海		14897	32
16	私房小站（珠海分店）		14897	32
17	总计		462693	936

图 6-41　添加字段所得的数据透视表

需要注意的是，所选字段将被添加到默认区域：非数字字段添加到【行】区域，日期和时间层次结构添加到【列】区域，数值字段添加到【值】区域。

（2）右击【是否结算（0.未结算.1.已结算）】选项，在弹出的快捷菜单中选择【添加到值】命令，如图 6-42 所示，该字段即被添加到【值】区域。

2．删除字段

在数据透视表中删除"消费金额"字段的方法有以下两种。

（1）在【值】区域中右击【求和项:消费金额】选项，在弹出的快捷菜单中选择【删除字段】命令，如图 6-43 所示，结果如图 6-44 所示。

图 6-42　选择【添加到值】命令　　　　图 6-43　选择【删除字段】命令

（2）在【值】区域中单击【求和项:消费金额】选项，按住鼠标将它拖动到区域外，释放鼠标进行删除，如图 6-45 所示。

3．重命名字段

将数据透视表中的字段进行重命名，如将值字段中的"求和项:是否结算（0.未结算.1.已结算）"改为"订单数"，具体的操作步骤如下。

（1）打开【值字段设置】对话框。在【值】区域中单击"求和项:是否结算（0.未结算.1.

已结算)"，在弹出的快捷菜单中选择【值字段设置】命令，弹出【值字段设置】对话框，如图 6-46 所示。

图 6-44　删除字段结果

图 6-45　用拖动法删除字段

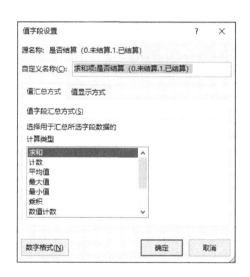

图 6-46　【值字段设置】对话框 1

（2）输入订单数。在图 6-46 中的【自定义名称】文本框中输入"订单数"，如图 6-47 所示。

（3）确定设置。单击图 6-47 中的【确定】按钮，结果如图 6-48 所示。

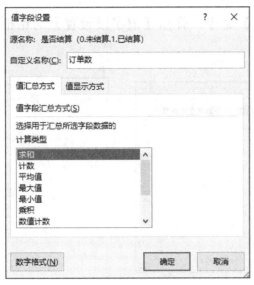

图 6-47　重命名字段

1	结算时间	(全部)
2		
3	行标签	订单数
4	⊟佛山	51
5	私房小站（禅城分店）	25
6	私房小站（顺德分店）	26
7	⊟广州	466
8	私房小站（番禺分店）	152
9	私房小站（天河分店）	187
10	私房小站（越秀分店）	127
11	⊟深圳	387
12	私房小站（福田分店）	182
13	私房小站（罗湖分店）	97
14	私房小站（盐田分店）	108
15	⊟珠海	32
16	私房小站（珠海分店）	32
17	总计	936

图 6-48　重命名字段结果

6.3.3　改变数据透视表的汇总方式

在数据透视表中，数据的汇总方式默认为求和，但还有计数、平均值、最大值、最小值等。将数据透视表的汇总方式改为最大值，具体的操作步骤如下。

（1）打开【值字段设置】对话框。打开"订单信息.xlsx"工作簿，切换到【Sheet2】工作表，在【值】区域中单击【求和项:消费金额】，选择【值字段设置】，弹出【值字段设置】对话框，如图 6-49 所示。

（2）选择计算类型并确定设置。在图 6-49 中的【值字段汇总方式】列表框中选择【最大值】，单击【确定】按钮，结果如图 6-50 所示。

图 6-49　【值字段设置】对话框 2

1	结算时间	(全部)
2		
3	行标签	最大值项:消费金额
4	⊟佛山	1214
5	私房小站（禅城分店）	1214
6	私房小站（顺德分店）	1066
7	⊟广州	1282
8	私房小站（番禺分店）	1282
9	私房小站（天河分店）	1270
10	私房小站（越秀分店）	1144
11	⊟深圳	1314
12	私房小站（福田分店）	1212
13	私房小站（罗湖分店）	1314
14	私房小站（盐田分店）	1156
15	⊟珠海	1006
16	私房小站（珠海分店）	1006
17	总计	1314

图 6-50　改变数据透视表汇总方式结果

6.3.4 对数据进行排序

在数据透视表中对数据进行排序，具体操作步骤如下。

（1）选择单元格。打开"订单信息.xlsx"工作簿，切换到【Sheet2】工作表，单击选择需要排序字段的任意数据，此处单击 B 列中的 B4 单元格，如图 6-51 所示。

（2）打开【按值排序】对话框。在【数据】选项卡的【排序和筛选】命令组中，单击【排序】命令，弹出【按值排序】对话框，如图 6-52 所示。

1	结算时间	(全部)	▼
2			
3	行标签	求和项:消费金额	
4	⊟佛山	27330	
5	私房小站（禅城分店）	13101	
6	私房小站（顺德分店）	14229	
7	⊟广州	227692	
8	私房小站（番禺分店）	70661	
9	私房小站（天河分店）	95419	
10	私房小站（越秀分店）	61612	
11	⊟深圳	192774	
12	私房小站（福田分店）	92097	
13	私房小站（罗湖分店）	45909	
14	私房小站（盐田分店）	54768	
15	⊟珠海	14897	
16	私房小站（珠海分店）	14897	
17	总计	462693	

图 6-51 单击选中需要排序字段的任意数据

图 6-52 【按值排序】对话框

（3）设置降序并确定。在图 6-52 中的【排序选项】区域单击【降序】单选按钮，单击【确定】按钮，结果如图 6-53 所示。

1	结算时间	(全部)	▼
2			
3	行标签	求和项:消费金额	
4	⊟广州	227692	
5	私房小站（番禺分店）	70661	
6	私房小站（天河分店）	95419	
7	私房小站（越秀分店）	61612	
8	⊟深圳	192774	
9	私房小站（福田分店）	92097	
10	私房小站（罗湖分店）	45909	
11	私房小站（盐田分店）	54768	
12	⊟佛山	27330	
13	私房小站（禅城分店）	13101	
14	私房小站（顺德分店）	14229	
15	⊟珠海	14897	
16	私房小站（珠海分店）	14897	
17	总计	462693	

图 6-53 对数据进行排序结果

6.3.5 筛选数据

在数据透视表中，还可以对数据进行筛选操作。

1．使用切片器筛选数据透视表

切片器是一个交互式的控件，它提供了一种可视性极强的筛选方式来筛选数据透视表中的数据。通过切片器筛选数据透视表，具体的操作步骤如下。

（1）打开【插入切片器】对话框。打开"订单信息.xlsx"工作簿，切换到【Sheet2】工作表，单击数据区域内任一单元格，在【分析】选项卡的【筛选】命令组中，单击【插入切片器】命令，弹出【插入切片器】对话框，如图 6-54 所示。

（2）插入切片器。勾选图 6-54 中的【店铺所在地】复选框，单击【确定】按钮，此时就插入了【店铺所在地】切片器，如图 6-55 所示。

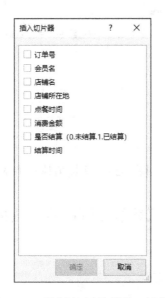

图 6-54　【插入插片器】对话框　　　　图 6-55　【店铺所在地】切片器

（3）筛选数据。在【店铺所在地】切片器中单击【广州】选项，则在数据透视表中只显示广州的消费金额，如图 6-56 所示。

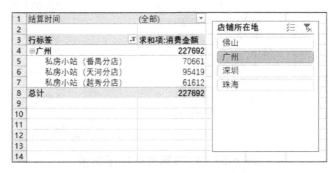

图 6-56　只显示广州的消费金额

2．使用日程表筛选数据透视表

只有当数据透视表中包含日期格式的字段时，才能使用日程表。通过日程表筛选数据透视表，具体的操作步骤如下。

（1）打开【插入日程表】对话框。单击数据区域内任一单元格，在【分析】选项卡的【筛选】命令组中，单击【插入日程表】命令，弹出【插入日程表】对话框，如图 6-57 所示。

（2）插入【结算时间】日程表。单击图 6-57 中的【结算时间】复选框，此时就插入了【结算时间】日程表，如图 6-58 所示。

图 6-57　【插入日程表】对话框

图 6-58　【结算时间】日程表

（3）筛选出 8 月的消费金额。单击图 6-58 中的【8 月】滑条，则在数据透视表中只显示 8 月的消费金额，如图 6-59 所示。

图 6-59　只显示 8 月的消费金额

任务 6.4　创建数据透视图

● 任务描述

数据透视图是另一种数据表现形式，与数据透视表不同的地方在于它可以选择适当的图形，更加形象化地体现数据的情况。可以根据数据区域创建数据透视图，也可以根据已经创建好的数据透视表来创建数据透视图。在 Excel 中，分别利用这两种方式建立数据透视图，展示每个地区每个店的用户消费情况。

● 任务分析

（1）根据数据区域创建数据透视图。

（2）根据数据透视表创建数据透视图。

6.4.1　根据数据区域创建数据透视图

根据数据区域创建数据透视图，具体操作步骤如下。

（1）打开【创建数据透视图】对话框。打开"订单信息.xlsx"工作簿，切换到【订单信息】工作表，单击数据区域内任一单元格，在【插入】选项卡的【图表】命令组中，单击【数据透视图】命令，弹出【创建数据透视图】对话框，如图 6-60 所示。

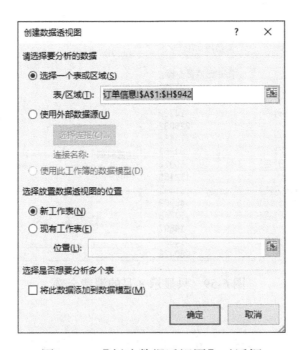

图 6-60　【创建数据透视图】对话框

（2）创建一个空白数据透视图。单击图 6-60 所示的【确定】按钮，Excel 将创建一个空白数据透视图，并显示【数据透视图字段】窗格，如图 6-61 所示。

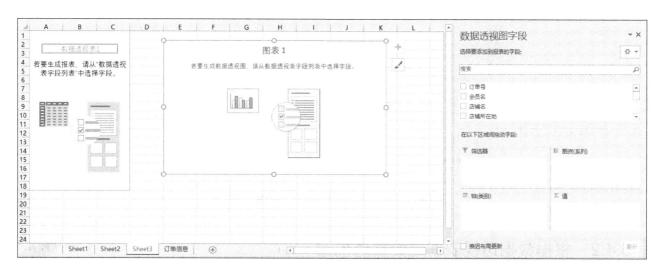

图 6-61　空白数据透视图

（3）设置字段。将【结算时间】拖曳至【筛选器】区域，【店铺所在地】和【店铺名】分别拖曳至【轴】区域，【消费金额】拖曳至【值】区域，如图 6-62 所示，结果如图 6-63 所示。

图 6-62　【数据透视图字段】对话框

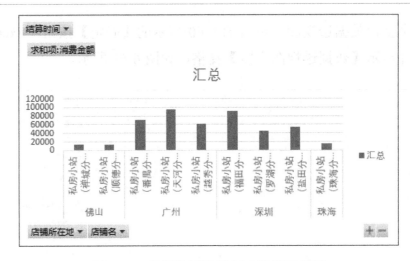

图 6-63　根据数据区域创建数据透视图

6.4.2　根据数据透视表创建数据透视图

根据数据透视表创建数据透视图，具体操作步骤如下。

（1）打开【插入图表】对话框。打开"数据透视表.xlsx"工作簿，单击数据透视表内的任一单元格，在【分析】选项卡的【工具】命令组中，单击【数据透视图】命令，弹出【插入图表】对话框，如图 6-64 所示。

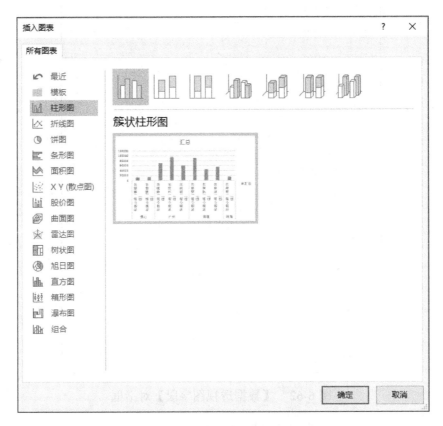

图 6-64　【插入图表】对话框

（2）选择图形。在【插入图表】对话框的【柱形图】选项中找到【三维簇状柱形图】，如图 6-65 所示。

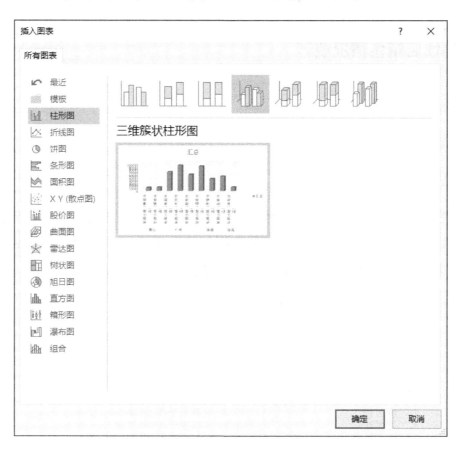

图 6-65 三维簇状柱形图

（3）确定设置。单击图 6-65 中的【确定】按钮，结果如图 6-66 所示。

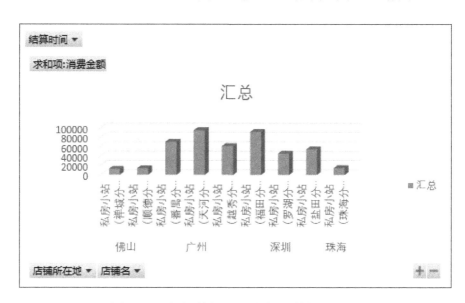

图 6-66 根据数据透视表创建数据透视图

实训

实训1 餐饮店销售情况统计

1. 训练要点

掌握数据透视表的不同创建方法。

2. 需求说明

为了快速汇总某餐饮店各套餐及各地区的销售情况，从而对其数据进行分析，以便提高该餐饮店的业绩，需要对该餐饮企业的订单数据创建数据透视表。已知餐饮店的订单数据如图6-67所示，基于此数据创建并编辑后得到的透视表如图6-68所示。

	A	B	C	D	E	F	G	H	I
1	订单号	菜品号	菜品名称	数量	价格	销售额	店铺名称	店铺所在地	订单时间
2	152	610047	套餐一	2	29	58	味乐多（蛇口分店）	深圳	2017/8/20
3	138	610048	套餐二	1	33	33	味乐多（蛇口分店）	深圳	2017/8/20
4	125	610047	套餐一	2	29	58	味乐多（蛇口分店）	深圳	2017/8/20
5	178	610049	套餐三	1	38	38	味乐多（蛇口分店）	深圳	2017/8/20
6	131	610049	套餐三	4	38	152	味乐多（蛇口分店）	深圳	2017/8/21
7	135	610050	套餐四	1	46	46	味乐多（蛇口分店）	深圳	2017/8/21
8	124	610048	套餐二	1	33	33	味乐多（海珠分店）	广州	2017/8/20
9	128	610048	套餐二	1	33	33	味乐多（海珠分店）	广州	2017/8/20
10	130	610049	套餐三	2	38	76	味乐多（海珠分店）	广州	2017/8/20
11	115	610047	套餐一	1	29	29	味乐多（海珠分店）	广州	2017/8/20
12	130	610050	套餐四	1	46	46	味乐多（海珠分店）	广州	2017/8/20
13	180	610048	套餐二	3	33	99	味乐多（海珠分店）	广州	2017/8/21
14	142	610049	套餐三	1	38	38	味乐多（香洲分店）	珠海	2017/8/20
15	134	610050	套餐四	1	46	46	味乐多（香洲分店）	珠海	2017/8/20
16	182	610047	套餐一	1	29	29	味乐多（香洲分店）	珠海	2017/8/20
17	186	610047	套餐一	1	29	29	味乐多（香洲分店）	珠海	2017/8/21
18	116	610047	套餐一	1	29	29	味乐多（香洲分店）	珠海	2017/8/21
19	152	610048	套餐二	2	33	66	味乐多（番禺分店）	广州	2017/8/20
20	167	610050	套餐四	2	46	92	味乐多（番禺分店）	广州	2017/8/20
21	164	610049	套餐三	1	38	38	味乐多（番禺分店）	广州	2017/8/20
22	138	610050	套餐四	1	46	46	味乐多（番禺分店）	广州	2017/8/21

图6-67　某餐饮店的订单数据

	A	B	C	D	E	F	G
4	店铺所在地	店铺名称	套餐二	套餐三	套餐四	套餐一	总计
5	⊟珠海	味乐多（香洲分店）		38	46	87	171
6	珠海 汇总			38	46	87	171
7	⊟深圳	味乐多（蛇口分店）	33	190	46	116	385
8	深圳 汇总		33	190	46	116	385
9	⊟广州	味乐多（番禺分店）	66	38	138		242
10		味乐多（海珠分店）	165	76	46	29	316
11	广州 汇总		231	114	184	29	558
12	总计		264	342	276	232	1114

图6-68　需要创建的数据透视表

3．实现思路及步骤

（1）打开"订单表.xlsx"工作簿，在新工作表中创建数据透视表，新工作表命名为"订单透视表"。

（2）新建一个空白工作簿，通过导入"订单表.accdb"文件创建数据透视表。

实训 2　编辑餐饮店订单信息的数据透视表

1．训练要点

掌握各种编辑数据透视表的方法。

2．需求说明

对实训 1 制作好的数据透视表进行复制和移动透视表、重命名透视表、改变透视表布局、格式化透视表等编辑操作。

3．实现思路及步骤

（1）修改数据透视表。

（2）复制和移动数据透视表。

（3）重命名数据透视表。

（4）改变数据透视表的布局。

（5）设置数据透视表的样式。

实训 3　操作餐饮店订单信息的数据透视表

1．训练要点

掌握各种编辑数据透视表的方法。

2．需求说明

对实训 1 创建好的数据透视表进行更新数据透视表的数据、设置数据透视表的字段、改变汇总方式、排序数据、筛选数据等操作。

3．实现思路及步骤

（1）刷新数据透视表。

（2）设置数据透视表字段。

（3）改变数据透视表汇总方式。

（4）对数据进行排序。

（5）筛选数据。

实训 4　餐饮店销售情况分析

1．训练要点

掌握数据透视图的不同创建方法。

2．需求说明

为了更直观地分析该餐饮店的销售情况，需要建立数据透视图，数据透视图如图 6-69 所示。

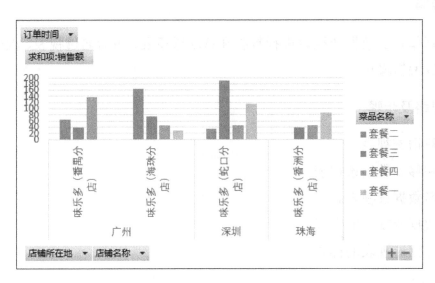

图 6-69　数据透视图

3．实现思路及步骤

（1）打开"订单表.xlsx"工作簿，切换到【订单表】工作表，利用数据区域创建数据透视图。

（2）切换到【订单透视表】工作表，利用数据透视表创建数据透视图。

第 7 章　函数的应用

为了对工作表中的数据进行计算，需要在单元格中创建和使用公式，而为了完成一些复杂的运算，还需要在公式中使用各种各样的函数。本章将对 Excel 2016 常用的函数进行概述和使用。

 学习目标

（1）认识公式和函数。

（2）熟知各类型函数的名称和参数。

（3）掌握各类型函数的使用。

任务 7.1　认识公式和函数

○ 任务描述

Excel 2016 中含有丰富的内置函数，可以极大地方便用户进行数据处理。先在某餐饮店 2016 年的【9 月 1 日订单详情】工作表中，分别使用公式和函数计算菜品的总价，再采用引用单元格的方式完善【9 月 1 日订单详情】和【9 月订单详情】工作表。

○ 任务分析

（1）输入公式计算菜品的总价。

（2）输入 PRODUCT 函数计算菜品的总价。

（3）用相对引用的方式计算菜品总价。

（4）用绝对引用的方式输入订单的日期。

（5）用三维引用的方式在【9 月订单详情】工作表中输入 9 月 1 日的营业额。

（6）用外部引用的方式在【9 月订单详情】工作表中输入 9 月 2 日的营业额。

7.1.1　输入公式和函数

1．输入公式

在【9 月订单详情】工作表中，输入公式计算菜品的总价，具体操作步骤如下。

（1）输入 "="。单击单元格 E4，输入等号 "="，Excel 就会默认用户在输入公式，系统的状态栏显示为【输入】，如图 7-1 所示。

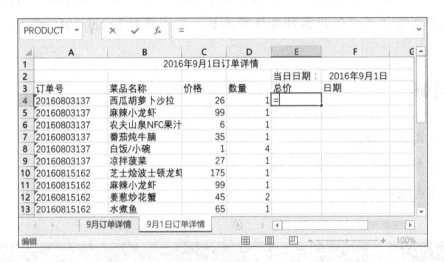

图 7-1　输入等号

（2）输入公式。因为总价等于价格乘以数量，所以在等号后面输入公式 "26*1"，如图 7-2 所示。

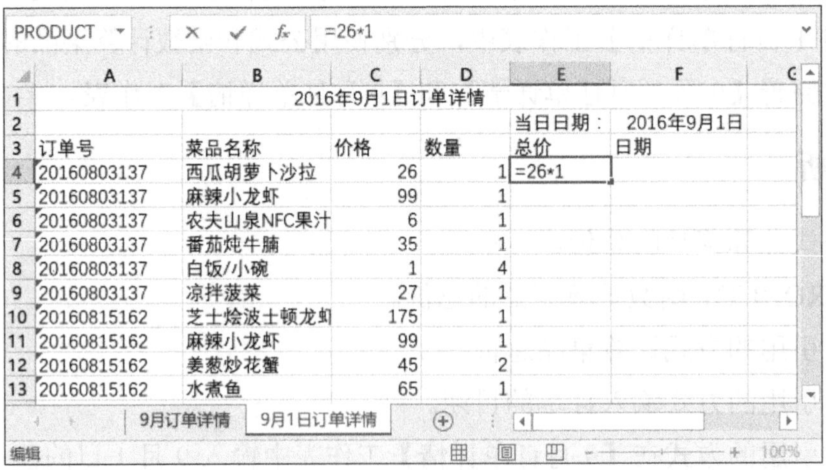

图 7-2　输入 "26*1"

（3）确定公式。按 Enter 键，Excel 2016 就会计算出 26 乘以 1 的值为 26，按照步骤（2）的方法计算所有的总价，结果如图 7-3 所示。

图 7-3　计算结果

在输入公式时，可能会出现输入错误，此时单元格会显示相应的错误信息。常见的错误信息及其产生原因如表 7-1 所示。

表 7-1　输入公式常见的错误信息及其产生原因

错 误 信 息	产 生 原 因
#####	内容太长、单元格宽度不够
#DIV/0!	当数字除以零（0）时
#N/A	数值对函数或公式不可用
#NAME?	Excel 无法识别公式中的文本
#NULL!	指定两个并不相交的区域的交点
#NUM!	公式或函数中使用了无效的数值
#REF!	引用的单元格无效
#VALUE!	使用的参数或操作数的类型不正确

2．输入函数

Excel 2016 函数按功能的分类如表 7-2 所示。

表 7-2　Excel 2016 函数按功能的分类

函 数 类 型	作 用
加载宏和自动化函数	用于加载宏或执行某些自动化操作
多维数据集函数	用于从多维数据库中提取数据并将其显示在单元格中
数据库函数	用于对数据库中的数据进行分析
日期和时间函数	用于处理公式中与日期和时间有关的值
工程函数	用于处理复杂的数值并在不同的数制和测量体系中进行转换
财务函数	用于进行财务方面的相关计算
信息函数	可帮助用户判断单元格内数据所属的类型及单元格是否为空等
逻辑函数	用于检测是否满足一个或多个条件

续表

函 数 类 型	作　　用
查找和引用函数	用于查找存储在工作表中的特定值
数学和三角函数	用于进行数据和三角方面的各种计算
统计函数	用于对特定范围内的数据进行分析统计
文本函数	用于处理公式中的文本字符串

如果对所输入的函数的名称和相关参数不熟悉，可以选择通过【插入函数】来输入函数。在 Excel 2016 中通过【插入函数】输入 PRODUCT 函数来求出在【9 月订单详情】工作表订单中的汇总总价，具体的操作步骤如下。

（1）打开【插入函数】对话框。选择单元格 E10，在【公式】选项卡的【函数库】命令组中，单击【插入函数】命令，如图 7-4 所示，弹出【插入函数】对话框。

（2）选择函数类别。在【插入函数】对话框的【或选择类别】下拉列表框中选择【数学与三角函数】，如图 7-5 所示。

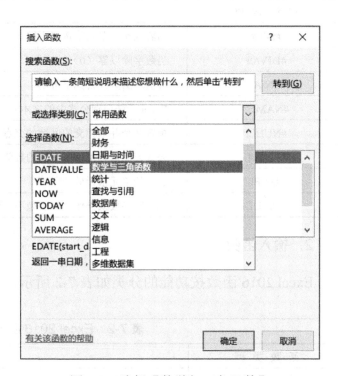

图 7-4　【插入函数】命令　　　　　　　图 7-5　选择【数学与三角函数】

（3）选择函数。在【选择函数】列表框中选择【PRODUCT】函数，如图 7-6 所示，单击【确定】按钮。

也可以在【搜索函数】文本框中输入需要函数所做的工作，然后单击【转到】按钮即可在【选择函数】文本框中显示所需函数。

如果对所输入的函数的名称和相关参数不熟悉，可以在【插入函数】对话框的【选择函数】列表框下方查看函数与参数的说明。

图 7-6 选择【PRODUCT】函数

（4）设置参数。弹出【函数参数】对话框，在【Number1】文本框中输入"26"，在【Number2】文本框中输入"1"，即输入要相乘的数值，如图 7-7 所示。

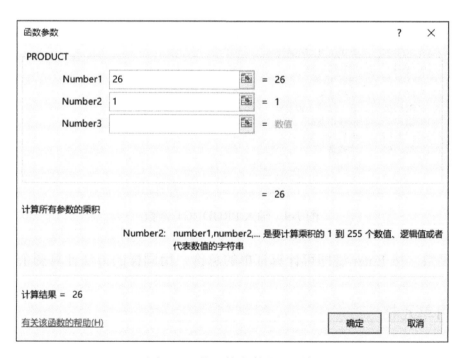

图 7-7 【函数参数】对话框

（5）确定设置。单击图 7-7 所示的【确定】按钮即可输入 PRODUCT 函数计算订单的总价，用同样的方法计算剩余订单的总价，得到的效果如图 7-8 所示。

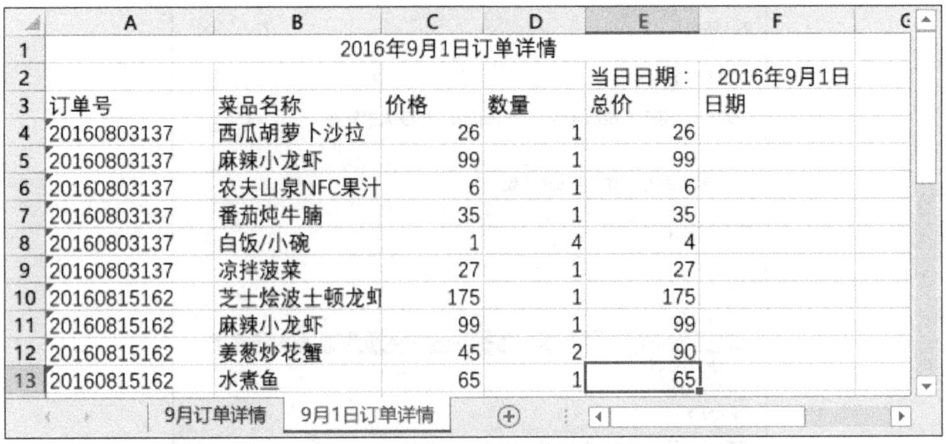

	A	B	C	D	E	F
1		2016年9月1日订单详情				
2					当日日期：	2016年9月1日
3	订单号	菜品名称	价格	数量	总价	日期
4	20160803137	西瓜胡萝卜沙拉	26	1	26	
5	20160803137	麻辣小龙虾	99	1	99	
6	20160803137	农夫山泉NFC果汁	6	1	6	
7	20160803137	番茄炖牛腩	35	1	35	
8	20160803137	白饭/小碗	1	4	4	
9	20160803137	凉拌菠菜	27	1	27	
10	20160815162	芝士烩波士顿龙虾	175	1	175	
11	20160815162	麻辣小龙虾	99	1	99	
12	20160815162	姜葱炒花蟹	45	2	90	
13	20160815162	水煮鱼	65	1	65	

图 7-8　使用【PRODUCT】函数得到的效果

如果熟悉函数的名称和相关参数，可以使用较为方便快捷的手动输入函数的方法。注意手动输入时函数的符号都要在英文状态下，手动输入 PRODUCT 函数的操作步骤如下。

（1）输入函数。选择单元格 E4，手动输入求和函数“=PRODUCT(26,1)”，如图 7-9 所示。

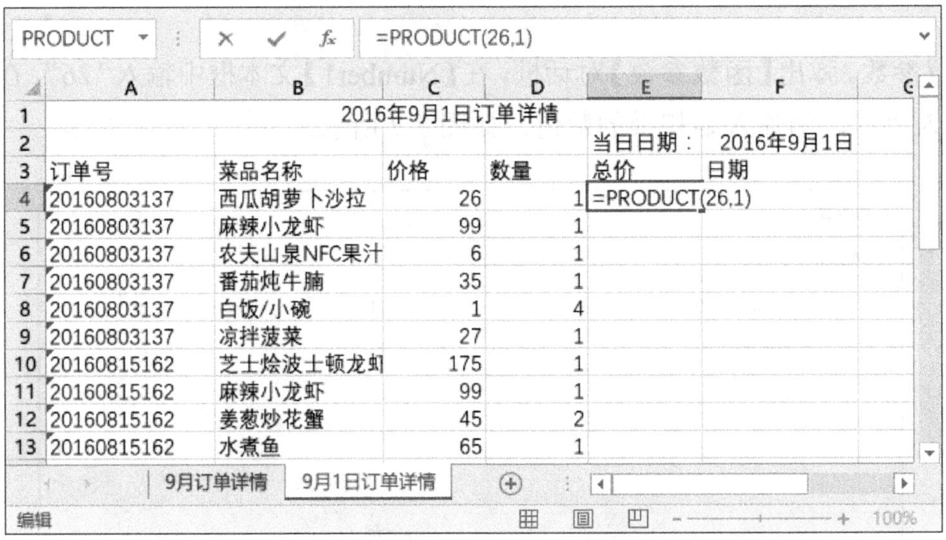

	A	B	C	D	E	F
1		2016年9月1日订单详情				
2					当日日期：	2016年9月1日
3	订单号	菜品名称	价格	数量	总价	日期
4	20160803137	西瓜胡萝卜沙拉	26	1	=PRODUCT(26,1)	
5	20160803137	麻辣小龙虾	99	1		
6	20160803137	农夫山泉NFC果汁	6	1		
7	20160803137	番茄炖牛腩	35	1		
8	20160803137	白饭/小碗	1	4		
9	20160803137	凉拌菠菜	27	1		
10	20160815162	芝士烩波士顿龙虾	175	1		
11	20160815162	麻辣小龙虾	99	1		
12	20160815162	姜葱炒花蟹	45	2		
13	20160815162	水煮鱼	65	1		

图 7-9　输入 PRODUCT 函数

（2）确定函数。按 Enter 键即可计算订单的总价，用同样的方法计算剩余的总价。

7.1.2　引用单元格

单元格的引用是公式的组成部分之一，其作用在于标识工作表上的单元格或单元格区域，并通过 Excel 在何处查找公式中所使用的数值或数据。常用的单元格引用样式及其说明如表 7-3 所示。

表 7-3　常用的单元格引用样式及其说明

引用样式	样式说明
A1	列 A 和行 1 交叉处的单元格
A1:A10	在列 A 和行 1 到行 10 之间的单元格
B2:E2	在行 2 和列 B 到列 E 之间的单元格
3:3	行 3 中全部的单元格
3:5	行 3 到行 5 之间全部的单元格
D:D	列 D 中全部的单元格
A:D	列 A 到列 D 之间全部的单元格
A1:D10	列 A 到列 D 和行 1 到行 10 之间的单元格

1. 相对引用

7.1.1 小节介绍了如何输入公式和函数，如果需要输入的数据太多，一个一个单元格去输入公式和函数会耗费大量的时间，此时可以考虑使用引用单元格的方式输入公式和函数，并用填充公式的方式输入剩余的公式。

在【9 月 1 日订单详情】工作表中，使用相对引用的方式计算菜品总价，具体操作步骤如下。

（1）计算一个总价。选择单元格 E4，输入“=C4*D4”，按 Enter 键，计算结果如图 7-10 所示。

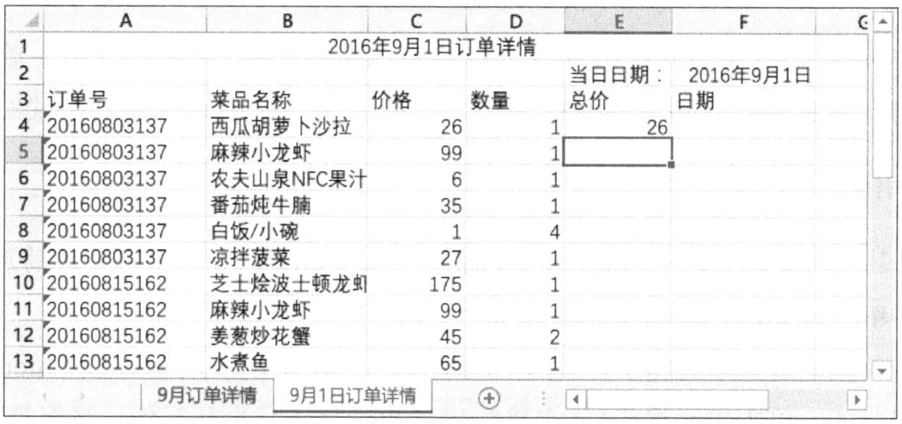

	A	B	C	D	E	F
1	2016年9月1日订单详情					
2					当日日期：	2016年9月1日
3	订单号	菜品名称	价格	数量	总价	日期
4	20160803137	西瓜胡萝卜沙拉	26	1	26	
5	20160803137	麻辣小龙虾	99	1		
6	20160803137	农夫山泉NFC果汁	6	1		
7	20160803137	番茄炖牛腩	35	1		
8	20160803137	白饭/小碗	1	4		
9	20160803137	凉拌菠菜	27	1		
10	20160815162	芝士烩波士顿龙虾	175	1		
11	20160815162	麻辣小龙虾	99	1		
12	20160815162	姜葱炒花蟹	45	2		
13	20160815162	水煮鱼	65	1		

图 7-10　输入公式计算第一个菜品的总价

（2）选择填充公式的区域。单击单元格 E4，将鼠标指向单元格 E4 的右下角，当鼠标指针变为黑色且加粗的“+”指针时，按住左键，拖动鼠标向下拉到单元格 E13，如图 7-11 所示。

（3）填充公式。松开左键，单元格 E4 下方的单元格会自动复制公式，且引用的单元格会变成引用相对应的单元格，如单元格 E5 的公式为“=C5*D5”，设置效果如图 7-12 所示。

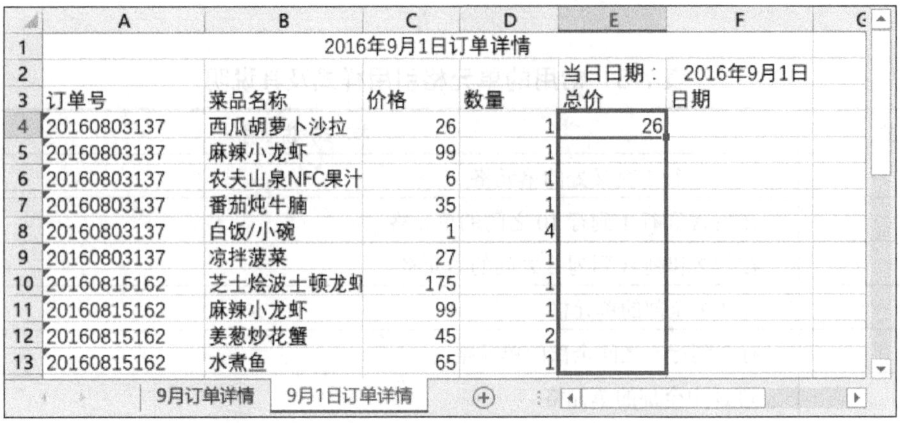

	A	B	C	D	E	F
1	2016年9月1日订单详情					
2					当日日期：	2016年9月1日
3	订单号	菜品名称	价格	数量	总价	日期
4	20160803137	西瓜胡萝卜沙拉	26	1	26	
5	20160803137	麻辣小龙虾	99	1		
6	20160803137	农夫山泉NFC果汁	6	1		
7	20160803137	番茄炖牛腩	35	1		
8	20160803137	白饭/小碗	1	4		
9	20160803137	凉拌菠菜	27	1		
10	20160815162	芝士烩波士顿龙虾	175	1		
11	20160815162	麻辣小龙虾	99	1		
12	20160815162	姜葱炒花蟹	45	2		
13	20160815162	水煮鱼	65	1		

图 7-11　按住左键不放再拖动鼠标向下

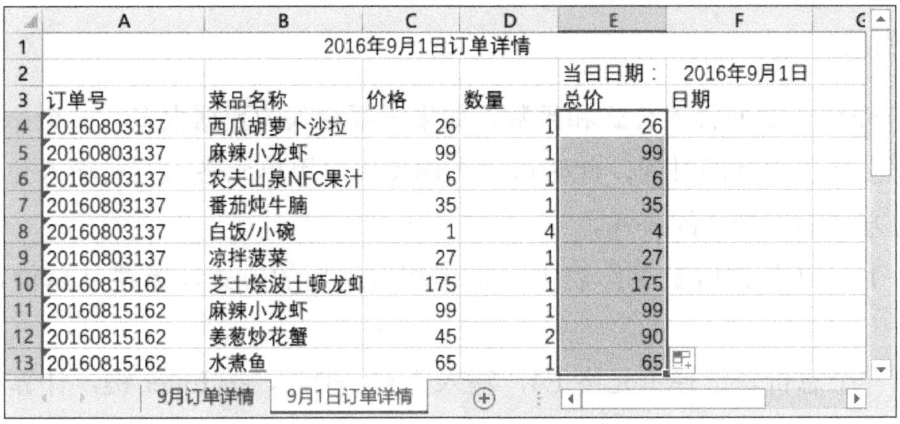

	A	B	C	D	E	F
1	2016年9月1日订单详情					
2					当日日期：	2016年9月1日
3	订单号	菜品名称	价格	数量	总价	日期
4	20160803137	西瓜胡萝卜沙拉	26	1	26	
5	20160803137	麻辣小龙虾	99	1	99	
6	20160803137	农夫山泉NFC果汁	6	1	6	
7	20160803137	番茄炖牛腩	35	1	35	
8	20160803137	白饭/小碗	1	4	4	
9	20160803137	凉拌菠菜	27	1	27	
10	20160815162	芝士烩波士顿龙虾	175	1	175	
11	20160815162	麻辣小龙虾	99	1	99	
12	20160815162	姜葱炒花蟹	45	2	90	
13	20160815162	水煮鱼	65	1	65	

图 7-12　相对引用

也可以在步骤（2）中当鼠标指针变为黑色且加粗的“+”指针时双击，单元格 E4 下方的单元格会自动复制公式直到遇到空行为止。这种方法适合填充较多的公式时使用。

2. 绝对引用

在【9 月 1 日订单详情】工作表中，用绝对引用（即在引用单元格名称前加上符号“$”）的方式输入订单的日期，具体的操作步骤如下。

（1）输入公式。选择单元格 F4，输入“=$F$2”，如图 7-13 所示，按 Enter 键。

（2）填充公式。单击单元格 F4，将鼠标指向单元格 F4 的右下角，当鼠标指针变为黑色且加粗的“+”指针时双击，单元格 F4 下方的单元格会自动复制公式，引用的单元格不变，设置效果如图 7-14 所示。

相对引用和绝对引用混合使用可以变为混合引用，包括绝对列和相对行或绝对行和相对列，绝对引用列采用$A1、$B1 等形式，绝对引用行采用 A$1、B$1 等形式。

相对引用、绝对引用和混合引用是单元格引用的主要方式，在单元格或编辑栏中选中单元格引用，按 F4 键可以在相对引用、绝对引用和混合引用之间快速切换。例如，按 F4 键可以在 A1、$A$1、A$1 和$A1 之间转换。

图 7-13　输入日期

图 7-14　绝对引用

3．三维引用

如果要分析同一个工作簿中多个工作表上相同单元格或单元格区域中的数据，可以使用三维引用。

在【9 月订单详情】工作表中使用三维引用的方式输入 9 月 1 日营业额，具体的操作步骤如下。

（1）计算 9 月 1 日营业额。在【9 月 1 日订单详情】工作表中把所有订单的总价相加，计算出 9 月 1 日营业额，如图 7-15 所示。

图 7-15　计算 9 月 1 日营业额

（2）输入公式。在【9月订单详情】工作表中单击单元格 B1，输入"=9月 1 日订单详情!H5"，如图 7-16 所示。

图 7-16　输入"=9 月 1 日订单详情!H5"

（3）确定公式。按 Enter 键即可使用三维引用的方式输入 9 月 1 日营业额，如图 7-17 所示。

图 7-17　输入 9 月 1 日营业额

4．外部引用

若要在单元格公式中引用另一个工作簿中的单元格，则需要使用外部引用。

此餐饮店 2016 年 9 月 2 日的订单详情数据事先已存放到【2016 年 9 月 2 日订单详情】工作簿的【9 月 2 日订单详情】工作表中，如图 7-18 所示。

图 7-18　餐饮店 2016 年 9 月 2 日订单详情数据

在【9 月订单详情】工作表中使用外部引用的方式输入 9 月 2 日营业额，具体的操作步骤如下。

（1）打开"2016 年 9 月 2 日订单详情.xlsx"工作簿。双击【2016 年 9 月 2 日订单详情】文件。

（2）输入公式。在【9 月订单详情】工作表中单击单元格 B2，输入"=[2016 年 9 月 2 日订单详情.xlsx]9 月 2 日订单详情!H5"，如图 7-19 所示。

图 7-19　输入"=[2016 年 9 月 2 日订单详情.xlsx]9 月 2 日订单详情!H5"

（3）确定公式。按 Enter 键即可使用外部引用的方式输入 9 月 2 日营业额，如图 7-20 所示。

图 7-20　输入 9 月 2 日营业额

任务 7.2　使用数组公式

○ 任务描述

若希望使用公式进行多重计算并返回一个或多个计算结果，则需要通过数组公式来实现。在某餐饮店 2016 年的【9 月 1 日订单详情】工作表中，使用数组公式计算当日营业额和各订单的菜品总价。

○ **任务分析**

（1）使用单一单元格数组公式计算 9 月 1 日的营业额。

（2）使用多单元格数组公式计算各订单的菜品的总价。

7.2.1 使用单一单元格数组公式

与输入公式不同的是，数组公式可以输入数组常量或数组区域作为数组参数，而且必须按 Ctrl+Shift+Enter 组合键来输入数组公式，此时 Excel 会自动在花括号{}中插入该公式。

在【9 月 1 日订单详情】工作表中，使用单一单元格数组公式计算 9 月 1 日的营业额，具体操作步骤如下。

（1）输入公式。选择单元格 H4，输入"=SUM(C4:C29*D4:D29)"，如图 7-21 所示。

图 7-21　输入"=SUM(C4:C29*D4:D29)"

（2）确定公式。按 Ctrl+Shift+Enter 组合键即可使用单一单元格数组公式计算 9 月 1 日的营业额，计算结果如图 7-22 所示。

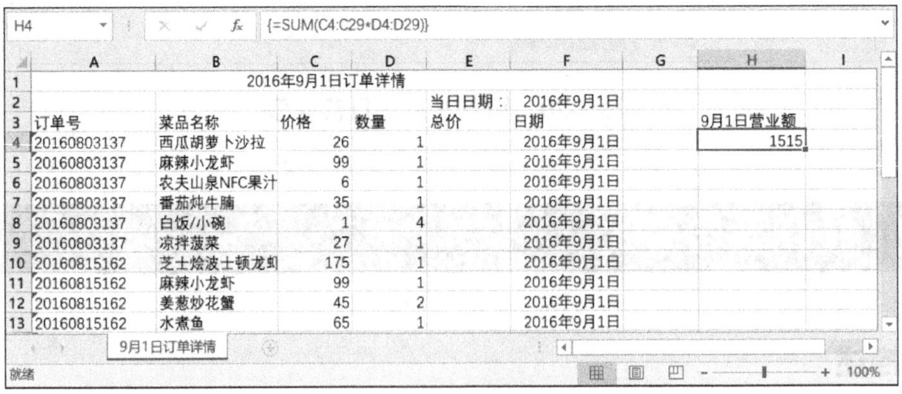

图 7-22　9 月 1 日营业额的计算结果

使用单一单元格数组公式可以不用计算出各订单的菜品总价，而是直接计算出该餐饮店 2016 年 9 月 1 日的营业额，这是数组功能的主要作用。

7.2.2　使用多单元格数组公式

在【9 月 1 日订单详情】工作表中，使用多单元格数组公式计算各订单的菜品的总价，具体的操作步骤如下。

（1）输入公式。选择单元格区域 E4:E29，输入"=C4:C29*D4:D29"，如图 7-23 所示。

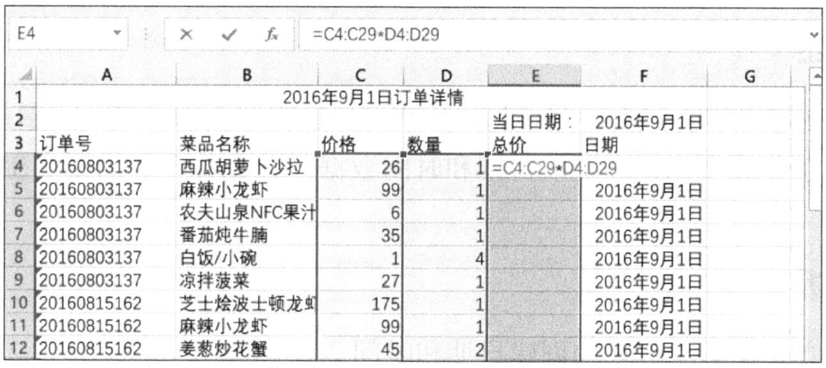

图 7-23　输入"=C4:C29*D4:D29"

（2）确定公式。按 Ctrl+Shift+Enter 组合键即可使用多单元格数组公式计算各订单的菜品总价，计算结果如图 7-24 所示。

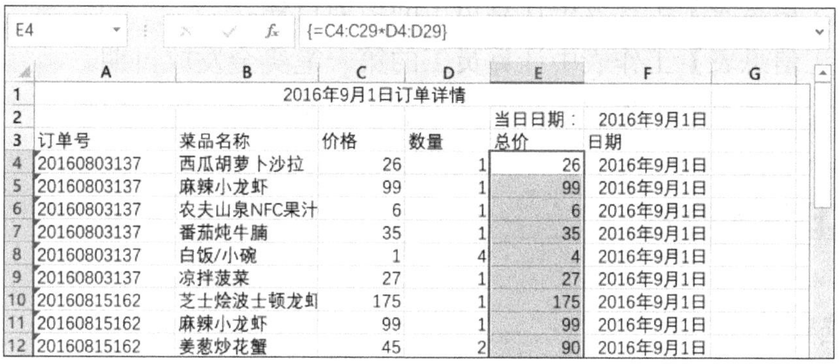

图 7-24　各订单菜品总价的计算结果

与使用多个单独的公式相比，使用多单元格数组公式有以下几个优势。

（1）保证区域内所有的公式完全相同。

（2）若要向区域的底部添加新数据，则必须对数组公式进行修改以容纳新数据。

（3）不能对数组区域中的某个单元格单独进行编辑，减小了意外修改公式的可能。若要对数组区域进行编辑，则必须将整个区域视为一个单元格，否则 Excel 会弹出显示错误信息的对话框。

若要编辑数组公式，可以选择数组区域中的所有单元格，单击编辑栏或按 F2 键激活编辑

栏，编辑新的数组公式，完成后按 Ctrl+Shift+Enter 组合键即可输入更改内容。若要删除数组公式，则在编辑新的数组公式时按 Backspace 键把公式删除，再按 Ctrl+Shift+Enter 组合键即可。

任务 7.3　设置日期和时间数据

● 任务描述

Excel 2016 中常用的函数为日期和时间函数。某餐饮企业为了统计用餐最多顾客的时间，在【订单信息】工作表中创建和提取日期和时间数据，并完善企业的【员工信息表】工作表中的信息。

● 任务分析

（1）在【订单信息】工作表中创建日期和时间。

（2）在【订单信息】工作表中提取日期和时间数据。

（3）在【员工信息表】工作表中计算员工的周岁数、不满 1 年的月数、不满 1 全月的天数。

（4）在【员工信息表】工作表中计算员工的工作天数。

（5）在【员工信息表】工作表中计算员工的试用结束日期。

（6）在【员工信息表】工作表中计算员工的培训日期。

（7）在【员工信息表】工作表中计算员工的第一笔奖金发放日期。

（8）在【员工信息表】工作表中计算员工的入职时间占一年的比率。

7.3.1　创建日期和时间

1．DATE 函数

DATE 函数可以通过年、月、日来指定日期，其使用格式如下。

```
DATE(year, month, day)
```

DATE 函数的常用参数及其解释如表 7-4 所示。

表 7-4　DATE 函数的常用参数及其解释

参　　数	参　数　解　释
year	此参数必须输入（为了方便，本书以后在参数解释中统一简写为"必须"）。表示指定日期的"年"部分的数值。可以是一到四位的整数，也可以是单元格引用，Excel 2016 会根据使用的不同的日期系统作为参照基础。Excel 2016 有两套日期系统：在 1990 年日期系统中（Excel 2016 默认日期系统），1900 年 1 月 1 日是第一天，序列号为 1；在 1904 年日期系统中，1904 年 1 月 1 日是第一天，序列号为 0。两个系统的最后一天都是 9999 年 12 月 31 日

续表

参　　数	参 数 解 释
month	必须。表示指定日期的"月"部分的数值。可以是整数或者是指定的单元格引用。若指定数大于 12，则被视为下一年的 1 月之后的数值；若指定的数值小于 0，则被视为指定前一个月份中的日期
day	必须。表示指定日期的"日"部分的数值。可以是整数或者指定的单元格引用。若指定数大于月份的最后一天，则被视为下一月份的 1 日之后的数值；若指定的数值小于 0，则被视为指定前一个月份

在【订单信息】工作表中使用 DATE 函数创建新的统计日期，具体的操作步骤如下。

（1）输入公式。选择单元格 H1，输入"=DATE(2016,12,29)"，如图 7-25 所示。

图 7-25　输入"=DATE(2016,12,29)"

（2）确定公式。按 Enter 键即可用 DATE 函数创建新的统计日期，设置效果如图 7-26 所示。

图 7-26　用 DATE 函数创建新的统计日期

2. TODAY 函数

TODAY 函数可以返回计算机系统的当前日期，该函数没有参数，但必须要有括号，而且在括号中输入任何参数，都会返回错误值。TODAY 函数的使用格式如下。

```
TODAY()
```

设定当前时间为 2016 年 12 月 29 日，在【订单信息】工作表中使用 TODAY 函数创建统计日期，具体的操作步骤如下。

（1）输入公式。选择单元格 H1，输入"=TODAY()"，如图 7-27 所示。

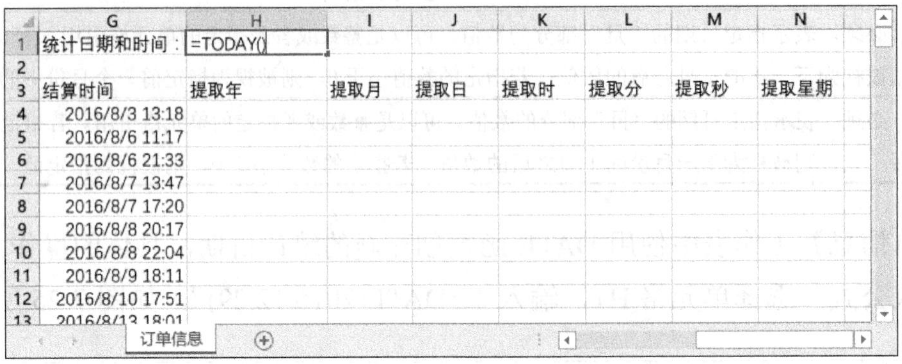

图 7-27　输入"=TODAY()"

（2）确定公式。按 Enter 键即可使用 TODAY 函数创建统计时间，设置效果如图 7-28 所示。

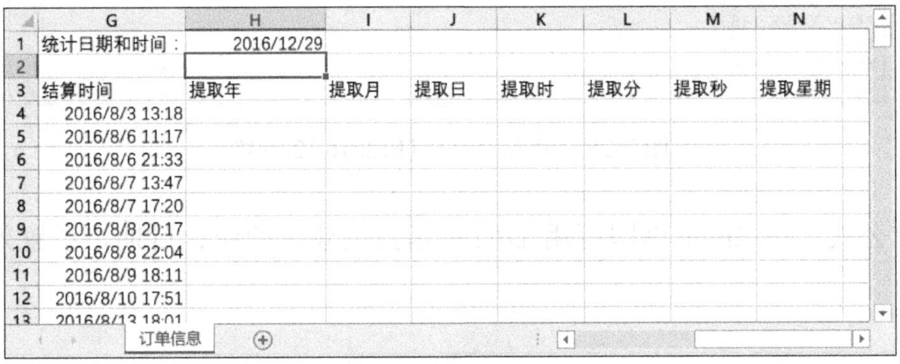

图 7-28　使用 TODAY 函数创建统计时间

3．TIME 函数

TIME 函数通过时、分、秒来指定时间，其使用格式如下。

```
TIME(hour, minute, second)
```

TIME 函数的常用参数及其解释如表 7-5 所示。

表 7-5　TIME 函数的常用参数及其解释

参　　数	参　数　解　释
hour	必须。表示指定为时间的"时"参数的数值。范围是 0～23 的整数，或者是指定单元格引用。当指定数值大于 24 时，指定的数值为该数值除以 24 之后的余数
minute	必须。表示指定为时间的"分"参数的数值。可以是整数或者指定的单元格引用。当指定数值大于 60 时，则被视为指定下一个"时"；若指定数值小于 0，则被视为指定上一个"时"
second	必须。表示指定为时间的"秒"参数的数值。可以是整数或者指定的单元格引用。当指定数值大于 60 时，则被视为指定下一个"分"；若指定数值小于 0，则被视为指定上一个"分"

在【订单信息】工作表中使用 TIME 函数创建统计时间，具体的操作步骤如下。

（1）输入公式。选择单元格 I1，输入"=TIME(15,41,20)"，如图 7-29 所示。

图 7-29　输入"=TIME(15,41,20)"

（2）确定公式。按 Enter 键即可使用 TIME 函数创建统计时间，设置效果如图 7-30 所示。

图 7-30　使用 TIME 函数创建统计时间

4．NOW 函数

NOW 函数可以返回计算机系统的当前日期和时间，该函数没有参数，但必须有括号，而且在括号中输入任何参数，都会返回错误值。NOW 函数的使用格式如下。

```
NOW()
```

设定当前时间为 2016 年 12 月 29 日，在【订单信息】工作表中，使用 NOW 函数创建统计日期，具体操作步骤如下。

（1）输入公式。选择单元格 H1，输入"=NOW()"，如图 7-31 所示。

（2）确定公式。按 Enter 键即可使用 NOW 函数创建统计日期和时间，设置效果如图 7-32 所示。

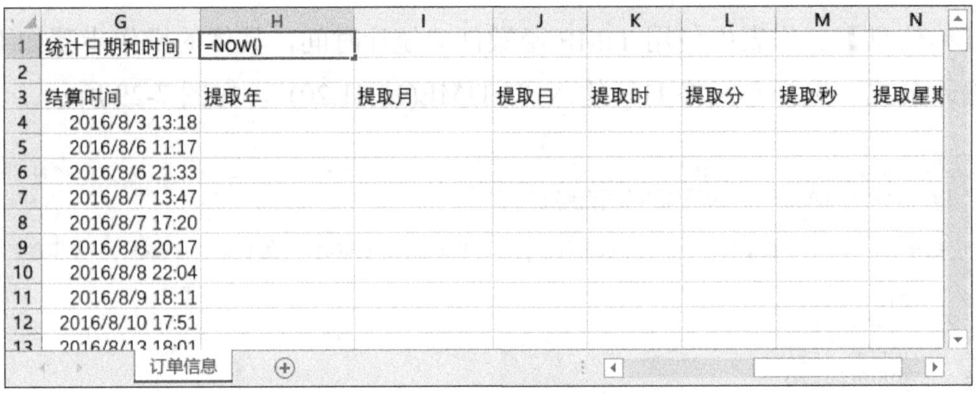

图 7-31　输入 "=NOW()"

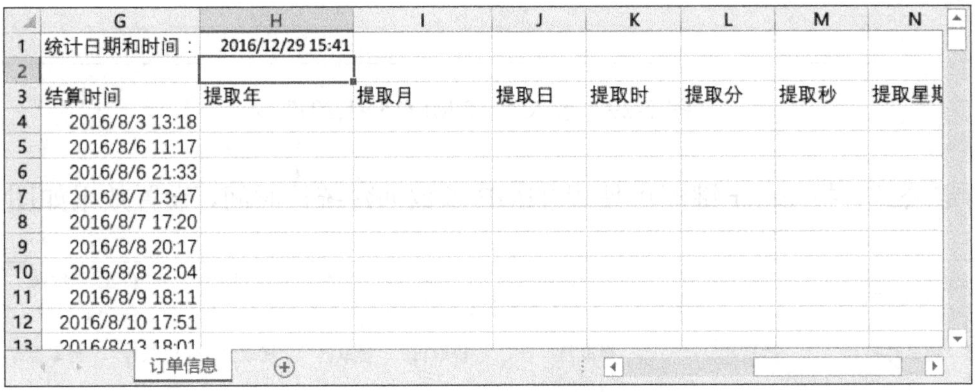

图 7-32　使用 NOW 函数创建统计日期和时间

7.3.2　提取日期和时间数据

1. YEAR 函数

YEAR 函数可以返回对应于某个日期的年份，即一个 1900～9999 的整数。YEAR 函数的使用格式如下。

```
YEAR(serial_number)
```

YEAR 函数的参数及其解释如表 7-6 所示。

表 7-6　YEAR 函数的参数及其解释

参　　数	参　数　解　释
serial_number	必须。表示要查找年份的日期值。日期有多种输入方式：带引号的文本串、系列数或其他公式或函数的结果

在【订单信息】工作表中，使用 YEAR 函数提取订单号的年，具体操作步骤如下。

（1）输入公式。选择单元格 H4，输入 "=YEAR(G4)"，如图 7-33 所示。

（2）确定公式。按 Enter 键即可使用 YEAR 函数提取订单号的年，设置效果如图 7-34

所示。

图 7-33　输入 "=YEAR(G4)"

图 7-34　使用 YEAR 函数提取订单号的年

（3）填充公式。选择单元格 H4，移动鼠标指针到单元格 H4 的右下角，当鼠标指针变为黑色且加粗的 "+" 指针时，双击即可使用 YEAR 函数提取剩余订单号的年（即使用填充公式的方式提取剩余订单号的年），如图 7-35 所示。

图 7-35　使用 YEAR 函数提取剩余订单号的年

2. MONTH 函数

MONTH 函数可以返回对应于某个日期的月份，即一个介于 1~12 的整数。MONTH 函数的使用格式如下。

```
MONTH(serial_number)
```

MONTH 函数的参数及其解释如表 7-7 所示。

表 7-7　MONTH 函数的参数及其解释

参　　数	参　数　解　释
serial_number	必须。表示要查找月份的日期值。日期有多种输入方式：带引号的文本串、系列数或其他公式或函数的结果

在【订单信息】工作表中，使用 MONTH 函数提取订单号的月，具体操作步骤如下。

（1）输入公式。选择单元格 I4，输入"=MONTH(G4)"，如图 7-36 所示。

图 7-36　输入"=MONTH(G4)"

（2）确定公式。按 Enter 键，并用填充公式的方式提取剩余订单号的月，提取数据效果如图 7-37 所示。

图 7-37　使用 MONTH 函数提取订单号的月

3. DAY 函数

DAY 函数可以返回对应于某个日期的天数，即一个介于 1 到 31 之间的整数。DAY 函数的使用格式如下。

```
DAY(serial_number)
```

DAY 函数的常用参数及其解释如表 7-8 所示。

表 7-8 DAY 函数的常用参数及其解释

参 数	参 数 解 释
serial_number	必须。表示要查找天数的日期值。日期有多种输入方式：带引号的文本串、系列数或其他公式或函数的结果

在【订单信息】工作表中，使用 DAY 函数提取订单号的日，具体操作步骤如下。

（1）输入公式。选择单元格 J4，输入 "=DAY(G4)"，如图 7-38 所示。

	G	H	I	J	K	L	M	N
1	统计日期和时间：	2016/12/29 15:41						
2								
3	结算时间	提取年	提取月	提取日	提取时	提取分	提取秒	提取星期
4	2016/8/3 13:18	2016	8	=DAY(G4)				
5	2016/8/6 11:17	2016	8					
6	2016/8/6 21:33	2016	8					
7	2016/8/7 13:47	2016	8					
8	2016/8/7 17:20	2016	8					
9	2016/8/8 20:17	2016	8					
10	2016/8/8 22:04	2016	8					
11	2016/8/9 18:11	2016	8					
12	2016/8/10 17:51	2016	8					
13	2016/8/13 18:01	2016	8					
	订单信息							

图 7-38 输入 "=DAY(G4)"

（2）确定公式。按下 Enter 键，并用填充公式的方式提取剩余订单号的日，提取数据效果如图 7-39 所示。

	G	H	I	J	K	L	M	N
1	统计日期和时间：	2016/12/29 15:41						
2								
3	结算时间	提取年	提取月	提取日	提取时	提取分	提取秒	提取星期
4	2016/8/3 13:18	2016	8	3				
5	2016/8/6 11:17	2016	8	6				
6	2016/8/6 21:33	2016	8	6				
7	2016/8/7 13:47	2016	8	7				
8	2016/8/7 17:20	2016	8	7				
9	2016/8/8 20:17	2016	8	8				
10	2016/8/8 22:04	2016	8	8				
11	2016/8/9 18:11	2016	8	9				
12	2016/8/10 17:51	2016	8	10				
13	2016/8/13 18:01	2016	8	13				
	订单信息							

图 7-39 使用 DAY 函数提取订单号的日

4. HOUR 函数

HOUR 函数可以返回时间值的小时数，即一个介于 0 到 23 的整数。HOUR 函数的使用

格式如下。

```
HOUR(serial_number)
```

HOUR 函数的常用参数及其解释如表 7-9 所示。

表 7-9　HOUR 函数的常用参数及其解释

参　数	参　数　解　释
serial_number	必须。表示要查找小时的时间值。时间有多种输入方式：带引号的文本字符串、十进制数或其他公式或函数的结果

在【订单信息】工作表中，使用 HOUR 函数提取订单号的时，具体操作步骤如下。

（1）输入公式。选择单元格 K4，输入"=HOUR(G4)"，如图 7-40 所示。

图 7-40　输入"=HOUR(G4)"

（2）确定公式。按下 Enter 键，并用填充公式的方式提取剩余订单号的时，提取数据效果如图 7-41 所示。

图 7-41　使用 HOUR 函数提取订单号的时

5. MINUTE 函数

MINUTE 函数可以返回时间值的分钟数，即一个介于 0 到 59 的整数。MINUTE 函数的使用格式如下。

```
MINUTE(serial_number)
```

MINUTE 函数参数及其解释如表 7-10 所示。

表 7-10 MINUTE 函数参数及其解释

参　数	参　数　解　释
serial_number	必须。表示要查找分钟的时间值。时间有多种输入方式：带引号的文本字符串、十进制数或其他公式或函数的结果

在【订单信息】工作表中，使用 MINUTE 函数提取订单号的分，具体操作步骤如下。

（1）输入公式。选择单元格 L4，输入"=MINUTE(G4)"，如图 7-42 所示。

	G	H	I	J	K	L	M	N
1	统计日期和时间：	2016/12/29 15:41						
2								
3	结算时间	提取年	提取月	提取日	提取时	提取分	提取秒	提取星期
4	2016/8/3 13:18	2016	8	3	13	=MINUTE(G4)		
5	2016/8/6 11:17	2016	8	6	11			
6	2016/8/6 21:33	2016	8	6	21			
7	2016/8/7 13:47	2016	8	7	13			
8	2016/8/7 17:20	2016	8	7	17			
9	2016/8/8 20:17	2016	8	8	20			
10	2016/8/8 22:04	2016	8	8	22			
11	2016/8/9 18:11	2016	8	9	18			
12	2016/8/10 17:51	2016	8	10	17			
13	2016/8/13 18:01	2016	8	13	18			

订单信息

图 7-42 输入"=MINUTE(G4)"

（2）确定公式。按下 Enter 键，并用填充公式的方式提取剩余订单号的分，提取数据效果如图 7-43 所示。

	G	H	I	J	K	L	M	N
1	统计日期和时间：	2016/12/29 15:41						
2								
3	结算时间	提取年	提取月	提取日	提取时	提取分	提取秒	提取星期
4	2016/8/3 13:18	2016	8	3	13	18		
5	2016/8/6 11:17	2016	8	6	11	17		
6	2016/8/6 21:33	2016	8	6	21	33		
7	2016/8/7 13:47	2016	8	7	13	47		
8	2016/8/7 17:20	2016	8	7	17	20		
9	2016/8/8 20:17	2016	8	8	20	17		
10	2016/8/8 22:04	2016	8	8	22	4		
11	2016/8/9 18:11	2016	8	9	18	11		
12	2016/8/10 17:51	2016	8	10	17	51		
13	2016/8/13 18:01	2016	8	13	18	1		

订单信息

图 7-43 使用 MINUTE 函数提取订单号的分

6. SECOND 函数

SECOND 函数可以返回时间值的秒钟数，即一个介于 0 到 59 的整数。SECOND 函数的使用格式如下。

```
SECOND(serial_number)
```

SECOND 函数的常用参数及其解释如表 7-11 所示。

表 7-11　SECOND 函数的常用参数及其解释

参　　数	参 数 解 释
serial_number	必须。表示要查找的秒钟的时间值。时间有多种输入方式：带引号的文本字符串、十进制数或其他公式或函数的结果

在【订单信息】工作表中，使用 SECOND 函数提取订单号的秒，具体操作步骤如下。

（1）输入公式。选择单元格 M4，输入"=SECOND(G4)"，如图 7-44 所示。

	G	H	I	J	K	L	M	N
1	统计日期和时间：	2016/12/29 15:41						
2								
3	结算时间	提取年	提取月	提取日	提取时	提取分	提取秒	提取星期
4	2016/8/3 13:18	2016	8	3	13	18	=SECOND(G4)	
5	2016/8/6 11:17	2016	8	6	11	17		
6	2016/8/6 21:33	2016	8	6	21	33		
7	2016/8/7 13:47	2016	8	7	13	47		
8	2016/8/7 17:20	2016	8	7	17	20		
9	2016/8/8 20:17	2016	8	8	20	17		
10	2016/8/8 22:04	2016	8	8	22	4		
11	2016/8/9 18:11	2016	8	9	18	11		
12	2016/8/10 17:51	2016	8	10	17	51		
13	2016/8/13 18:01	2016	8	13	18	1		

订单信息

图 7-44　输入"=SECOND(G4)"

（2）确定公式。按下 Enter 键，并用填充公式的方式提取剩余订单号的秒，提取数据效果如图 7-45 所示。

	G	H	I	J	K	L	M	N
1	统计日期和时间：	2016/12/29 15:41						
2								
3	结算时间	提取年	提取月	提取日	提取时	提取分	提取秒	提取星期
4	2016/8/3 13:18	2016	8	3	13	18	46	
5	2016/8/6 11:17	2016	8	6	11	17	11	
6	2016/8/6 21:33	2016	8	6	21	33	21	
7	2016/8/7 13:47	2016	8	7	13	47	19	
8	2016/8/7 17:20	2016	8	7	17	20	56	
9	2016/8/8 20:17	2016	8	8	20	17	49	
10	2016/8/8 22:04	2016	8	8	22	4	54	
11	2016/8/9 18:11	2016	8	9	18	11	16	
12	2016/8/10 17:51	2016	8	10	17	51	32	
13	2016/8/13 18:01	2016	8	13	18	1	48	

订单信息

图 7-45　使用 SECOND 函数提取订单号的秒

7．WEEKDAY 函数

WEEKDAY 函数可以返回某日期的星期数，在默认情况下，它的值为 1（星期天）到 7（星期六）之间的一个整数。WEEKDAY 函数的使用格式如下。

```
WEEKDAY(serial_number, return_type)
```

WEEKDAY 函数常用参数及其解释如表 7-12 所示。

表 7-12　WEEKDAY 函数常用参数及其解释

参　数	参　数　解　释
serial_number	必须。表示要查找的日期。可以是指定的日期或引用含有日期的单元格。日期有多种输入方式：带引号的文本串、系列数或其他公式或函数的结果
return_type	此参数可以选择输入或者省略（为了方便，本书以后在参数解释统一简写为"可选"）。表示星期的开始日和计算方式。return_type 代表星期的表示方式：当 Sunday（星期日）为 1、Saturday（星期六）为 7 时，该参数为 1 或省略；当 Monday（星期一）为 1、Sunday（星期日）为 7 时，该参数为 2（这种情况符合中国人的习惯）；当 Monday（星期一）为 0、Sunday（星期日）为 6 时，该参数为 3

在【订单信息】工作表中，使用 WEEKDAY 函数提取订单号的星期，具体的操作步骤如下。

（1）输入公式。选择单元格 N4，输入"=WEEKDAY(G4)"，如图 7-46 所示。

图 7-46　输入"=WEEKDAY(G4)"

（2）确定公式。按下 Enter 键，并用填充公式的方式提取剩余订单号的星期，提取数据效果如图 7-47 所示。

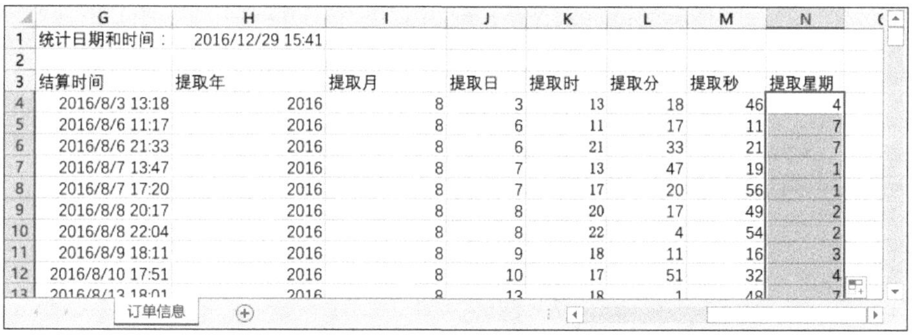

图 7-47　使用 WEEKDAY 函数提取订单号的星期

7.3.3　计算日期和时间

1. DATEDIF 函数

DATEDIF 函数可以计算两个日期期间内的年数、月数、天数，其使用格式如下。

```
DATEDIF(start_date, end_date, unit)
```

DATEDIF 函数的常用参数及其解释如表 7-13 所示。

表 7-13　DATEDIF 函数的参数及其解释

参　　数	参　数　解　释
start_date	必须。表示起始日期。可以是指定日期的数值（序列号值）或单元格引用。"start_date"的月份被视为"0"进行计算
end_date	必须。表示终止日期
unit	必须。表示要返回的信息类型

unit 参数的常用信息类型及其解释如表 7-14 所示。

表 7-14　unit 参数的常用信息类型及其解释

信 息 类 型	解　　　释
y	计算满年数，返回值为 0 以上的整数
m	计算满月数，返回值为 0 以上的整数
d	计算满日数，返回值为 0 以上的整数
ym	计算不满一年的月数，返回值为 1~11 的整数
yd	计算不满一年的天数，返回值为 0~365 的整数
md	计算不满一个月的天数，返回值为 0~30 的整数

在【员工信息表】工作表中，计算员工的周岁数、不满一年的月数、不满一全月的天数，具体操作步骤如下。

（1）输入公式。选择单元格 C4，输入"=DATEDIF(B4,$K$2,"Y")"，如图 7-48 所示。

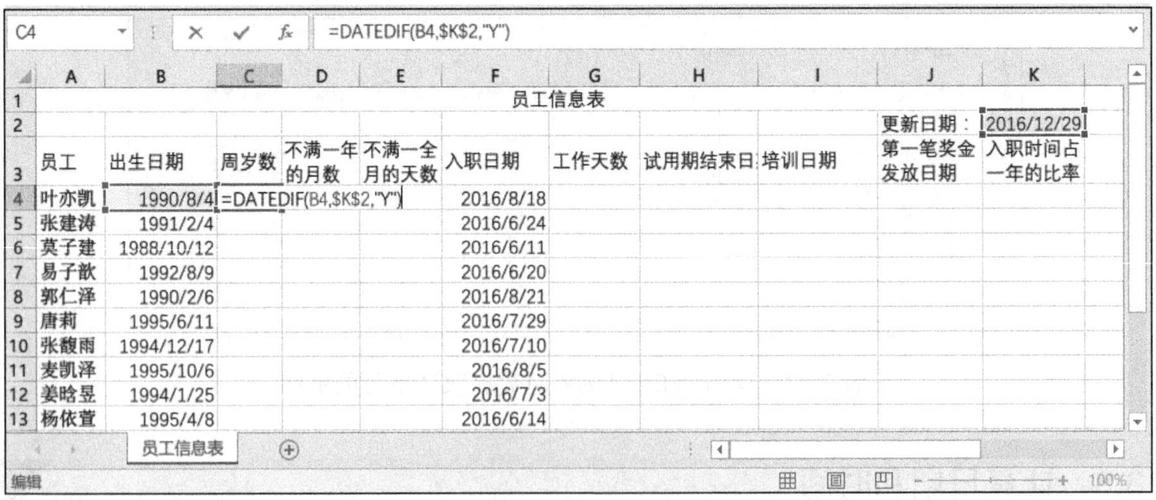

图 7-48　输入"=DATEDIF(B4,$K$2,"Y")"

（2）确定公式。按下 Enter 键即可计算员工的周岁数，如图 7-49 所示。

图 7-49　计算员工的周岁数

（3）填充公式。单击单元格 C4，移动鼠标指针到单元格 C4 的右下角，当指针变为黑色且加粗的"+"指针时，双击即可计算剩余员工的周岁数，计算结果如图 7-50 所示。

图 7-50　计算剩余员工的周岁数

（4）输入公式。选择单元格 D4，输入"=DATEDIF(B4,$K$2,"YM")"，如图 7-51 所示。

图 7-51　输入"=DATEDIF(B4,$K$2,"YM")"

（5）确定并填充公式。按下 Enter 键，并用填充公式的方式计算剩余员工的不满一年的月数，计算结果如图 7-52 所示。

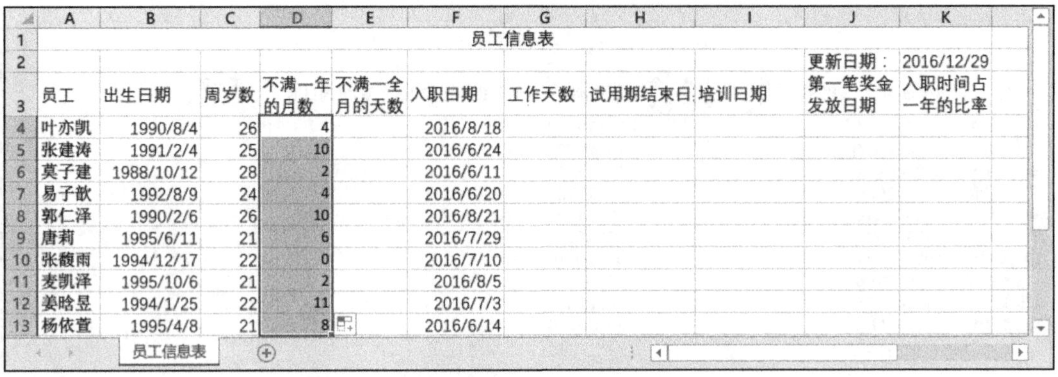

图 7-52　计算员工的不满一年的月数

（6）输入公式。选择单元格 E4，输入"=DATEDIF(B4,$K$2,"MD")"，如图 7-53 所示。

图 7-53　输入"=DATEDIF(B4,$K$2,"MD")"

（7）确定并填充公式。按下 Enter 键，并用填充公式的方式计算剩余的员工不满一全月的天数，计算结果如图 7-54 所示。

图 7-54　计算剩余的员工不满一全月的天数

2. NETWORKDAYS 函数

在 Excel 中计算两个日期之间的天数有 3 种日期和时间函数，即 NETWORKDAYS、

DATEVALUE 和 DAYS 函数，如表 7-15 所示。

表 7-15　NETWORKDAYS、DATEVALUE 和 DAYS 函数的对比

函　　数	日期数据的形式	计　算　结　果
NETWORKDAYS	数值（序列号）、日期、文本形式	计算除了周六、日和休息日之外的工作天数，计算结果比另两个函数小
DATEVALUE	文本形式	从表示日期的文本中计算出表示日期的数值，计算结果大于 NETWORKDAYS 函数、等于 DAYS 函数
DAYS	数值（序列号）、日期、文本形式	计算两日期间相差的天数，计算结果大于 NETWORKDAYS 函数、等于 DATEVALUE 函数

NETWORKDAYS 函数可以计算除了周六、日和休息日之外的工作天数。NETWORKDAYS 函数的使用格式如下。

```
NETWORKDAYS(start_date, end_date, holidays)
```

NETWORKDAYS 函数参数及其解释如表 7-16 所示。

表 7-16　NETWORKDAYS 函数的参数解释

参　　数	参　数　解　释
start_date	必须。表示起始日期。可以是指定日期的数值（序列号值）或单元格引用。"start_date"的月份被视为"0"进行计算
end_date	必须。表示终止日期。可以是指定序列号值或单元格引用
holidays	可选。表示节日或假日等休息日。可以是指定序列号值、单元格引用和数组常量。当省略了此参数时，返回除了周六、日之外的指定期间内的天数

在【员工信息表】工作表中使用 NETWORKDAYS 函数计算员工的工作天数，具体操作步骤如下。

（1）输入法定节假日。在【员工信息表】工作表中，输入 2016 年下半年的法定节假日，如图 7-55 所示。

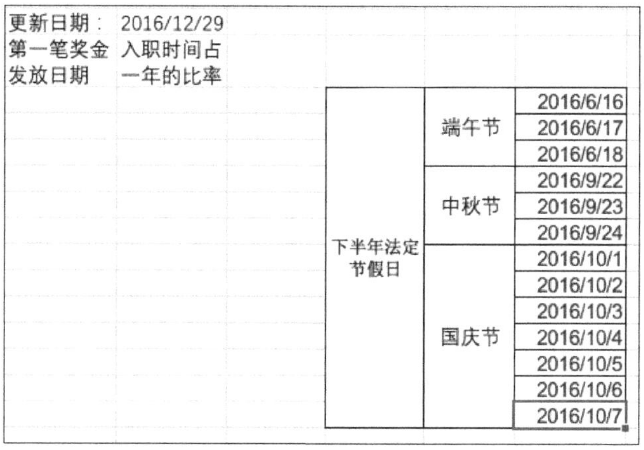

更新日期：	2016/12/29			
第一笔奖金发放日期	入职时间占一年的比率			
			端午节	2016/6/16
				2016/6/17
				2016/6/18
			中秋节	2016/9/22
		下半年法定节假日		2016/9/23
				2016/9/24
			国庆节	2016/10/1
				2016/10/2
				2016/10/3
				2016/10/4
				2016/10/5
				2016/10/6
				2016/10/7

图 7-55　输入 2016 年下半年的法定节假日

（2）输入公式。选择单元格 G4，输入“=NETWORKDAYS(F4,$K$2,$O$4:$O$16)”，如图 7-56 所示。

SUM | =NETWORKDAYS(F4,$K$2,$O$4:$O$16)

	B	C	D	E	F	G	H	I	J	K	L	M	N	O
1					员工信息表									
2									更新日期：	2016/12/29				
3	出生日期	周岁数	不满一年的月数	不满一全月的天数	入职日期	工作天数	试用期结束日	培训日期	第一笔奖金发放日期	入职时间占一年的比率				
4	1990/8/4	26	4	25	2016/8/18	=NETWORKDAYS(F4,$K$2,$O$4:$O$16)						下半年法定节假日	端午节	2016/6/16
5	1991/2/4	25	10	25	2016/6/24									2016/6/17
6	1988/10/12	28	2	17	2016/6/11									2016/6/18
7	1992/8/9	24	4	20	2016/6/20								中秋节	2016/9/22
8	1990/2/6	26	10	23	2016/8/21									2016/9/23
9	1995/6/11	21	6	18	2016/7/29									2016/9/24
10	1994/12/17	22	0	12	2016/7/10								国庆节	2016/10/1
11	1995/10/6	21	2	23	2016/8/5									2016/10/2
12	1994/1/25	22	11	4	2016/7/3									2016/10/3
13	1995/4/8	21	8	21	2016/6/14									2016/10/4
14														2016/10/5
15														2016/10/6
16														2016/10/7

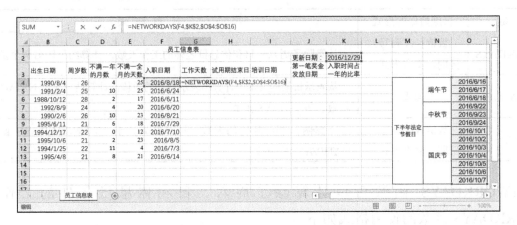

图 7-56 输入“=NETWORKDAYS(F4,$K$2,$O$4:$O$16)”

（3）确定公式。按下 Enter 键即可使用 NETWORKDAYS 函数计算员工的工作天数，设置效果如图 7-57 所示。

	A	B	C	D	E	F	G	H	I	J	K
1						员工信息表					
2										更新日期：	2016/12/29
3	员工	出生日期	周岁数	不满一年的月数	不满一全月的天数	入职日期	工作天数	试用期结束日	培训日期	第一笔奖金发放日期	入职时间占一年的比率
4	叶亦凯	1990/8/4	26	4	25	2016/8/18	89				
5	张建涛	1991/2/4	25	10	25	2016/6/24					
6	莫子建	1988/10/12	28	2	17	2016/6/11					
7	易子歆	1992/8/9	24	4	20	2016/6/20					
8	郭仁泽	1990/2/6	26	10	23	2016/8/21					
9	唐莉	1995/6/11	21	6	18	2016/7/29					

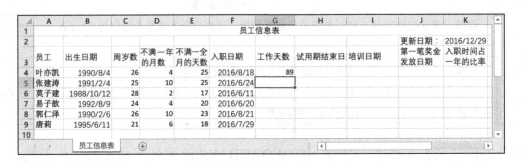

图 7-57 使用 NETWORKDAYS 函数计算员工的工作天数

（4）填充公式。选择单元格 G4，移动鼠标指针到单元格 G4 的右下角，当指针变为黑色且加粗的“+”指针时，双击即可使用 NETWORKDAYS 函数计算剩余的员工的工作天数，设置效果如图 7-58 所示。

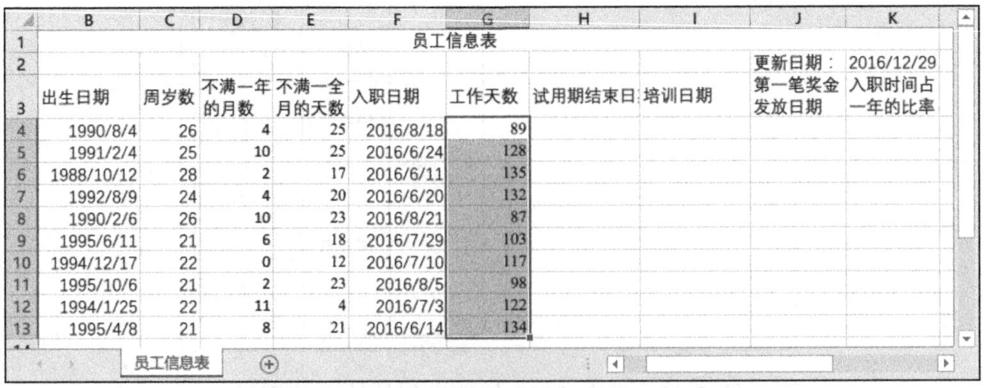

	B	C	D	E	F	G	H	I	J	K
1					员工信息表					
2									更新日期：	2016/12/29
3	出生日期	周岁数	不满一年的月数	不满一全月的天数	入职日期	工作天数	试用期结束日	培训日期	第一笔奖金发放日期	入职时间占一年的比率
4	1990/8/4	26	4	25	2016/8/18	89				
5	1991/2/4	25	10	25	2016/6/24	128				
6	1988/10/12	28	2	17	2016/6/11	135				
7	1992/8/9	24	4	20	2016/6/20	132				
8	1990/2/6	26	10	23	2016/8/21	87				
9	1995/6/11	21	6	18	2016/7/29	103				
10	1994/12/17	22	0	12	2016/7/10	117				
11	1995/10/6	21	2	23	2016/8/5	98				
12	1994/1/25	22	11	4	2016/7/3	122				
13	1995/4/8	21	8	21	2016/6/14	134				

图 7-58 计算剩余的员工的工作天数

3．DATEVALUE 函数

DATEVALUE 函数可以从表示日期的文本中计算出表示日期的数值（序列号值），即将存储为文本的日期转化为 Excel 日期的序列号。DATEVALUE 函数的使用格式如下。

```
DATEVALUE(date_text)
```

DATEVALUE 函数的常用参数及其解释如表 7-17 所示。

表 7-17　DATEVALUE 函数的参数解释

参　　数	参　数　解　释
date_text	必须。表示要计算的日期。可以是文本形式的日期或单元格的引用

在【员工信息表】工作表中，使用 DATEVALUE 函数计算员工的工作天数，具体操作步骤如下。

（1）更改日期的形式。在【员工信息表】工作表中，更改入职日期和更新日期为文本的形式，即在入职日期和更新日期的日期数据前加入英文状态下的单撇号"'"，如图 7-59 所示。

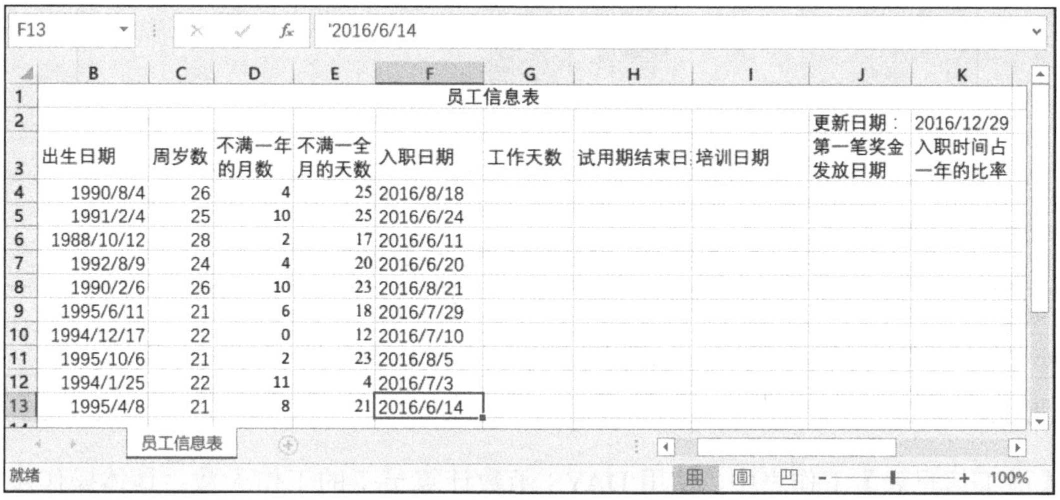

图 7-59　更改日期数据为文本的形式

（2）输入公式。选择单元格 G4，输入"=DATEVALUE($K$2)-DATEVALUE(F4)"，如图 7-60 所示。

（3）确定公式。按下 Enter 键，并用填充公式的方式计算剩余的员工的工作天数，设置效果如图 7-61 所示。

4．DAYS 函数

DAYS 函数可以返回两个日期之间的天数，其使用格式如下。

```
DAYS(end_date, start_date)
```

DAYS 函数的常用参数及其解释如表 7-18 所示。

图 7-60　输入 "=DATEVALUE($K$2)-DATEVALUE(F4)"

图 7-61　使用 DATEVALUE 函数计算员工的工作天数

表 7-18　DAYS 函数的参数解释

参　数	参　数　解　释
end_date	必须。表示终止日期。可以是指定表示日期的数值（序列号值）或单元格引用
start_date	必须。表示起始日期。可以使指定表示日期的数值（序列号值）或单元格引用

在【员工信息表】工作表中，使用 DAYS 函数计算员工的工作天数，具体操作步骤如下。

（1）输入公式。选择单元格 G4，输入 "=DAYS($K$2,F4)"，如图 7-62 所示。

图 7-62　输入 "=DAYS($K$2,F4)"

（2）确定公式。按下 Enter 键，并用填充公式的方式计算剩余的员工的工作天数，计算结果如图 7-63 所示。

	B	C	D	E	F	G	H	I	J	K
1	员工信息表									
2									更新日期：	2016/12/29
3	出生日期	周岁数	不满一年的月数	不满一全月的天数	入职日期	工作天数	试用期结束日	培训日期	第一笔奖金发放日期	入职时间占一年的比率
4	1990/8/4	26	4	25	2016/8/18	133				
5	1991/2/4	25	10	25	2016/6/24	188				
6	1988/10/12	28	2	17	2016/6/11	201				
7	1992/8/9	24	4	20	2016/6/20	192				
8	1990/2/6	26	10	23	2016/8/21	130				
9	1995/6/11	21	6	18	2016/7/29	153				
10	1994/12/17	22	0	12	2016/7/10	172				
11	1995/10/6	21	2	23	2016/8/5	146				
12	1994/1/25	22	11	4	2016/7/3	179				
13	1995/4/8	21	8	21	2016/6/14	198				

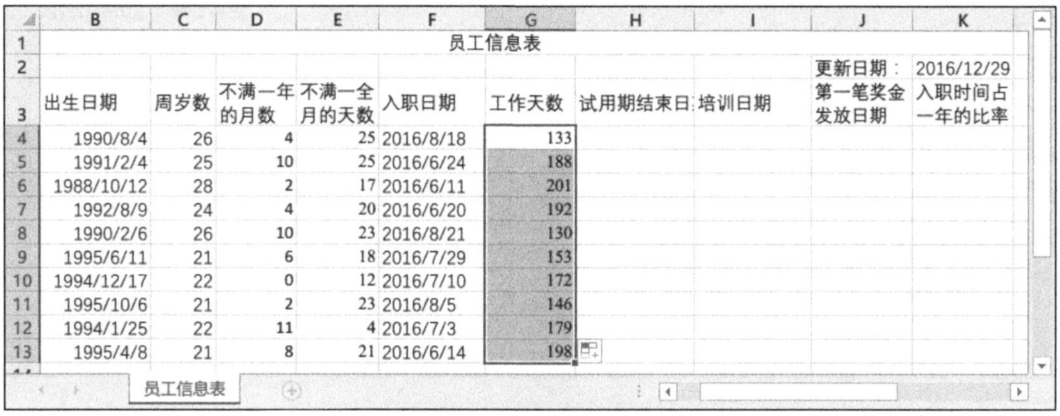

图 7-63 使用 DAYS 函数计算员工的工作天数

5. EDATE 函数

EDATE 函数可以计算从开始日期算起的数个月之前或之后的日期，其使用格式如下。

```
EDATE(start_date, months)
```

EDATE 函数的常用参数及其解释如表 7-19 所示。

表 7-19 EDATE 函数的参数解释

参　数	参 数 解 释
start_date	必须。表示起始日期。可以是指定表示日期的数值（序列号值）或单元格引用。“start_date”的月份被视为“0”进行计算
months	必须。表示相隔的月份数，可以是数值或单元格引用。小数部分的值会被向下舍入，若指定数值为正数则返“start_date”之后的日期（指定月份数之后），若指定数值为负数则返回“start_date”之前的日期（指定月份数之前）

该餐饮企业的员工试使用期为 1 个月，在【员工信息表】工作表中，使用 EDATE 函数计算员工的试使用结束日期，具体操作步骤如下。

（1）输入公式。选择单元格 H4，输入“=EDATE(F4,1)”，如图 7-64 所示。

（2）确定公式。按下 Enter 键，并用填充公式的方式计算剩余的员工的试用期结束日期，计算结果如图 7-65 所示。

6. EOMONTH 函数

EOMONTH 函数可以计算出给定的月份数之前或之后的月末的日期，其使用格式如下。

```
EOMONTH(start_date, months)
```

EOMONTH 函数的常用参数及其解释如表 7-20 所示。

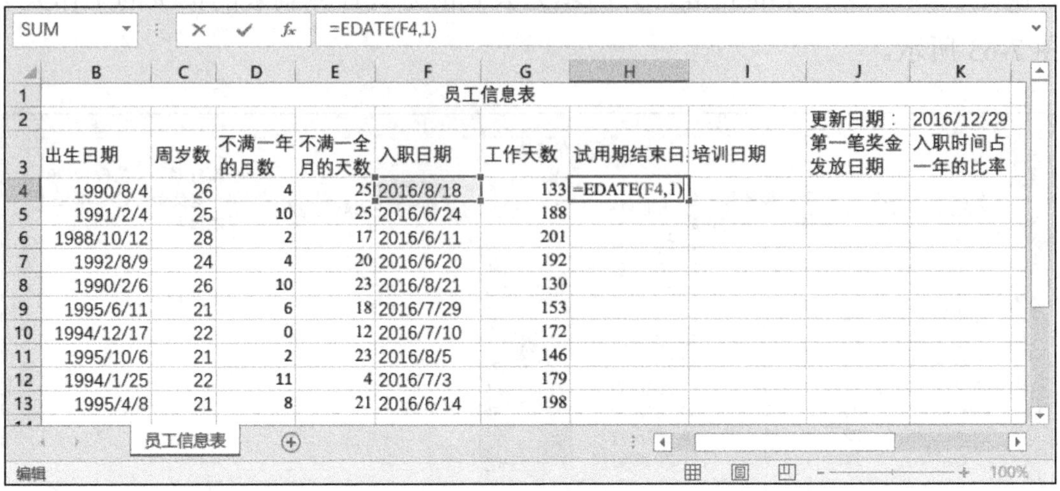

SUM =EDATE(F4,1)

	B	C	D	E	F	G	H	I	J	K
1	员工信息表									
2									更新日期：	2016/12/29
3	出生日期	周岁数	不满一年的月数	不满一全月的天数	入职日期	工作天数	试用期结束日	培训日期	第一笔奖金发放日期	入职时间占一年的比率
4	1990/8/4	26	4	25	2016/8/18	133	=EDATE(F4,1)			
5	1991/2/4	25	10	25	2016/6/24	188				
6	1988/10/12	28	2	17	2016/6/11	201				
7	1992/8/9	24	4	20	2016/6/20	192				
8	1990/2/6	26	10	23	2016/8/21	130				
9	1995/6/11	21	6	18	2016/7/29	153				
10	1994/12/17	22	0	12	2016/7/10	172				
11	1995/10/6	21	2	23	2016/8/5	146				
12	1994/1/25	22	11	4	2016/7/3	179				
13	1995/4/8	21	8	21	2016/6/14	198				

员工信息表

图 7-64 输入“=EDATE(F4,1)”

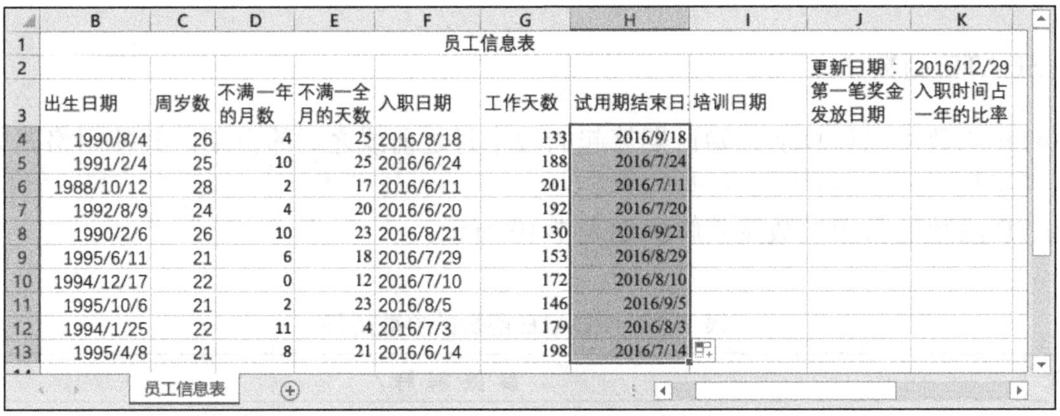

	B	C	D	E	F	G	H	I	J	K
1	员工信息表									
2									更新日期：	2016/12/29
3	出生日期	周岁数	不满一年的月数	不满一全月的天数	入职日期	工作天数	试用期结束日	培训日期	第一笔奖金发放日期	入职时间占一年的比率
4	1990/8/4	26	4	25	2016/8/18	133	2016/9/18			
5	1991/2/4	25	10	25	2016/6/24	188	2016/7/24			
6	1988/10/12	28	2	17	2016/6/11	201	2016/7/11			
7	1992/8/9	24	4	20	2016/6/20	192	2016/7/20			
8	1990/2/6	26	10	23	2016/8/21	130	2016/9/21			
9	1995/6/11	21	6	18	2016/7/29	153	2016/8/29			
10	1994/12/17	22	0	12	2016/7/10	172	2016/8/10			
11	1995/10/6	21	2	23	2016/8/5	146	2016/9/5			
12	1994/1/25	22	11	4	2016/7/3	179	2016/8/3			
13	1995/4/8	21	8	21	2016/6/14	198	2016/7/14			

员工信息表

图 7-65 使用 EDATE 函数计算员工的试用期结束日期

表 7-20 EOMONTH 函数的参数解释

参　数	参 数 解 释
start_date	必须。表示起始日期。可以是表示日期的数值（序列号值）或单元格引用。“start_date”的月份被视为“0”进行计算
months	必须。表示相隔的月份数，可以是数值或单元格引用。小数部分的值会被向下舍入，若指定数值为正数则返“start_date”之后的日期（指定月份数之后的月末），若指定数值为负数则返回“start_date”之前的日期（指定月份数之前的月末）

该餐饮企业试用员工在试用期结束后的当月月末会进行一次培训，在【员工信息表】工作表中使用 EOMONTH 函数计算员工的培训日期，具体操作步骤如下。

（1）输入公式。选择单元格 I4，输入“=EOMONTH(H4,0)”，如图 7-66 所示。

（2）确定公式。按下 Enter 键，并用填充公式的方式计算剩余的员工的培训日期，计算结果如图 7-67 所示。

图 7-66 输入 "=EOMONTH(H4,0)"

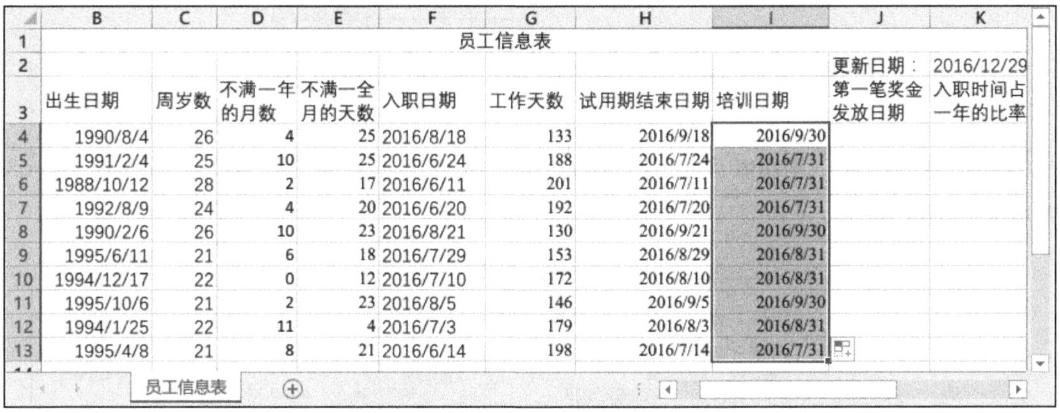

图 7-67 使用 EOMONTH 函数计算员工的培训日期

7. WORKDAY 函数

WORKDAY 函数可以计算起始日期之前或之后、与该日期相隔指定工作日的某一日期的日期值，工作日不包括周末和专门指定的假日。WORKDAY 函数的使用格式如下。

```
WORKDAY(start_date, days, holidays)
```

WORKDAY 函数的常用参数及其解释如表 7-21 所示。

表 7-21 WORKDAY 函数的参数解释

参　　数	参　数　解　释
start_date	必须。表示起始日期。可以是表示日期的数值（序列号值）或单元格引用。start_date 有月份被视为 "0" 进行计算
days	必须。表示相隔的天数（不包括周末和节假日）。可以是数值或单元格引用。小数部分的值会被向下舍入，若指定数值为正数则返回 "start_date" 之后的日期，若指定数值为负数则返回 "start_date" 之前的日期
holidays	指定节日或假日等休息日。可以指定序列号值、单元格引用和数组常量。此参数可以省略，当省略了此参数时，返回除了周末之外的，直到给定日期天数

该餐饮企业的员工在非试用期实际工作 60 天后发放第一笔奖金，在【员工信息表】工作表中使用 WORKDAY 函数计算员工的第一笔奖金发放日期，具体操作步骤如下。

（1）输入公式。选择单元格 J4，输入“=WORKDAY(H4,60,$O$4:$O$16)”，如图 7-68 所示。

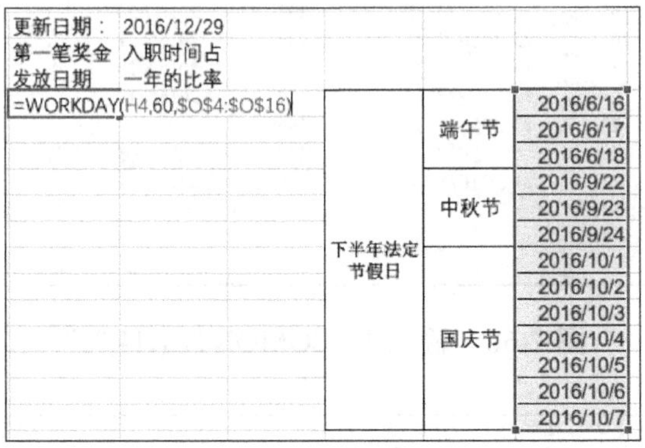

图 7-68　输入“=WORKDAY(H4,60,$O$4:$O$16)”

（2）确定公式。按下 Enter 键，并用填充公式的方式计算剩余的员工的发放奖金日期，计算结果如图 7-69 所示。

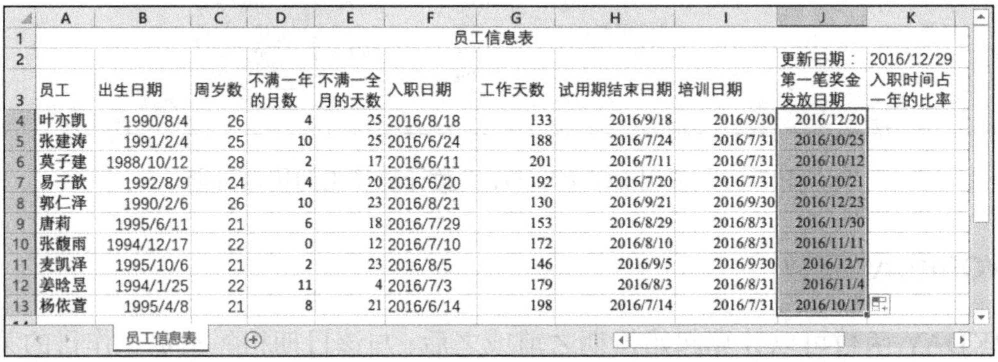

员工信息表

员工	出生日期	周岁数	不满一年的月数	不满一全月的天数	入职日期	工作天数	试用期结束日期	培训日期	更新日期： 第一笔奖金发放日期	2016/12/29 入职时间占一年的比率
叶亦凯	1990/8/4	26	4	25	2016/8/18	133	2016/9/18	2016/9/30	2016/12/20	
张建涛	1991/2/4	25	10	25	2016/6/24	188	2016/7/24	2016/7/31	2016/10/25	
莫子建	1988/10/12	28	2	17	2016/6/11	201	2016/7/11	2016/7/31	2016/10/12	
易子歆	1992/8/9	24	4	20	2016/6/20	192	2016/7/20	2016/7/31	2016/10/21	
郭仁泽	1990/2/6	26	10	23	2016/8/21	130	2016/9/21	2016/9/30	2016/12/23	
唐莉	1995/6/11	21	6	18	2016/7/29	153	2016/8/29	2016/8/31	2016/11/30	
张馥雨	1994/12/17	22	0	12	2016/7/10	172	2016/8/10	2016/8/31	2016/11/11	
麦凯泽	1995/10/6	21	2	23	2016/8/5	146	2016/9/5	2016/9/30	2016/12/7	
姜晗昱	1994/1/25	22	11	4	2016/7/3	179	2016/8/3	2016/8/31	2016/11/4	
杨依萱	1995/4/8	21	8	21	2016/6/14	198	2016/7/14	2016/7/31	2016/10/17	

图 7-69　使用 WORKDAY 函数计算员工的第一笔奖金发放日期

8. YEARFRAC 函数

YEARFRAC 函数可以计算指定期间占一年的比率，其使用格式如下。

```
YEARFRAC(start_date, end_date, basis)
```

YEARFRAC 函数的常用参数及其解释如表 7-22 所示。

表 7-22　YEARFRAC 函数的参数解释

参　数	参 数 解 释
start_date	必须。表示起始日期。可以是指定序列号值或单元格引用，以“start_date”的次日为“1”进行计算
end_date	必须。表示终止日期。指定序列号值或单元格引用
basis	可选。表示要使用的日基数基准类型

basis 参数的日基数基准类型及其解释如表 7-23 所示。

表 7-23　basis 参数的日基数基准类型及其解释

日基数基准类型	解　　释
0 或省略	30 天/360 天（NASD 方法）
1	实际天数/实际天数
2	实际天数/360 天
3	实际天数/365 天
4	30 天/360 天（欧洲方法）

在【员工信息表】工作表中，使用 YEARFRAC 函数计算员工的入职时间占一年的比率，具体操作步骤如下。

（1）输入公式。选择单元格 K4，输入"=YEARFRAC(F4,$K$2,1)"，如图 7-70 所示。

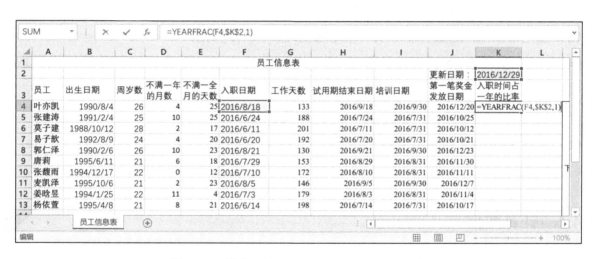

图 7-70　输入"=YEARFRAC(F4,$K$2,1)"

（2）确定公式。按下 Enter 键，并用填充公式的方式计算剩余的员工的入职时间占一年的比率，计算结果如图 7-71 所示。

图 7-71　使用 YEARFRAC 函数计算员工的入职时间占一年的比率

任务 7.4　认识数学函数

● 任务描述

Excel 2016 提供了几十个数学函数，方便用户进行数学方面的各种计算。现使用一些常用的数学函数计算某餐饮企业【8月营业统计】工作表中的营业数据，查找获得奖品的顾客，并对所需取整的数据进行取整。

● 任务分析

（1）使用 PRODUCT 函数计算折后金额。

（2）使用 SUM 函数计算 8 月营业总额（不含折扣）。

（3）使用 SUMIF 函数计算 8 月 1 日营业总额（不含折扣）。

（4）使用 QUOTIENT 函数计算 8 月平均每日营业额（不含折扣且计算结果只取整数部分）。

（5）使用 RAND 函数生成随机数，并固定随机数。

（6）使用 ROUND 函数取整随机数。

（7）分别使用 INT、FLOOR、CEILING 函数对折后金额进行取整。

7.4.1　计算数值

1. PRODUCT 函数

PRODUCT 函数可以求所有以参数形式给出的数字的乘积，其使用格式如下。

```
PRODUCT(number1, number2, …)
```

PRODUCT 函数的常用参数及其解释如表 7-24 所示。

表 7-24　PRODUCT 函数的常用参数及其解释

参　　数	参　数　解　释
number1	必须。表示要相乘的第一个数字或区域。可以是数字、单元格引用和单元格区域引用
number2, …	可选。表示要相乘的第 2~255 个数字或区域，即可以像 number1 那样最多指定 255 个参数

在【8月营业统计】工作表中，使用 PRODUCT 函数计算折后金额，具体操作步骤如下。

（1）输入公式。选择单元格 E2，输入"=PRODUCT(C2,D2)"，如图 7-72 所示。

（2）确定公式。按下 Enter 键，并用填充公式的方式即可使用 PRODUCT 函数计算剩余的折后金额，如图 7-73 所示。

图 7-72 输入 "=PRODUCT(C2,D2)"

图 7-73 使用 PRODUCT 函数计算剩余的折后金额

2. SUM 函数

SUM 函数是求和函数，可以返回某一单元格区域中数字、逻辑值和数字的文本表达式、直接键入的数字之和。SUM 函数的使用格式如下。

```
SUM(number1, number2, ...)
```

SUM 函数的常用参数及解释如表 7-25 所示。

表 7-25 SUM 函数的常用参数及解释

参数	参数解释
number1	必须。表示要相加的第 1 个数字或区域。可以是数字、单元格引用或单元格区域引用，例如 4，A6 和 A1:B3
number2,…	可选。表示要相加的第 2~255 个数字或区域，即可以像 number1 那样最多指定 255 个参数

在【8 月营业统计】工作表中，使用 SUM 函数计算 8 月营业总额（不含折扣），具体操作步骤如下。

（1）输入公式。选择单元格 K1，输入 "=SUM(C:C)"，如图 7-74 所示。

（2）确定公式。按下 Enter 键即可使用 SUM 函数计算 8 月营业总额（不含折扣），计算结果如图 7-75 所示。

图 7-74　输入 "=SUM(C:C)"

图 7-75　8 月营业总额（不含折扣）

3. SUMIF 函数

SUMIF 函数是条件求和函数，即根据给定的条件对指定单元格的数值求和。SUMIF 函数的使用格式如下。

```
SUMIF(range,criteria, [sum_range])
```

SUMIF 函数的常用参数及其解释如表 7-26 所示。

表 7-26　SUMIF 函数的常用参数及其解释

参　数	参　数　解　释
range	必须。表示根据条件进行计算的单元格区域，即设置条件的单元格区域。区域内的单元格必须是数字、名称、数组或包含数字的引用，空值和文本值将会被忽略
criteria	必须。表示求和的条件。其形式可以是数字、表达式、单元格引用、文本或函数。指定的条件（引用单元格和数字除外）必须用双引号""括起来
sun range	可选。表示实际求和的单元格区域。如果省略此参数，Excel 会把 range 参数中指定的单元格区域设为实际求和区域

在 criteria 参数中还可以使用通配符（星号 "*"、问号 "?" 和波形符 "~"），其通配符的解释如表 7-27 所示。

表 7-27　通配符的解释

通　配　符	作　　用	示　　例	示 例 说 明
星号 "*"	匹配任意一串字节	李*或*星级	任意以 "李" 开头的文本或任意以 "星级" 结尾的文本
问号 "?"	匹配任意单个字符	李??或?星级	"李" 后面一定是两个字符的文本或 "星级" 前面一定是一个字符的文本
波形符 "~"	指定不将*和?视为通配符看待	李~*	*就是代表字符，不再有通配符的作用

在【8 月营业统计】工作表中，使用 SUMIF 函数计算 8 月 1 日营业总额（不含折扣），具体操作步骤如下。

（1）输入公式。选择单元格 K2，输入 "=SUMIF(G:G,"2016/8/1",C:C)"，如图 7-76 所示。

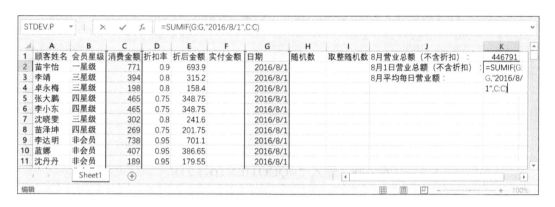

图 7-76　输入 "=SUMIF(G:G,"2016/8/1",C:C)"

（2）确定公式。按下 Enter 键即可使用 SUMIF 函数计算 8 月 1 日营业总额（不含折扣），计算结果如图 7-77 所示。

图 7-77　8 月 1 日营业总额（不含折扣）

4. QUOTIENT 函数

QUOTIENT 函数的作用是计算并返回除法的整数部分。QUOTIENT 函数的使用格式如下。

```
QUOTIENT(numerator, denominator)
```

QUOTIENT 函数的常用参数及其解释如表 7-28 所示。

表 7-28　QUOTIENT 函数的常用参数及其解释

参　数	参 数 解 释
numerator	必须。表示被除数。可以是数字、单元格引用或单元格区域引用
denominator	必须。表示除数。可以是数字、单元格引用或单元格区域引用

在【8 月营业统计】工作表中，使用 QUOTIENT 函数计算 8 月平均每日营业额（不含折扣且计算结果只取整数部分），具体操作步骤如下。

（1）输入公式。选择单元格 K3，输入“=QUOTIENT(K1,31)”，如图 7-78 所示。

STDEV.P　=QUOTIENT(K1,31)

	A	B	C	D	E	F	G	H	I	J	K
1	顾客姓名	会员星级	消费金额	折扣率	折后金额	实付金额	日期	随机数	取整随机数	8月营业总额（不含折扣）：	446791
2	苗宇怡	一星级	771	0.9	693.9		2016/8/1			8月1日营业总额（不含折扣）：	10409
3	李靖	三星级	394	0.8	315.2		2016/8/1			8月平均每日营业额：	=QUOTIENT(K1,31)
4	卓永梅	三星级	198	0.8	158.4		2016/8/1				
5	张大鹏	四星级	465	0.75	348.75		2016/8/1				
6	李小东	四星级	465	0.75	348.75		2016/8/1				
7	沈晓雯	三星级	302	0.8	241.6		2016/8/1				
8	苗泽坤	四星级	269	0.75	201.75		2016/8/1				
9	李达明	非会员	738	0.95	701.1		2016/8/1				
10	蓝娜	非会员	407	0.95	386.65		2016/8/1				
11	沈丹丹	非会员	189	0.95	179.55		2016/8/1				

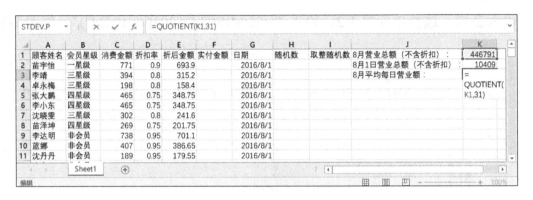

图 7-78　输入“=QUOTIENT(K1,31)”

（2）确定公式。按下 Enter 键即可使用 QUOTIENT 函数计算 8 月平均每日营业额，计算结果如图 7-79 所示。

	A	B	C	D	E	F	G	H	I	J	K
1	顾客姓名	会员星级	消费金额	折扣率	折后金额	实付金额	日期	随机数	取整随机数	8月营业总额（不含折扣）：	446791
2	苗宇怡	一星级	771	0.9	693.9		2016/8/1			8月1日营业总额（不含折扣）：	10409
3	李靖	三星级	394	0.8	315.2		2016/8/1			8月平均每日营业额：	14412
4	卓永梅	三星级	198	0.8	158.4		2016/8/1				
5	张大鹏	四星级	465	0.75	348.75		2016/8/1				
6	李小东	四星级	465	0.75	348.75		2016/8/1				
7	沈晓雯	三星级	302	0.8	241.6		2016/8/1				
8	苗泽坤	四星级	269	0.75	201.75		2016/8/1				
9	李达明	非会员	738	0.95	701.1		2016/8/1				
10	蓝娜	非会员	407	0.95	386.65		2016/8/1				
11	沈丹丹	非会员	189	0.95	179.55		2016/8/1				

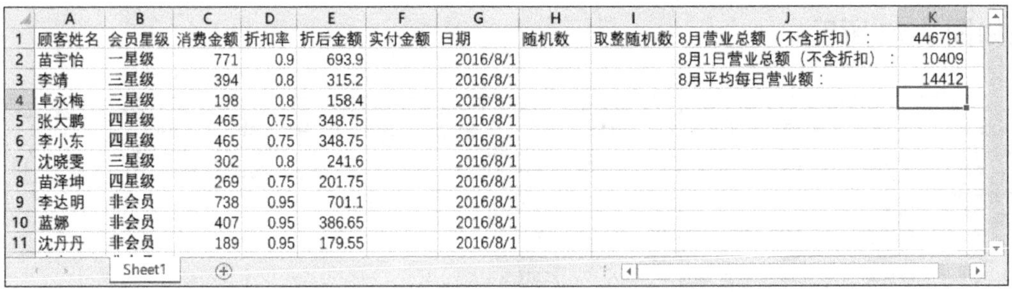

图 7-79　8 月平均每日营业额

7.4.2　生成和固定随机数

RAND 函数的作用是返回一个大于等于 0 小于 1 的随机实数。RAND 函数的使用格式如下。

```
RAND()
```

该函数没有参数，但必须有括号。该函数每次计算时都会返回新的随机数，如果只想要一个固定的随机数，可以在编辑栏输入“=RAND()”，再按下 F9 键。

某餐饮企业在 8 月举行活动，每位顾客在消费后会用 Excel 生成一个 0 到 1 的随机数，若随机数为 0.88，则获得奖品一份，送完即止。在【8 月营业统计】工作表中使用 RAND 函数生成一列大于等于 0 到 1 的随机数，具体操作步骤如下。

（1）输入公式。选择单元格 H2，输入“=RAND()”，如图 7-80 所示。

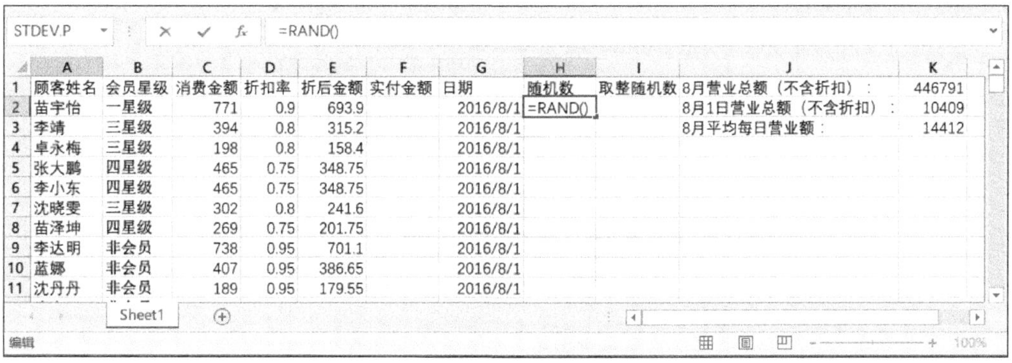

STDEV.P　=RAND()

	A	B	C	D	E	F	G	H	I	J	K
1	顾客姓名	会员星级	消费金额	折扣率	折后金额	实付金额	日期	随机数	取整随机数	8月营业总额（不含折扣）：	446791
2	苗宇怡	一星级	771	0.9	693.9		2016/8/1	=RAND()		8月1日营业总额（不含折扣）：	10409
3	李靖	三星级	394	0.8	315.2		2016/8/1			8月平均每日营业额：	14412
4	卓永梅	三星级	198	0.8	158.4		2016/8/1				
5	张大鹏	四星级	465	0.75	348.75		2016/8/1				
6	李小东	四星级	465	0.75	348.75		2016/8/1				
7	沈晓雯	三星级	302	0.8	241.6		2016/8/1				
8	苗泽坤	四星级	269	0.75	201.75		2016/8/1				
9	李达明	非会员	738	0.95	701.1		2016/8/1				
10	蓝娜	非会员	407	0.95	386.65		2016/8/1				
11	沈丹丹	非会员	189	0.95	179.55		2016/8/1				

图 7-80　输入“=RAND()”

（2）确定公式。按下 Enter 键即可使用 RAND 函数生成一个大于等于 0 到 1 的随机数，计算结果如图 7-81 所示。

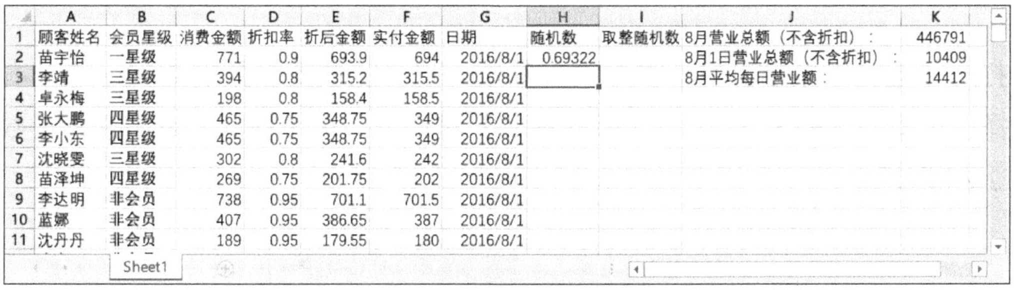

	A	B	C	D	E	F	G	H	I	J	K
1	顾客姓名	会员星级	消费金额	折扣率	折后金额	实付金额	日期	随机数	取整随机数	8月营业总额（不含折扣）：	446791
2	苗宇怡	一星级	771	0.9	693.9	694	2016/8/1	0.69322		8月1日营业总额（不含折扣）：	10409
3	李靖	三星级	394	0.8	315.2	315.5	2016/8/1			8月平均每日营业额：	14412
4	卓永梅	三星级	198	0.8	158.4	158.5	2016/8/1				
5	张大鹏	四星级	465	0.75	348.75	349	2016/8/1				
6	李小东	四星级	465	0.75	348.75	349	2016/8/1				
7	沈晓雯	三星级	302	0.8	241.6	242	2016/8/1				
8	苗泽坤	四星级	269	0.75	201.75	202	2016/8/1				
9	李达明	非会员	738	0.95	701.1	701.5	2016/8/1				
10	蓝娜	非会员	407	0.95	386.65	387	2016/8/1				
11	沈丹丹	非会员	189	0.95	179.55	180	2016/8/1				

图 7-81　生成一个随机数

（3）填充公式。选择单元格 H2，移动鼠标指针到单元格 H2 的右下角，当指针变为黑色且加粗的“+”指针时，双击即可使用 RAND 函数生成剩余的随机数，如图 7-82 所示。

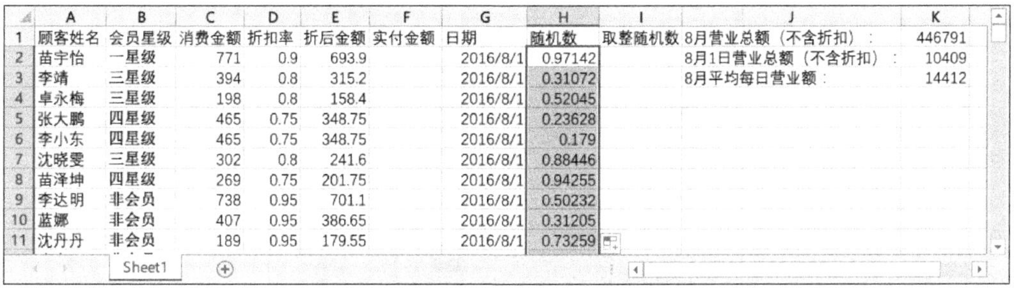

	A	B	C	D	E	F	G	H	I	J	K
1	顾客姓名	会员星级	消费金额	折扣率	折后金额	实付金额	日期	随机数	取整随机数	8月营业总额（不含折扣）：	446791
2	苗宇怡	一星级	771	0.9	693.9		2016/8/1	0.97142		8月1日营业总额（不含折扣）：	10409
3	李靖	三星级	394	0.8	315.2		2016/8/1	0.31072		8月平均每日营业额：	14412
4	卓永梅	三星级	198	0.8	158.4		2016/8/1	0.52045			
5	张大鹏	四星级	465	0.75	348.75		2016/8/1	0.23628			
6	李小东	四星级	465	0.75	348.75		2016/8/1	0.179			
7	沈晓雯	三星级	302	0.8	241.6		2016/8/1	0.88446			
8	苗泽坤	四星级	269	0.75	201.75		2016/8/1	0.94255			
9	李达明	非会员	738	0.95	701.1		2016/8/1	0.50232			
10	蓝娜	非会员	407	0.95	386.65		2016/8/1	0.31205			
11	沈丹丹	非会员	189	0.95	179.55		2016/8/1	0.73259			

图 7-82　生成剩余的随机数

可以看出图 7-81 的单元格 H2 与图 7-82 的单元格 H2 的数值是不同的，这是因为函数每次计算时都会返回新的随机数。如果使用在编辑栏中输入公式再按 F9 键的方法获得固定的随机数，则每个单元格都要重复此方法一次，当数据很多时则难以实现。此时可以使用选择性粘贴的方法获得固定随机数，具体操作步骤如下。

（1）复制生成随机数的数据区域。选择生成随机数的数据区域，右击该数据区域，选择【复制】，如图 7-83 所示。

图 7-83　选择【复制】

（2）打开【选择性粘贴】对话框并设置参数。选择生成随机数的数据区域，右击该数据区域，选择【选择性粘贴】，弹出【选择性粘贴】对话框，在【粘贴】组中选择【数值】单选框，如图 7-84 所示。

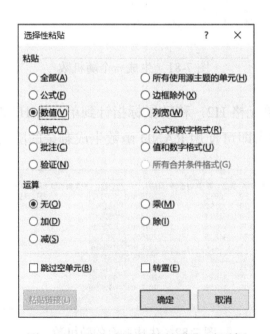

图 7-84　弹出【选择性粘贴】对话框

（3）确定设置。单击图 7-84 所示的【确定】按钮即可获得固定的随机数，设置效果如图 7-85 所示。

	A	B	C	D	E	F	G	H	I	J	K
1	顾客姓名	会员星级	消费金额	折扣率	折后金额	实付金额	日期	随机数	取整随机数	8月营业总额（不含折扣）：	446791
2	苗宇怡	一星级	771	0.9	693.9		2016/8/1	0.97142		8月1日营业总额（不含折扣）：	10409
3	李靖	三星级	394	0.8	315.2		2016/8/1	0.31072		8月平均每日营业额：	14412
4	卓永梅	三星级	198	0.8	158.4		2016/8/1	0.52045			
5	张大鹏	四星级	465	0.75	348.75		2016/8/1	0.23628			
6	李小东	四星级	465	0.75	348.75		2016/8/1	0.179			
7	沈晓雯	三星级	302	0.8	241.6		2016/8/1	0.88446			
8	苗泽坤	四星级	269	0.75	201.75		2016/8/1	0.94255			
9	李达明	非会员	738	0.95	701.1		2016/8/1	0.50232			
10	蓝娜	非会员	407	0.95	386.65		2016/8/1	0.31205			
11	沈丹丹	非会员	189	0.95	179.55		2016/8/1	0.73259			

Sheet1

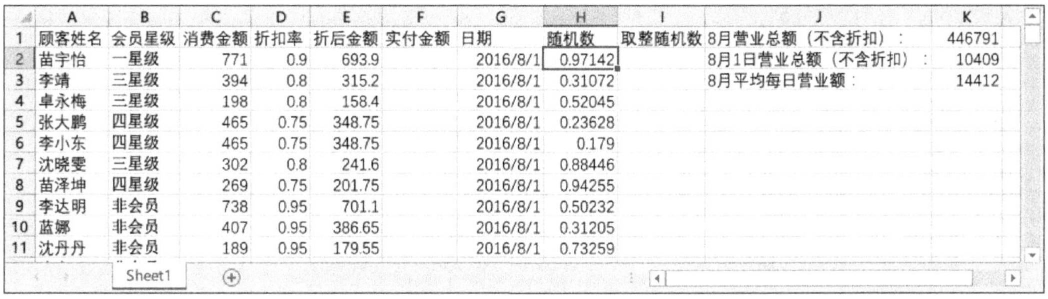

图 7-85　获得固定的随机数的设置效果

7.4.3　取整数值

1．ROUND 函数

ROUND 函数可以将数字四舍五入到指定的位数。ROUND 函数的使用格式如下。

```
ROUND(number, num_digits)
```

ROUND 函数的常用参数及其解释如表 7-29 所示。

表 7-29　ROUND 函数的常用参数及其解释

参　数	参 数 解 释
number	必须。表示要四舍五入的数字
num_digits	必须。表示要进行四舍五入运算的位数

在 7.2.2 小节中，使用 RAND 函数生成的随机数的小数有 15 位，而所需的随机数的小数为两位，所以对生成的随机数取整。在【8 月营业统计】工作表中，使用 ROUND 函数对随机数进行四舍五入到小数点后两位数，具体操作步骤如下。

（1）输入公式。选择单元格 I2，输入“=ROUND(H2,2)”，如图 7-86 所示。

STDEV.P　=ROUND(H2,2)

	A	B	C	D	E	F	G	H	I	J	K
1	顾客姓名	会员星级	消费金额	折扣率	折后金额	实付金额	日期	随机数	取整随机数	8月营业总额（不含折扣）：	446791
2	苗宇怡	一星级	771	0.9	693.9		2016/8/1	0.97142	=ROUND(H2,2)		10409
3	李靖	三星级	394	0.8	315.2		2016/8/1	0.31072		8月平均每日营业额：	14412
4	卓永梅	三星级	198	0.8	158.4		2016/8/1	0.52045			
5	张大鹏	四星级	465	0.75	348.75		2016/8/1	0.23628			
6	李小东	四星级	465	0.75	348.75		2016/8/1	0.179			
7	沈晓雯	三星级	302	0.8	241.6		2016/8/1	0.88446			
8	苗泽坤	四星级	269	0.75	201.75		2016/8/1	0.94255			
9	李达明	非会员	738	0.95	701.1		2016/8/1	0.50232			
10	蓝娜	非会员	407	0.95	386.65		2016/8/1	0.31205			
11	沈丹丹	非会员	189	0.95	179.55		2016/8/1	0.73259			

8月营业统计

编辑

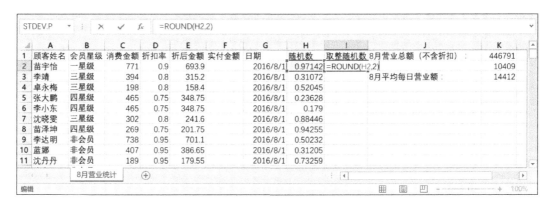

图 7-86　输入“=ROUND(H2,2)”

（2）确定公式。按下 Enter 键，并用填充公式的方式即可使用 ROUND 函数对剩余的随机数进行四舍五入到小数点后两位数，如图 7-87 所示。

图 7-87　对剩余的随机数进行四舍五入到小数点后两位数

2. INT 函数

INT 函数的作用是将数字向下舍入到最接近的整数。INT 函数的使用格式如下。

```
INT(number)
```

INT 函数的常用参数及其解释如表 7-30 所示。

表 7-30　INT 函数的常用参数及其解释

参　　数	参　数　解　释
number	必须。表示向下舍入取整的实数。可以是数字、单元格引用或单元格区域引用

使用 PRODUCT 函数计算的折后金额可能包含小数点的后两位数，这不符合实际支付金额的情况，需要对折后金额进行取整。在【8 月营业统计】工作表中，使用 INT 函数对折后金额向下舍入到最接近的整数，具体操作步骤如下。

（1）输入公式。选择单元格 F2，输入"=INT(E2)"，如图 7-88 所示。

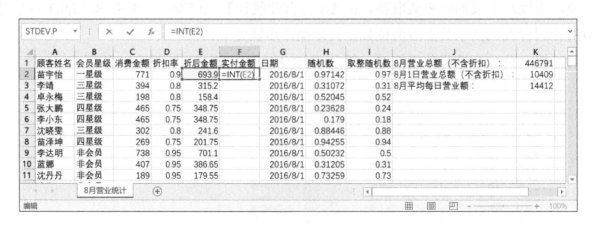

图 7-88　输入"=INT(E2)"

（2）确定公式。按下 Enter 键即可使用 INT 函数对折后金额向下舍入到最接近的整数，计算结果如图 7-89 所示。

	A	B	C	D	E	F	G	H	I	J	K
1	顾客姓名	会员星级	消费金额	折扣率	折后金额	实付金额	日期	随机数	取整随机数	8月营业总额（不含折扣）：	446791
2	苗宇怡	一星级	771	0.9	693.9	693	2016/8/1	0.97142	0.97	8月1日营业总额（不含折扣）：	10409
3	李靖	三星级	394	0.8	315.2		2016/8/1	0.31072	0.31	8月平均每日营业额：	14412
4	卓永梅	三星级	198	0.8	158.4		2016/8/1	0.52045	0.52		
5	张大鹏	四星级	465	0.75	348.75		2016/8/1	0.23628	0.24		
6	李小东	四星级	465	0.75	348.75		2016/8/1	0.179	0.18		
7	沈晓雯	三星级	302	0.8	241.6		2016/8/1	0.88446	0.88		
8	苗泽坤	四星级	269	0.75	201.75		2016/8/1	0.94255	0.94		
9	李达明	非会员	738	0.95	701.1		2016/8/1	0.50232	0.5		
10	蓝娜	非会员	407	0.95	386.65		2016/8/1	0.31205	0.31		
11	沈丹丹	非会员	189	0.95	179.55		2016/8/1	0.73259	0.73		

　　　　8月营业统计

图 7-89　对折后金额向下舍入到最接近的整数

（3）填充公式。选择单元格 F2，移动鼠标指针到单元格 F2 的右下角，当指针变为黑色且加粗的"+"指针时，双击即可使用 INT 函数对剩余的折后金额向下舍入到最接近的整数，如图 7-90 所示。

	A	B	C	D	E	F	G	H	I	J	K
1	顾客姓名	会员星级	消费金额	折扣率	折后金额	实付金额	日期	随机数	取整随机数	8月营业总额（不含折扣）：	446791
2	苗宇怡	一星级	771	0.9	693.9	693	2016/8/1	0.97142	0.97	8月1日营业总额（不含折扣）：	10409
3	李靖	三星级	394	0.8	315.2	315	2016/8/1	0.31072	0.31	8月平均每日营业额：	14412
4	卓永梅	三星级	198	0.8	158.4	158	2016/8/1	0.52045	0.52		
5	张大鹏	四星级	465	0.75	348.75	348	2016/8/1	0.23628	0.24		
6	李小东	四星级	465	0.75	348.75	348	2016/8/1	0.179	0.18		
7	沈晓雯	三星级	302	0.8	241.6	241	2016/8/1	0.88446	0.88		
8	苗泽坤	四星级	269	0.75	201.75	201	2016/8/1	0.94255	0.94		
9	李达明	非会员	738	0.95	701.1	701	2016/8/1	0.50232	0.5		
10	蓝娜	非会员	407	0.95	386.65	386	2016/8/1	0.31205	0.31		
11	沈丹丹	非会员	189	0.95	179.55	179	2016/8/1	0.73259	0.73		

　　　　8月营业统计

图 7-90　对剩余的折后金额向下舍入到最接近的整数

3．FLOOR 函数

FLOOR 函数可以将数值向下舍入（沿绝对值减小的方向）到最接近指定数值的倍数。FLOOR 函数的使用格式如下。

```
FLOOR(number, significance)
```

FLOOR 函数的常用参数及其解释如表 7-31 所示。

表 7-31　FLOOR 函数的参数解释

参　　数	参　数　解　释
number	必须。表示要舍入的数值
significance	必须。表示要舍入到的倍数

在【8 月营业统计】工作表中，使用 FLOOR 函数对折后金额向下舍入（沿绝对值减小的方向）到最接近 0.5 的倍数，具体操作步骤如下。

（1）输入公式。选择单元格 F2，输入"=FLOOR(E:E,0.5)"，如图 7-91 所示。

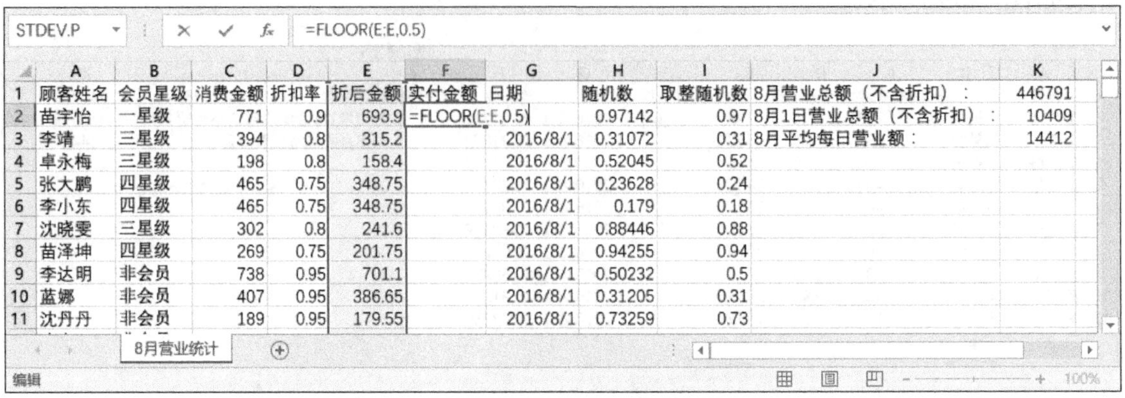

图 7-91　输入"=FLOOR(E:E,0.5)"

（2）确定公式。按下 Enter 键，并用填充公式的方式对剩余的折后金额向下舍入（沿绝对值减小的方向）到最接近 0.5 的倍数，计算结果如图 7-92 所示。

图 7-92　对剩余的折后金额向下舍入到最接近 0.5 的倍数

4．CEILING 函数

CEILING 函数可以将数值向上舍入（沿绝对值增大的方向）到最接近指定数值的倍数，CEILING 函数的使用格式如下。

```
CEILING(number, significance)
```

CEILING 函数的常用参数及其解释如表 7-32 所示。

表 7-32　CEILING 函数的参数解释

参　数	参　数　解　释
number	必须。表示要舍入的值
significance	必须。表示要舍入到的倍数

在【8 月营业统计】工作表中，使用 CEILING 函数对折后金额向上舍入（沿绝对值增大的方向）到最接近 0.5 的倍数，具体操作步骤如下。

（1）输入公式。选择单元格 F2，输入"=CEILING(E:E,0.5)"，如图 7-93 所示。

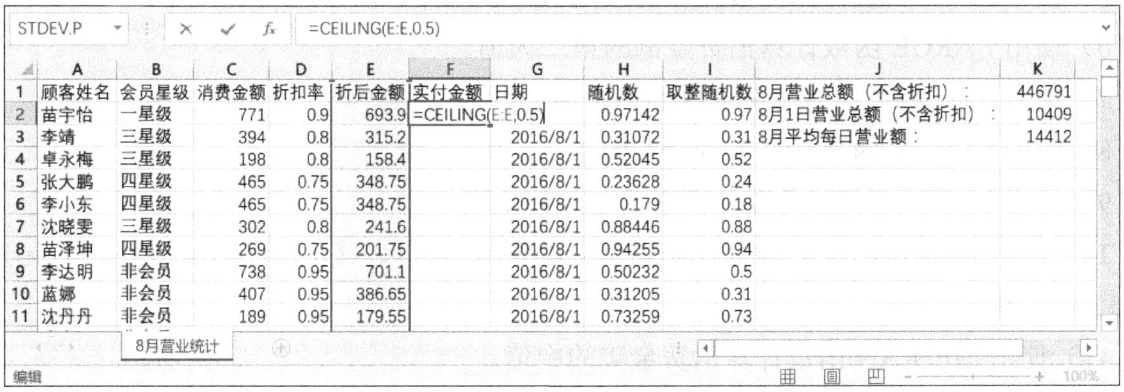

	STDEV.P	▾	:	×	✓	f_x	=CEILING(E:E,0.5)				
▲	A	B	C	D	E	F	G	H	I	J	K
1	顾客姓名	会员星级	消费金额	折扣率	折后金额	实付金额	日期	随机数	取整随机数	8月营业总额 (不含折扣)	446791
2	苗宇怡	一星级	771	0.9	693.9	=CEILING(E:E,0.5)		0.97142	0.97	8月1日营业总额 (不含折扣)：	10409
3	李靖	三星级	394	0.8	315.2		2016/8/1	0.31072	0.31	8月平均每日营业额：	14412
4	卓永梅	三星级	198	0.8	158.4		2016/8/1	0.52045	0.52		
5	张大鹏	四星级	465	0.75	348.75		2016/8/1	0.23628	0.24		
6	李小东	四星级	465	0.75	348.75		2016/8/1	0.179	0.18		
7	沈晓雯	三星级	302	0.8	241.6		2016/8/1	0.88446	0.88		
8	苗泽坤	四星级	269	0.75	201.75		2016/8/1	0.94255	0.94		
9	李达明	非会员	738	0.95	701.1		2016/8/1	0.50232	0.5		
10	蓝娜	非会员	407	0.95	386.65		2016/8/1	0.31205	0.31		
11	沈丹丹	非会员	189	0.95	179.55		2016/8/1	0.73259	0.73		
		8月营业统计									
编辑										100%	

图 7-93　输入"=CEILING(E:E,0.5)"

（2）确定公式。按下 Enter 键，并用填充公式的方式对剩余的折后金额向上舍入到最接近 0.5 的整数，计算结果如图 7-94 所示。

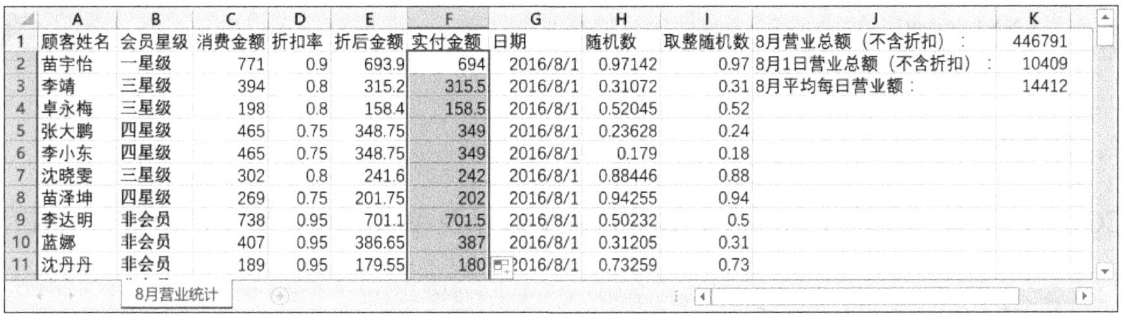

▲	A	B	C	D	E	F	G	H	I	J	K
1	顾客姓名	会员星级	消费金额	折扣率	折后金额	实付金额	日期	随机数	取整随机数	8月营业总额 (不含折扣)	446791
2	苗宇怡	一星级	771	0.9	693.9	694	2016/8/1	0.97142	0.97	8月1日营业总额 (不含折扣)：	10409
3	李靖	三星级	394	0.8	315.2	315.5	2016/8/1	0.31072	0.31	8月平均每日营业额：	14412
4	卓永梅	三星级	198	0.8	158.4	158.5	2016/8/1	0.52045	0.52		
5	张大鹏	四星级	465	0.75	348.75	349	2016/8/1	0.23628	0.24		
6	李小东	四星级	465	0.75	348.75	349	2016/8/1	0.179	0.18		
7	沈晓雯	三星级	302	0.8	241.6	242	2016/8/1	0.88446	0.88		
8	苗泽坤	四星级	269	0.75	201.75	202	2016/8/1	0.94255	0.94		
9	李达明	非会员	738	0.95	701.1	701.5	2016/8/1	0.50232	0.5		
10	蓝娜	非会员	407	0.95	386.65	387	2016/8/1	0.31205	0.31		
11	沈丹丹	非会员	189	0.95	179.55	180	2016/8/1	0.73259	0.73		
		8月营业统计									

图 7-94　对剩余的折后金额向上舍入到最接近 0.5 的整数

任务 7.5　认识统计函数

○ 任务描述

统计函数一般用于对数据区域进行统计分析。现对私房小站所有店铺的 8 月订单信息进行统计分析，包括统计个数，计算平均值、最大值、最小值、众数、频率、中数、总体的标准偏差和方差，估算总体的标准偏差和方差。

○ 任务分析

（1）使用 COUNT 函数统计私房小站 8 月订单数。

（2）使用 COUNTIF 函数统计私房小站 8 月 1 日订单数。

（3）使用 AVERAGE 函数计算私房小站 8 月平均每日营业额。

（4）使用 AVERAGEIF 函数计算私房小站的盐田分店的 8 月平均每日营业额。

（5）使用 MAX 函数计算消费金额的最大值。

（6）使用 LARGE 函数计算消费金额的第二大值。

（7）使用 MIN 函数计算消费金额的最小值。

（8）使用 SMALL 函数计算消费金额的第二小值。

（9）使用 MODE.SNGL 函数计算消费金额的众数。

（10）使用 FREQUENCY 函数计算消费金额在给定区域（【8 月订单信息】工作表单元格区域 J2:J4）出现的频率。

（11）使用 MEDIAN 函数计算消费金额的中值。

（12）使用 STDEV.P 函数计算基于样本总体的消费金额的标准偏差。

（13）使用 VAR.P 函数计算基于样本总体的消费金额的方差。

（14）使用 STDEV.S 函数估算基于 50 个样本的消费金额的标准偏差。

（15）使用 VAR.S 函数估算基于 50 个样本的消费金额的方差。

7.5.1 统计个数

1. COUNT 函数

COUNT 函数可以统计包含数字的单元格个数以及参数列表中数字的个数，其使用格式如下。

```
COUNT(value1, value2, ...)
```

COUNT 函数的常用参数及其解释如表 7-33 所示。

表 7-33 COUNT 函数的常用参数及其解释

参　　数	参　数　解　释
value1	必须。表示要计算其中数字的个数的第 1 项。可以是数组、单元格引用或区域。只有数字类型的数据才会被计算，如数字、日期或者代表数字的文本（如"1"）
value2,...	可选。表示要计算其中数字的个数的第 2~255 项，即可以像参数 value1 那样最多指定 255 个参数

在【8 月订单信息】工作表中使用 COUNT 函数统计私房小站 8 月订单数，具体操作步骤如下。

（1）输入公式。选择单元格 H1，输入"=COUNT(D:D)"，如图 7-95 所示。

（2）确定公式。按下 Enter 键即可使用 COUNT 函数统计私房小站 8 月订单数，统计结果如图 7-96 所示。

2. COUNTIF 函数

COUNTIF 函数可以统计满足某个条件的单元格的数量，其使用格式如下。

```
COUNTIF(range, criteria)
```

图 7-95　输入"=COUNT(D:D)"

图 7-96　私房小站 8 月订单数

COUNTIF 函数的常用参数及其解释如表 7-34 所示。

表 7-34　COUNTIF 函数的常用参数及其解释

参　　数	参　数　解　释
range	必须。表示要查找的单元格区域
criteria	必须。表示查找的条件。可以是数字、表达值或者文本

在【8 月订单信息】工作表中，使用 COUNTIF 函数统计私房小站 8 月 1 日订单数，具体操作步骤如下。

（1）输入公式。选择单元格 H1，输入"=COUNTIF(E:E,"2016/8/1")"，如图 7-97 所示。

（2）确定公式。按下 Enter 键即可使用 COUNTIF 函数统计私房小站 8 月 1 日订单数，统计结果如图 7-98 所示。

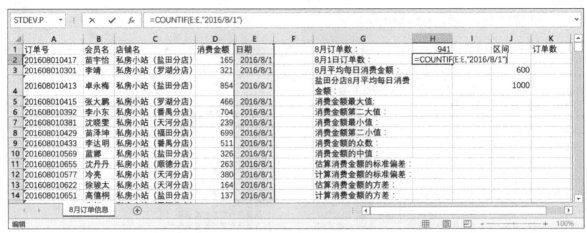

图 7-97　输入"=COUNTIF(E:E,"2016/8/1")"

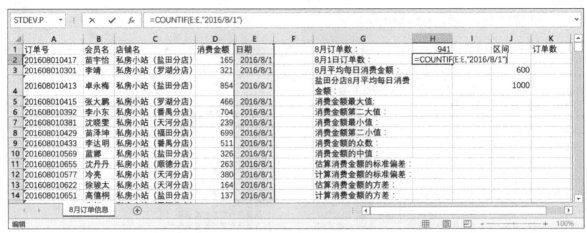

图 7-98　私房小站 8 月 1 日订单数

7.5.2　计算平均值

1. AVERAGE 函数

AVERAGE 函数可以计算参数的平均值（算术平均值），其使用格式如下。

```
AVERAGE(number1, number2, ...)
```

AVERAGE 函数的常用参数及其解释如表 7-35 所示。

表 7-35　AVERAGE 函数的常用参数及其解释

参　　数	参 数 解 释
number1	必须。要计算平均值的第一个数字、单元格引用或单元格区域
number2,...	必须。要计算平均值的第一个数字、单元格引用或单元格区域，最多可包含 255 个

在【8 月订单信息】工作表中，使用 AVERAGE 函数计算私房小站 8 月平均每日营业额，具体操作步骤如下。

（1）输入公式。选择单元格 H3，输入"=AVERAGE(D:D)"，如图 7-99 所示。

STDEV.P　=AVERAGE(D:D)

	A	B	C	D	E	F	G	H	I	J	K
1	订单号	会员名	店铺名	消费金额	日期		8月订单数：	941		区间	订单数
2	201608010417	苗宇怡	私房小站（盐田分店）	165	2016/8/1		8月1日订单数：	22		300	
3	201608010301	李靖	私房小站（罗湖分店）	321	2016/8/1		8月平均每日营业额：	=AVERAGE(D:D)		600	
4	201608010413	卓永梅	私房小站（盐田分店）	854	2016/8/1		盐田分店8月平均每日营业额：			1000	
5	201608010415	张大鹏	私房小站（罗湖分店）	466	2016/8/1		消费金额最大值:				
6	201608010392	李小东	私房小站（番禺分店）	704	2016/8/1		消费金额第二大值：				
7	201608010381	沈晓雯	私房小站（天河分店）	239	2016/8/1		消费金额最小值：				
8	201608010429	苗泽坤	私房小站（福田分店）	699	2016/8/1		消费金额第二小值：				
9	201608010433	李达明	私房小站（番禺分店）	511	2016/8/1		消费金额的众数：				
10	201608010569	蓝娜	私房小站（盐田分店）	326	2016/8/1		消费金额的中值：				
11	201608010655	沈丹丹	私房小站（顺德分店）	263	2016/8/1		估算消费金额的标准偏差：				
12	201608010577	冷亮	私房小站（天河分店）	380	2016/8/1		计算消费金额的标准偏差：				
13	201608010622	徐骏太	私房小站（天河分店）	164	2016/8/1		估算消费金额的方差：				
14	201608010651	高僖桐	私房小站（盐田分店）	137	2016/8/1		计算消费金额的方差：				

8月订单信息

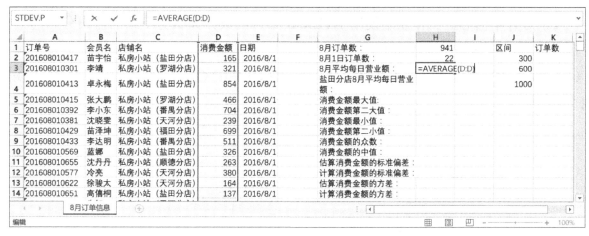

图 7-99　输入“=AVERAGE(D:D)”

（2）确定公式。按下 Enter 键即可使用 AVERAGE 函数计算私房小站 8 月平均每日营业额，计算结果如图 7-100 所示。

	A	B	C	D	E	F	G	H	I	J	K
1	订单号	会员名	店铺名	消费金额	日期		8月订单数：	941		区间	订单数
2	201608010417	苗宇怡	私房小站（盐田分店）	165	2016/8/1		8月1日订单数：	22		300	
3	201608010301	李靖	私房小站（罗湖分店）	321	2016/8/1		8月平均每日营业额：	491.7035		600	
4	201608010413	卓永梅	私房小站（盐田分店）	854	2016/8/1		盐田分店8月平均每日营业额：			1000	
5	201608010415	张大鹏	私房小站（罗湖分店）	466	2016/8/1		消费金额最大值:				
6	201608010392	李小东	私房小站（番禺分店）	704	2016/8/1		消费金额第二大值：				
7	201608010381	沈晓雯	私房小站（天河分店）	239	2016/8/1		消费金额最小值：				
8	201608010429	苗泽坤	私房小站（福田分店）	699	2016/8/1		消费金额第二小值：				
9	201608010433	李达明	私房小站（番禺分店）	511	2016/8/1		消费金额的众数：				
10	201608010569	蓝娜	私房小站（盐田分店）	326	2016/8/1		消费金额的中值：				
11	201608010655	沈丹丹	私房小站（顺德分店）	263	2016/8/1		估算消费金额的标准偏差：				
12	201608010577	冷亮	私房小站（天河分店）	380	2016/8/1		计算消费金额的标准偏差：				
13	201608010622	徐骏太	私房小站（天河分店）	164	2016/8/1		估算消费金额的方差：				
14	201608010651	高僖桐	私房小站（盐田分店）	137	2016/8/1		计算消费金额的方差：				

8月订单信息

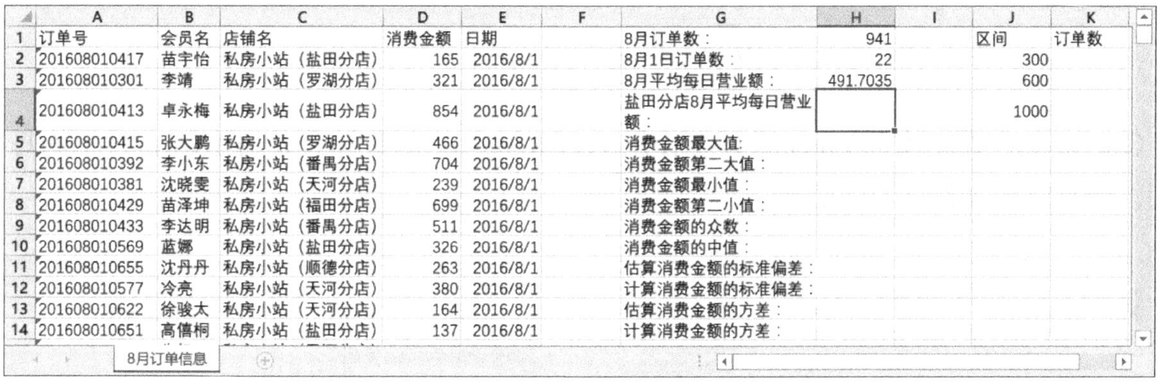

图 7-100　私房小站 8 月平均每日营业额

2．AVERAGEIF 函数

AVERAGEIF 函数可以计算某个区域内满足给定条件的所有单元格的平均值（算术平均值）。AVERAGEIF 函数的使用格式如下。

```
AVERAGEIF(range, criteria, average_range)
```

AVERAGEIF 函数的常用参数及其解释如表 7-36 所示。

表 7-36　AVERAGEIF 函数的常用参数及其解释

参　数	参 数 解 释
range	必须。表示要计算平均值的一个或多个单元格（即要判断条件的区域），其中包含数字或包含数字的名称、数组或引用
criteria	必须。表示给定的条件。可以是数字、表达式、单元格引用或文本形式的条件
average_range	可选。表示要计算平均值的实际单元格区域。若省略此参数，则使用 range 参数指定的单元格区域

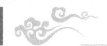

在【8 月订单信息】工作表中使用 AVERAGEIF 函数计算私房小站的盐田分店的 8 月平均每日营业额，具体操作步骤如下。

（1）输入公式。选择单元格 H4，输入“=AVERAGEIF(C:C,"私房小站（盐田分店）",D:D)”，如图 7-101 所示。

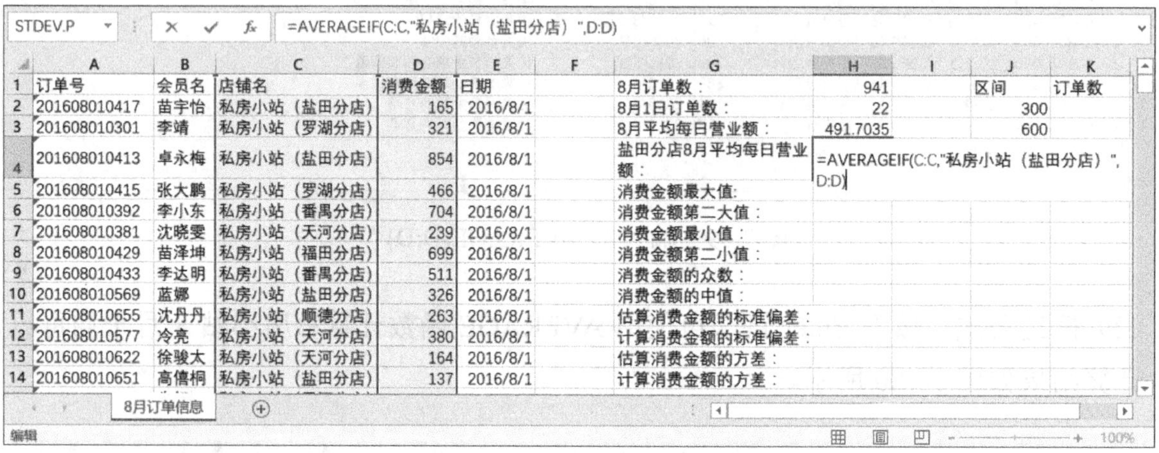

STDEV.P　=AVERAGEIF(C:C,"私房小站（盐田分店）",D:D)

	A	B	C	D	E	F	G	H	I	J	K
1	订单号	会员名	店铺名	消费金额	日期		8月订单数：	941		区间	订单数
2	201608010417	苗宇怡	私房小站（盐田分店）	165	2016/8/1		8月1日订单数：	22		300	
3	201608010301	李靖	私房小站（罗湖分店）	321	2016/8/1		8月平均每日营业额：	491.7035		600	
4	201608010413	卓永梅	私房小站（盐田分店）	854	2016/8/1		盐田分店8月平均每日营业额：	=AVERAGEIF(C:C,"私房小站（盐田分店）",D:D)			
5	201608010415	张大鹏	私房小站（罗湖分店）	466	2016/8/1		消费金额最大值:				
6	201608010392	李小东	私房小站（番禺分店）	704	2016/8/1		消费金额第二大值：				
7	201608010381	沈晓雯	私房小站（天河分店）	239	2016/8/1		消费金额最小值：				
8	201608010429	苗泽坤	私房小站（福田分店）	699	2016/8/1		消费金额第二小值：				
9	201608010433	李达明	私房小站（番禺分店）	511	2016/8/1		消费金额的众数：				
10	201608010569	蓝娜	私房小站（盐田分店）	326	2016/8/1		消费金额的中值：				
11	201608010655	沈丹丹	私房小站（顺德分店）	263	2016/8/1		估算消费金额的标准偏差：				
12	201608010577	冷亮	私房小站（天河分店）	380	2016/8/1		计算消费金额的标准偏差：				
13	201608010622	徐骏太	私房小站（天河分店）	164	2016/8/1		估算消费金额的方差：				
14	201608010651	高僖桐	私房小站（盐田分店）	137	2016/8/1		计算消费金额的方差：				

8月订单信息

图 7-101　输入“=AVERAGEIF(C:C,"私房小站（盐田分店）",D:D)”

（2）确定公式。按下 Enter 键即可使用 AVERAGEIF 函数计算私房小站 8 月平均每日营业额，计算结果如图 7-102 所示。

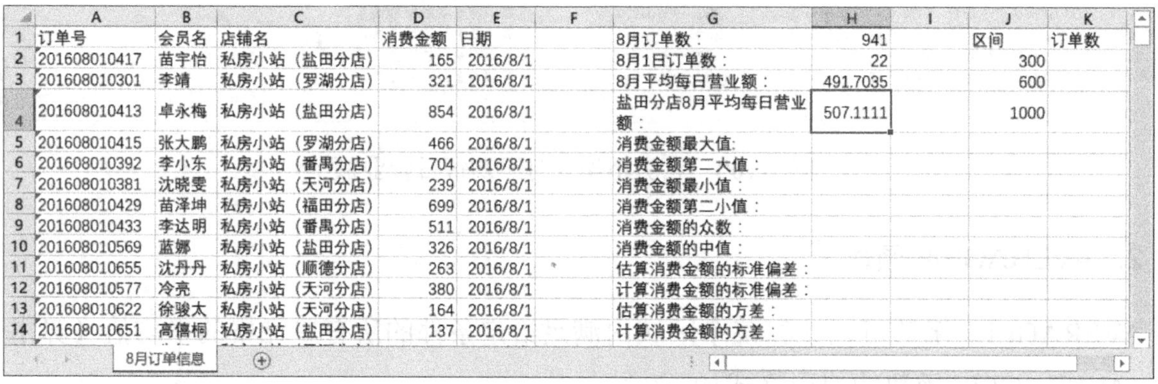

	A	B	C	D	E	F	G	H	I	J	K
1	订单号	会员名	店铺名	消费金额	日期		8月订单数：	941		区间	订单数
2	201608010417	苗宇怡	私房小站（盐田分店）	165	2016/8/1		8月1日订单数：	22		300	
3	201608010301	李靖	私房小站（罗湖分店）	321	2016/8/1		8月平均每日营业额：	491.7035		600	
4	201608010413	卓永梅	私房小站（盐田分店）	854	2016/8/1		盐田分店8月平均每日营业额：	507.1111		1000	
5	201608010415	张大鹏	私房小站（罗湖分店）	466	2016/8/1		消费金额最大值:				
6	201608010392	李小东	私房小站（番禺分店）	704	2016/8/1		消费金额第二大值：				
7	201608010381	沈晓雯	私房小站（天河分店）	239	2016/8/1		消费金额最小值：				
8	201608010429	苗泽坤	私房小站（福田分店）	699	2016/8/1		消费金额第二小值：				
9	201608010433	李达明	私房小站（番禺分店）	511	2016/8/1		消费金额的众数：				
10	201608010569	蓝娜	私房小站（盐田分店）	326	2016/8/1		消费金额的中值：				
11	201608010655	沈丹丹	私房小站（顺德分店）	263	2016/8/1		估算消费金额的标准偏差：				
12	201608010577	冷亮	私房小站（天河分店）	380	2016/8/1		计算消费金额的标准偏差：				
13	201608010622	徐骏太	私房小站（天河分店）	164	2016/8/1		估算消费金额的方差：				
14	201608010651	高僖桐	私房小站（盐田分店）	137	2016/8/1		计算消费金额的方差：				

8月订单信息

图 7-102　私房小站 8 月平均每日营业额

7.5.3　计算最大值和最小值

1．MAX 函数

MAX 函数可以返回一组值中的最大值，其使用格式如下。

```
MAX(number1, number2, ...)
```

MAX 函数的常用参数及其解释如表 7-37 所示。

表 7-37　MAX 函数的常用参数及其解释

参　　数	参　数　解　释
number1	必须。表示要查找最大值的第 1 个数字参数，可以是数字、数组或单元格引用
number2,...	可选。表示要查找最大值的第 2~255 个数字参数，即可以像参数 number1 那样最多指定 255 个参数

在【8 月订单信息】工作表中，使用 MAX 函数计算消费金额的最大值，具体操作步骤如下。

（1）输入公式。选择单元格 H5，输入"=MAX(D:D)"，如图 7-103 所示。

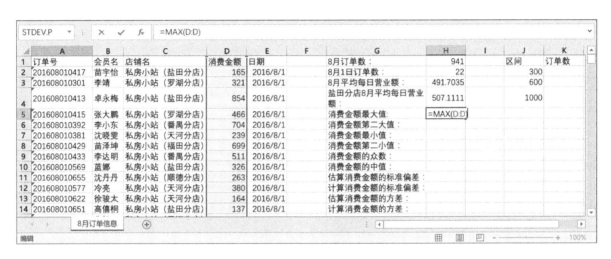

图 7-103　输入"=MAX(D:D)"

（2）确定公式。按下 Enter 键即可使用 MAX 函数计算消费金额的最大值，计算结果如图 7-104 所示。

图 7-104　消费金额的最大值

2. LARGE 函数

LARGE 函数可以返回数据集中第 k 个最大值，其使用格式如下。

```
LARGE(array, k)
```

LARGE 函数的常用参数及其解释如表 7-38 所示。

表 7-38　LARGE 函数的常用参数及其解释

参　　数	参　数　解　释
array	必须。表示需要查找的第 k 个最大值的数组或数据区域
k	必须。表示返回值在数组或数据单元格区域中的位置（从大到小排）

在【8 月订单信息】工作表中使用 LARGE 函数计算消费金额的第二大值，具体操作步骤如下。

（1）输入公式。选择单元格 H6，输入"=LARGE(D:D,2)"，如图 7-105 所示。

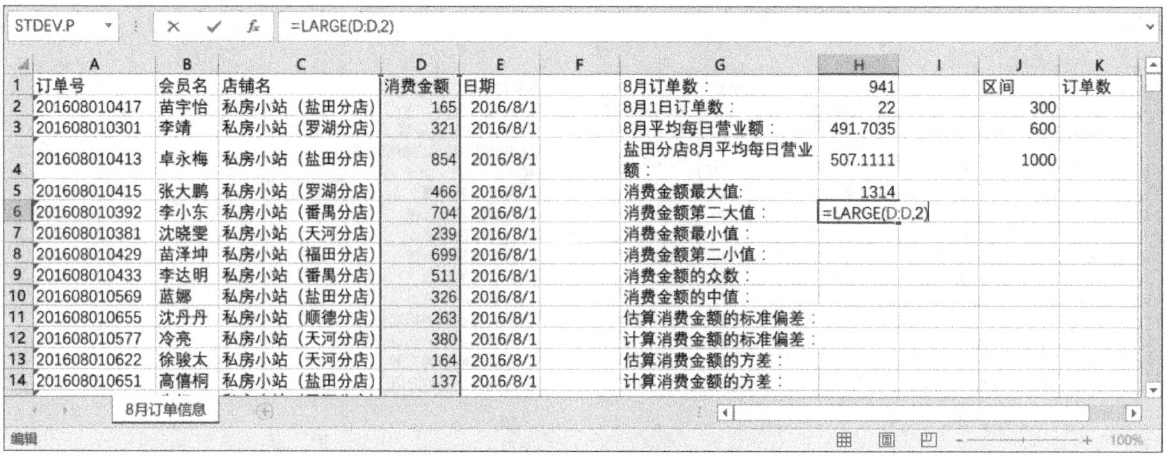

图 7-105　输入"=LARGE(D:D,2)"

（2）确定公式。按下【Enter】键即可使用 LARGE 函数计算消费金额的第二大值，计算结果如图 7-106 所示。

图 7-106　消费金额的第二大值

3．MIN 函数

MIN 函数可以返回一组值中的最小值，其使用格式如下。

```
MIN(number1,number2,...)
```

MIN 函数的常用参数及其解释如表 7-39 所示。

表 7-39 MIN 函数的常用参数及其解释

参 数	参 数 解 释
number1	必须。表示要查找最小值的第 1 个数字参数，可以是数字、数组或单元格引用
number2,...	可选。表示要查找最小值的第 2~255 个数字参数，即可以像参数 number1 那样最多指定 255 个参数

在【8 月订单信息】工作表中，使用 MIN 函数计算消费金额的最小值，具体操作步骤如下。

（1）输入公式。选择单元格 H7，输入"=MIN(D:D)"，如图 7-107 所示。

图 7-107 输入"=MIN(D:D)"

（2）确定公式。按下 Enter 键即可使用 MIN 函数计算消费金额的最小值，计算结果如图 7-108 所示。

图 7-108 消费金额的最小值

4. SMALL 函数

SMALL 函数可以返回数据集中的第 k 个最小值，其使用格式如下。

```
SMALL(array, k)
```

SMALL 函数的常用参数及其解释如表 7-40 所示。

表 7-40　SMALL 函数的常用参数及其解释

参　　数	参　数　解　释
array	必须。表示需要查找的第 k 个最小值的数组或数据区域
k	必须。表示返回值在数组或数据单元格区域中的位置（从小到大排）

在【8 月订单信息】工作表中，使用 SMALL 函数计算消费金额的第二小值，具体操作步骤如下。

（1）输入公式。选择单元格 H8，输入"=SMALL(D:D,2)"，如图 7-109 所示。

图 7-109　输入"=SMALL(D:D,2)"

（2）确定公式。按下 Enter 键即可使用 SMALL 函数计算消费金额的第二小值，计算结果如图 7-110 所示。

图 7-110　消费金额的第二小值

7.5.4　计算众数、频率和中值

1. MODE.SNGL 函数

MODE.SNGL 函数可以返回在某一数组或数据区域中的众数，其使用格式如下。

```
MODE.SNGL(number1, number2,…)
```

MODE.SNGL 函数的常用参数及其解释如表 7-41 所示。

表 7-41　MODE.SNGL 函数的常用参数及其解释

参　　数	参　数　解　释
number1	必须。表示要计算其众数的第 1 个参数。可以是数字、包含数字的名称、数组和单元格引用
number2,…	可选。表示要计算其众数的第 2~255 个参数，即可以像参数 number1 那样最多指定 255 个参数

在【8 月订单信息】工作表中，使用 MODE.SNGL 函数计算消费金额的众数，具体操作步骤如下。

（1）输入公式。选择单元格 H9，输入"=MODE.SNGL(D:D)"，如图 7-111 所示。

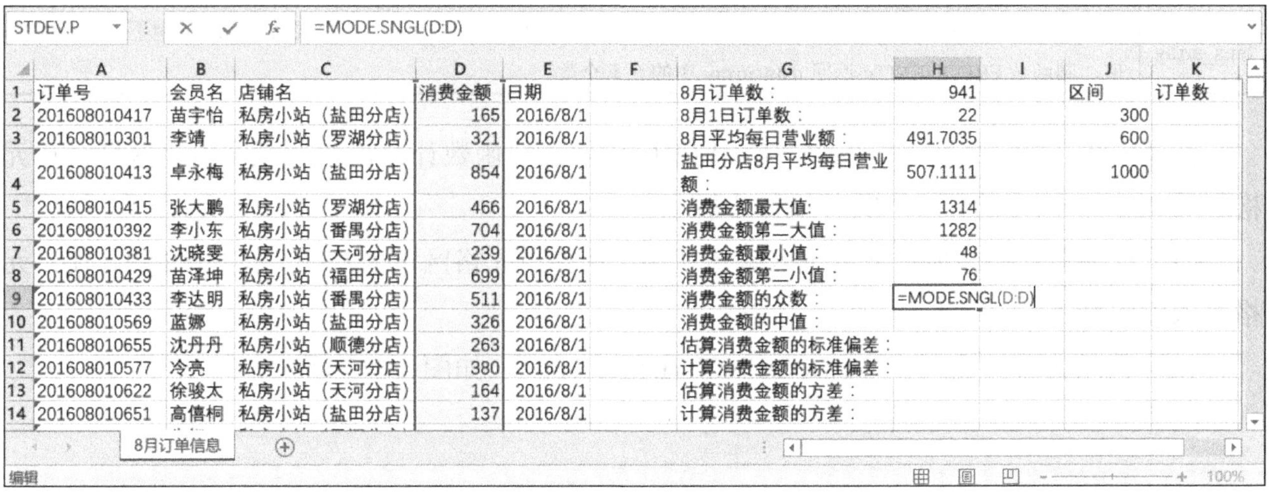

图 7-111　输入"=MODE.SNGL(D:D)"

（2）确定公式。按下 Enter 键即可使用 MODE.SNGL 函数计算消费金额的众数，计算结果如图 7-112 所示。

图 7-112　消费金额的众数

217

2. FREQUENCY 函数

FREQUENCY 函数可以计算数值在某个区域内的出现频率，然后返回一个垂直数组。由于 FREQUENCY 返回一个数组，所以它必须以数组公式的形式输入。FREQUENCY 函数的使用格式如下。

```
FREQUENCY(data_array, bins_array)
```

FREQUENCY 函数的常用参数及其解释如表 7-42 所示。

表 7-42　FREQUENCY 函数的常用参数及其解释

参　　数	参　数　解　释
data_array	必须。表示要对其频率进行计数的一组数值或对这组数值的引用。若参数 data_array 中不包含任何数值，则函数 FREQUENCY 返回一个零数组
bins_array	必须。表示要将参数 data_array 中的值插入的间隔数组或对间隔的引用。若参数 bins_array 中不包含任何数值，则函数 FREQUENCY 返回 data_array 中的元素个数

在【8 月订单信息】工作表中，使用 FREQUENCY 函数计算消费金额在给定区域（单元格区域 J2:J4）出现的频率，具体操作步骤如下。

（1）选择单元格区域并使之进入编辑状态。选择单元格区域 K2:K5，按下 F2 键，使单元格进入编辑状态。

（2）输入公式。输入"=FREQUENCY(D:D,J2:J4)"，如图 7-113 所示。

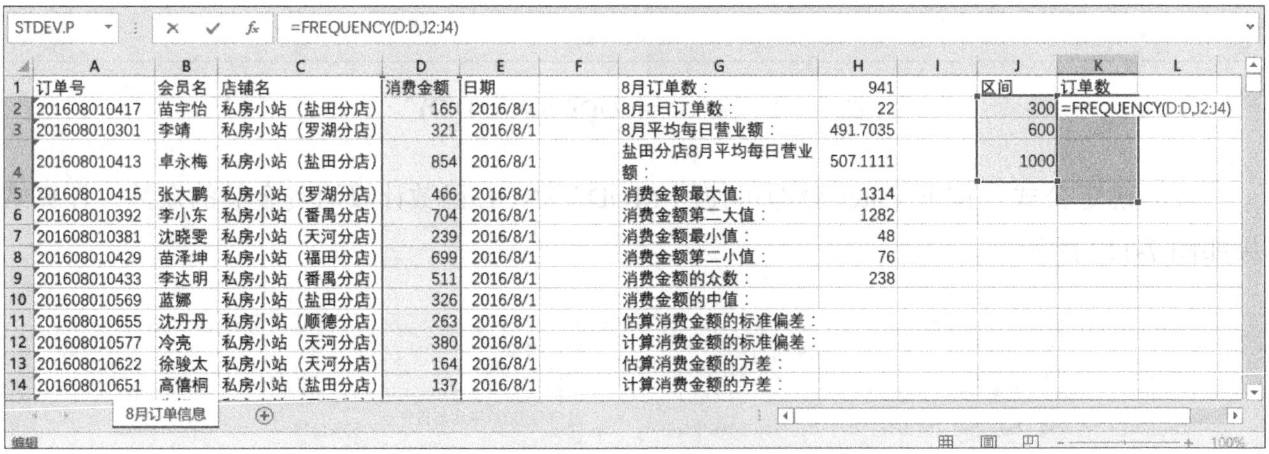

图 7-113　输入"=FREQUENCY(D:D,J2:J4)"

（3）确定公式。按下 Ctrl+Shift+Enter 键即可使用 MODE.SNGL 函数计算消费金额在给定区域出现的频率，计算结果如图 7-114 所示。

3. MEDIAN 函数

MEDIAN 函数可以返回一组已知数字的中值（如果参数集合中包含偶数个数字，MEDIAN

函数将返回位于中间的两个数的平均值）。MEDIAN 函数的使用格式如下。

```
MEDIAN(number1, number2, ...)
```

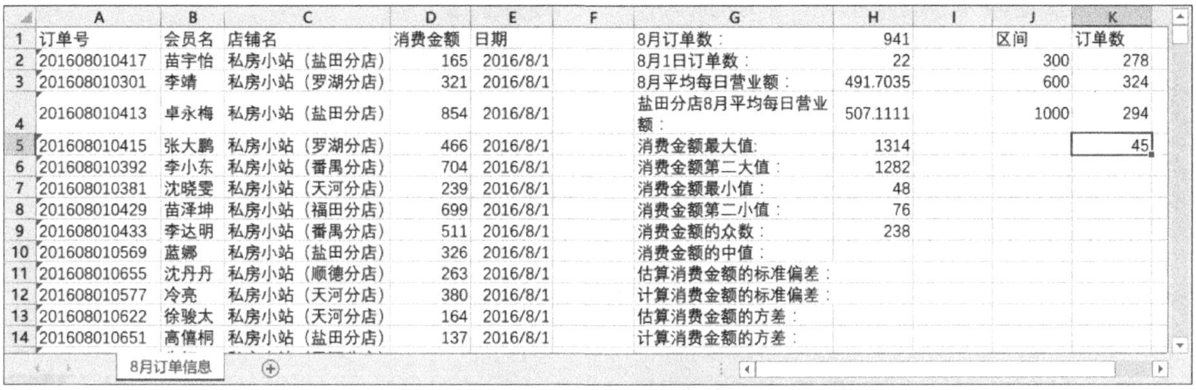

图 7-114　消费金额在给定区域出现的频率

MEDIAN 函数的常用参数及其解释如表 7-43 所示。

表 7-43　MEDIAN 函数的常用参数及其解释

参　　数	参　数　解　释
number1	必须。表示要计算中值的第 1 个数值集合。可以是数字、包含数字的名称、数组或引用
number2,...	可选。表示要计算中值的第 2~255 个数值集合，即可以像参数 number1 那样最多指定 255 个参数

在【8 月订单信息】工作表中，使用 MEDIAN 函数计算消费金额的中值，具体操作步骤如下。

（1）输入公式。选择单元格 H10，输入"=MEDIAN(D:D)"，如图 7-115 所示。

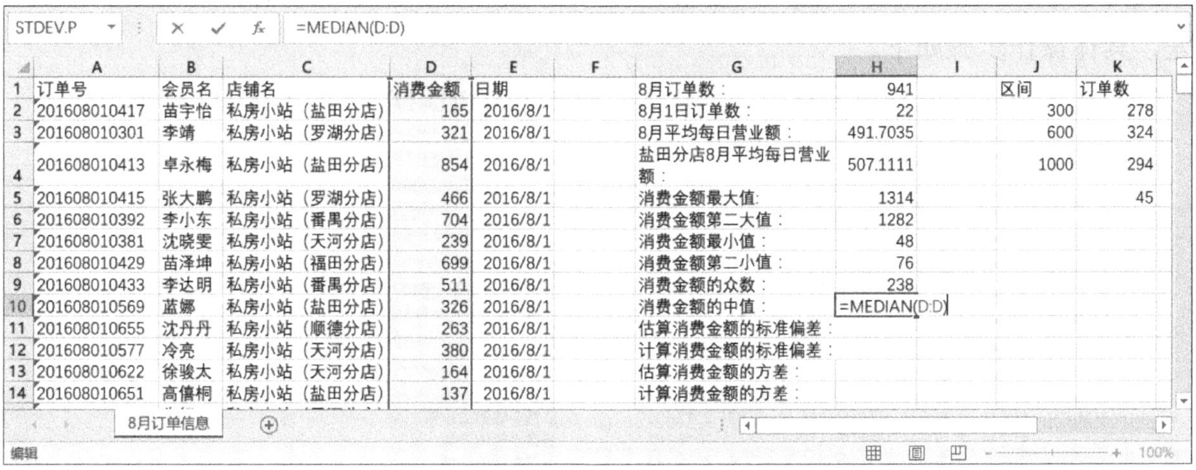

图 7-115　输入"=MEDIAN(D:D)"

（2）确定公式。按下 Enter 键即可使用 MEDIAN 函数计算消费金额的中值，计算结果如图 7-116 所示。

▲	A	B	C	D	E	F	G	H	I	J	K
1	订单号	会员名	店铺名	消费金额	日期		8月订单数：	941		区间	订单数
2	201608010417	苗宇怡	私房小站（盐田分店）	165	2016/8/1		8月1日订单数：	22		300	278
3	201608010301	李靖	私房小站（罗湖分店）	321	2016/8/1		8月平均每日营业额：	491.7035		600	324
4	201608010413	卓永梅	私房小站（盐田分店）	854	2016/8/1		盐田分店8月平均每日营业额：	507.1111		1000	294
5	201608010415	张大鹏	私房小站（罗湖分店）	466	2016/8/1		消费金额最大值	1314			45
6	201608010392	李小东	私房小站（番禺分店）	704	2016/8/1		消费金额第二大值	1282			
7	201608010381	沈晓雯	私房小站（天河分店）	239	2016/8/1		消费金额最小值	48			
8	201608010429	苗泽坤	私房小站（福田分店）	699	2016/8/1		消费金额第二小值	76			
9	201608010433	李达明	私房小站（番禺分店）	511	2016/8/1		消费金额的众数	238			
10	201608010569	蓝娜	私房小站（盐田分店）	326	2016/8/1		消费金额的中值	451			
11	201608010655	沈丹丹	私房小站（顺德分店）	263	2016/8/1		估算消费金额的标准偏差				
12	201608010577	冷亮	私房小站（天河分店）	380	2016/8/1		计算消费金额的标准偏差				
13	201608010622	徐骏太	私房小站（天河分店）	164	2016/8/1		估算消费金额的方差				
14	201608010651	高僖桐	私房小站（盐田分店）	137	2016/8/1		计算消费金额的方差				

8月订单信息

图 7-116　消费金额的中值

7.5.5　计算总体的标准偏差和方差

1．STDEV.P 函数

STDEV.P 函数可以计算基于以参数形式给出的整个样本总体的标准偏差，其使用格式如下。

```
STDEV.P(number1, number2, ...)
```

STDEV.P 函数的常用参数及其解释如表 7-44 所示。

表 7-44　STDEV.P 函数的常用参数及其解释

参　　数	参　数　解　释
number1	必须。表示对应于总体样本的第 1 个数值参。可以是数字、包含数字的名称、数组和单元格引用
number2,...	可选。表示对应于总体样本的第 2~255 个数值参数，即可以像参数 number1 那样最多指定 255 个参数

在【8 月订单信息】工作表中，使用 STDEV.P 函数计算基于样本总体的消费金额的标准偏差，具体操作步骤如下。

（1）输入公式。选择单元格 H12，输入"=STDEV.P(D:D)"，如图 7-117 所示。

STDEV.P	▼	× ✓	fx	=STDEV.P(D:D)							
▲	A	B	C	D	E	F	G	H	I	J	K
1	订单号	会员名	店铺名	消费金额	日期		8月订单数：	941		区间	订单数
2	201608010417	苗宇怡	私房小站（盐田分店）	165	2016/8/1		8月1日订单数：	22		300	278
3	201608010301	李靖	私房小站（罗湖分店）	321	2016/8/1		8月平均每日营业额：	491.7035		600	324
4	201608010413	卓永梅	私房小站（盐田分店）	854	2016/8/1		盐田分店8月平均每日营业额：	507.1111		1000	294
5	201608010415	张大鹏	私房小站（罗湖分店）	466	2016/8/1		消费金额最大值	1314			45
6	201608010392	李小东	私房小站（番禺分店）	704	2016/8/1		消费金额第二大值	1282			
7	201608010381	沈晓雯	私房小站（天河分店）	239	2016/8/1		消费金额最小值	48			
8	201608010429	苗泽坤	私房小站（福田分店）	699	2016/8/1		消费金额第二小值	76			
9	201608010433	李达明	私房小站（番禺分店）	511	2016/8/1		消费金额的众数	238			
10	201608010569	蓝娜	私房小站（盐田分店）	326	2016/8/1		消费金额的中值	451			
11	201608010655	沈丹丹	私房小站（顺德分店）	263	2016/8/1		估算消费金额的标准偏差				
12	201608010577	冷亮	私房小站（天河分店）	380	2016/8/1		计算消费金额的标准偏差	=STDEV.P(D:D)			
13	201608010622	徐骏太	私房小站（天河分店）	164	2016/8/1		估算消费金额的方差				
14	201608010651	高僖桐	私房小站（盐田分店）	137	2016/8/1		计算消费金额的方差				

8月订单信息

编辑

图 7-117　输入"=STDEV.P(D:D)"

（2）确定公式。按下 Enter 键即可使用 STDEV.P 函数计算基于样本总体的消费金额的标准偏差，计算结果如图 7-118 所示。

图 7-118　基于样本总体的消费金额的标准偏差

2. VAR.P 函数

VAR.P 函数可以计算基于整个样本总体的方差，其使用格式如下。

```
VAR.P(number1, number2, ...)
```

VAR.P 函数的常用参数及其解释如表 7-45 所示。

表 7-45　VAR.P 函数的常用参数及其解释

参　　数	参　数　解　释
number1	必须。表示对应于总体样本的第 1 个数值参数。可以是数字、包含数字的名称、数组和单元格引用
number2,...	可选。表示对应于总体样本的第 2～255 个数值参数，即可以像参数 number1 那样最多指定 255 个参数

在【8 月订单信息】工作表中，使用 VAR.P 函数计算基于样本总体的消费金额的方差，具体操作步骤如下。

（1）输入公式。选择单元格 H14，输入 "=VAR.P(D:D)"，如图 7-119 所示。

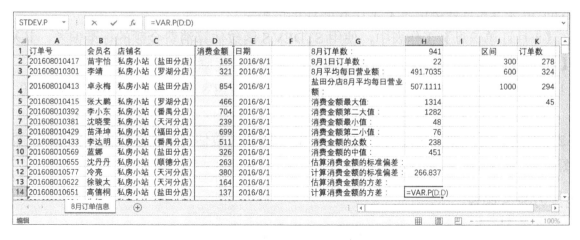

图 7-119　输入 "=VAR.P(D:D)"

（2）确定公式。按下 Enter 键即可使用 VAR.P 函数计算基于样本总体的消费金额的方差，计算结果如图 7-120 所示。

	A	B	C	D	E	F	G	H	I	J	K
1	订单号	会员名	店铺名	消费金额	日期		8月订单数：	941		区间	订单数
2	201608010417	苗宇怡	私房小站（盐田分店）	165	2016/8/1		8月1日订单数：	22		300	278
3	201608010301	李靖	私房小站（罗湖分店）	321	2016/8/1		8月平均每日营业额：	491.7035		600	324
4	201608010413	卓永梅	私房小站（盐田分店）	854	2016/8/1		盐田分店8月平均每日营业额：	507.1111		1000	294
5	201608010415	张大鹏	私房小站（罗湖分店）	466	2016/8/1		消费金额最大值：	1314			45
6	201608010392	李小东	私房小站（番禺分店）	704	2016/8/1		消费金额第二大值：	1282			
7	201608010381	沈晓雯	私房小站（天河分店）	239	2016/8/1		消费金额最小值：	48			
8	201608010429	苗泽坤	私房小站（福田分店）	699	2016/8/1		消费金额第二小值：	76			
9	201608010433	李达明	私房小站（番禺分店）	511	2016/8/1		消费金额的众数：	238			
10	201608010569	蓝娜	私房小站（顺德分店）	326	2016/8/1		消费金额的中值：	451			
11	201608010655	沈丹丹	私房小站（顺德分店）	263	2016/8/1		估算消费金额的标准偏差：				
12	201608010577	冷亮	私房小站（天河分店）	380	2016/8/1		计算消费金额的标准偏差：	266.837			
13	201608010622	徐骏太	私房小站（天河分店）	164	2016/8/1		估算消费金额的方差：				
14	201608010651	高僖桐	私房小站（盐田分店）	137	2016/8/1		计算消费金额的方差：	71202.01			

8月订单信息

图 7-120　基于样本总体的消费金额的方差

7.5.6　估算总体的标准偏差和方差

1．STDEV.S 函数

STDEV.S 函数可以基于样本估算总体的标准偏差，其使用格式如下。

```
STDEV.S(number1, number2, ...)
```

STDEV.S 函数的常用参数及其解释如表 7-46 所示。

表 7-46　STDEV.S 函数的常用参数及其解释

参　　数	参　数　解　释
number1	必须。表示对应于总体样本的第 1 个数值参数。可以是数字、包含数字的名称、数组和单元格引用
number2,...	可选。表示对应于总体样本的第 2~255 个数值参数，即可以像参数 number1 那样最多指定 255 个参数

在【8 月订单信息】工作表的工作簿中增加一个【订单信息样本】工作表，其中包含随机选取的 50 条【8 月订单信息】工作表的订单信息。

在【8 月订单信息】工作表中，使用 STDEV.S 函数估算消费金额的标准偏差，其基于样本为【订单信息样本】工作表中的订单信息，具体操作步骤如下。

（1）输入公式。选择单元格 H11，输入"=STDEV.S('8 月订单信息'!D:D)"，如图 7-121 所示。

（2）确定公式。按下 Enter 键即可使用 STDEV.S 函数估算消费金额的标准偏差，估算结果如图 7-122 所示。

2．VAR.S 函数

VAR.S 函数可以基于样本估算总体的方差，其使用格式如下。

```
VAR.S(number1, number2, ...)
```

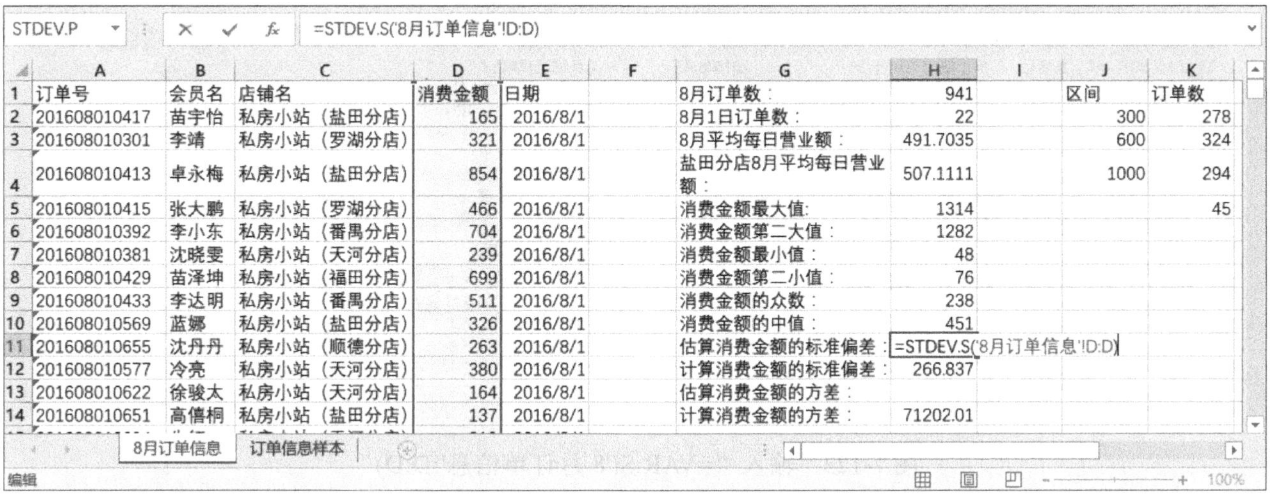

STDEV.P ▼		× ✓ fx	=STDEV.S('8月订单信息'!D:D)							
	A	B	C	D	E	F	G	H	I	J	K
1	订单号	会员名	店铺名	消费金额	日期		8月订单数：	941		区间	订单数
2	201608010417	苗宇怡	私房小站（盐田分店）	165	2016/8/1		8月1日订单数：	22		300	278
3	201608010301	李靖	私房小站（罗湖分店）	321	2016/8/1		8月平均每日营业额：	491.7035		600	324
4	201608010413	卓永梅	私房小站（盐田分店）	854	2016/8/1		盐田分店8月平均每日营业额：	507.1111		1000	294
5	201608010415	张大鹏	私房小站（罗湖分店）	466	2016/8/1		消费金额最大值：	1314			45
6	201608010392	李小东	私房小站（番禺分店）	704	2016/8/1		消费金额第二大值：	1282			
7	201608010381	沈晓雯	私房小站（天河分店）	239	2016/8/1		消费金额最小值：	48			
8	201608010429	苗泽坤	私房小站（福田分店）	699	2016/8/1		消费金额第二小值：	76			
9	201608010433	李达明	私房小站（番禺分店）	511	2016/8/1		消费金额的众数：	238			
10	201608010569	蓝娜	私房小站（盐田分店）	326	2016/8/1		消费金额的中值：	451			
11	201608010655	沈丹丹	私房小站（顺德分店）	263	2016/8/1		估算消费金额的标准偏差：	=STDEV.S('8月订单信息'!D:D)			
12	201608010577	冷亮	私房小站（天河分店）	380	2016/8/1		计算消费金额的标准偏差：	266.837			
13	201608010622	徐骏太	私房小站（天河分店）	164	2016/8/1		估算消费金额的方差：				
14	201608010651	高僖桐	私房小站（盐田分店）	137	2016/8/1		计算消费金额的方差：	71202.01			

图 7-121　输入"=STDEV.S('8 月订单信息'!D:D)"

	A	B	C	D	E	F	G	H	I	J	K
1	订单号	会员名	店铺名	消费金额	日期		8月订单数：	941		区间	订单数
2	201608010417	苗宇怡	私房小站（盐田分店）	165	2016/8/1		8月1日订单数：	22		300	278
3	201608010301	李靖	私房小站（罗湖分店）	321	2016/8/1		8月平均每日营业额：	491.7035		600	324
4	201608010413	卓永梅	私房小站（盐田分店）	854	2016/8/1		盐田分店8月平均每日营业额：	507.1111		1000	294
5	201608010415	张大鹏	私房小站（罗湖分店）	466	2016/8/1		消费金额最大值：	1314			45
6	201608010392	李小东	私房小站（番禺分店）	704	2016/8/1		消费金额第二大值：	1282			
7	201608010381	沈晓雯	私房小站（天河分店）	239	2016/8/1		消费金额最小值：	48			
8	201608010429	苗泽坤	私房小站（福田分店）	699	2016/8/1		消费金额第二小值：	76			
9	201608010433	李达明	私房小站（番禺分店）	511	2016/8/1		消费金额的众数：	238			
10	201608010569	蓝娜	私房小站（盐田分店）	326	2016/8/1		消费金额的中值：	451			
11	201608010655	沈丹丹	私房小站（顺德分店）	263	2016/8/1		估算消费金额的标准偏差：	266.9789			
12	201608010577	冷亮	私房小站（天河分店）	380	2016/8/1		计算消费金额的标准偏差：	266.837			
13	201608010622	徐骏太	私房小站（天河分店）	164	2016/8/1		估算消费金额的方差：				
14	201608010651	高僖桐	私房小站（盐田分店）	137	2016/8/1		计算消费金额的方差：	71202.01			

图 7-122　估算消费金额的标准偏差

VAR.S 函数的常用参数及其解释如表 7-47 所示。

表 7-47　VAR.S 函数的常用参数及其解释

参　　数	参 数 解 释
number1	必须。表示对应于总体样本的第 1 个数值参数。可以是数字、包含数字的名称、数组和单元格引用
number2,...	可选。表示对应于总体样本的第 2~255 个数值参数，即可以像参数 number1 那样最多指定 255 个参数

在【8 月订单信息】工作表中使用 VAR.S 函数估算消费金额的方差，其基于样本为【订单信息样本】工作表中的订单信息，具体操作步骤如下。

（1）输入公式。选择单元格 H13，输入"=VAR.S('8 月订单信息'!D:D)"，如图 7-123所示。

（2）确定公式。按下 Enter 键即可使用 VAR.S 函数估算消费金额的方差，估算结果如图 7-124 所示。

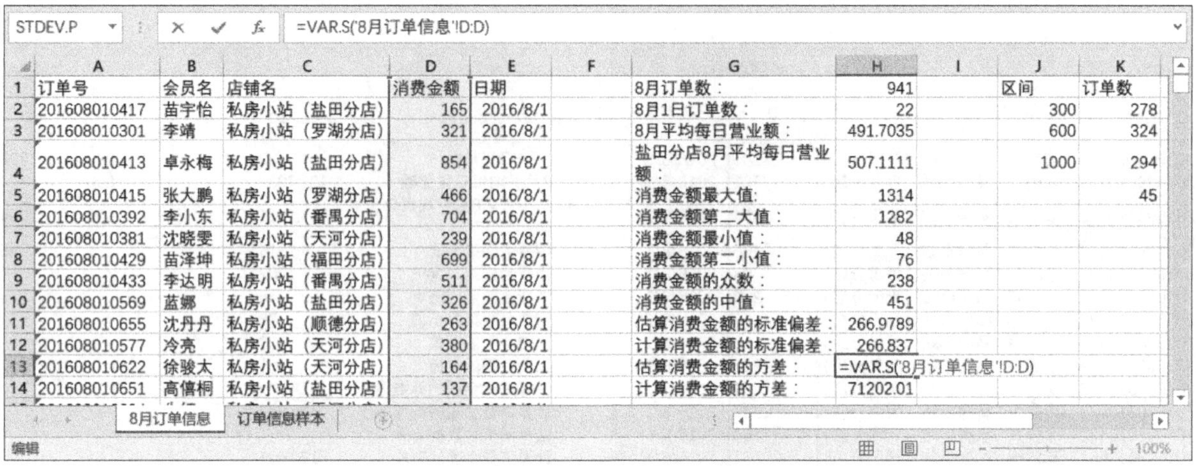

图 7-123　输入"=VAR.S('8 月订单信息'!D:D)"

图 7-124　估算消费金额的方差

任务 7.6　查找与引用数据

◉ 任务描述

Excel 2016 中的查找与引用函数可以非常迅速地在数据中进行查找。在某餐饮企业的【8 月 1 日订单信息】工作表中，查找某位会员的消费记录以及消费金额，了解【8 月 1 日订单信息】工作表中包含的一些消费者信息。

◉ 任务分析

（1）查找会员沈丹丹 8 月 1 日的消费金额。

（2）查找 8 月 1 日第 10 位就餐的会员名。

（3）查找第 1 个会员后的第 8 位会员的消费金额，并计算 8 月 1 日所有消费者的消费金额。

（4）查找 8 月 1 日第 5 位会员及他的消费金额。

（5）查看处于 3 位会员的消费金额。

（6）查找会员沈丹丹所在的行位置。

（7）查看【8 月 1 日订单信息】工作表中数据的列数。

（8）查看【8 月 1 日订单信息】工作表中 8 月 1 日的消费人数。

（9）转置【8 月 1 日订单信息】工作表前 5 位会员的会员名、店铺名、店铺所在地这 3 条信息。

7.6.1 返回搜索值

1. VLOOKUP 函数

VLOOKUP 函数可以在表格或数值数组的首列查找指定的数值，并由此返回表格或数组当前行中指定列的数值。VLOOKUP 函数的使用格式如下。

```
VLOOKUP(lookup_value, table_array, col_index_num, range_lookup)
```

VLOOKUP 函数的常用参数及其解释如表 7-48 所示。

表 7-48 VLOOKUP 函数的常用参数及其解释

参 数	参 数 解 释
lookup_value	必须。表示数组第一列中查找的数值
table_array	必须。表示需要在其中查找数据的数据表
col_index_num	必须。表示 table_array 中待返回的匹配值的列序号
range_lookup	可选。表示具体解释函数 VLOOKUP 返回时是精确匹配还是近似匹配。若为 TRUE 或省略，则返回近似匹配值。若为 FALSE，则函数 VLOOKUP 将返回精确匹配值

在【8 月 1 日订单信息】工作表中，查找会员沈丹丹 8 月 1 日的消费金额，具体操作步骤如下。

（1）输入公式。选择单元格 I2，输入"=VLOOKUP(H2,B2:F23,5,0)"，如图 7-125 所示。

图 7-125 输入"=VLOOKUP(H5,B2:F23,5,0)"

（2）确定公式。按下 Enter 键即可返回相对应会员的消费金额，如图 7-126 所示。

I2	▼	⑤ × ✓ fx	=VLOOKUP(H2,B2:F23,5,0)							
▲	A	B	C	D	E	F	G	H	I
1	订单号	会员名	店铺名	店铺所在地	点餐时间	消费金额		会员名	消费金额
2	201608010417	苗宇怡	私房小站（盐田分店）	深圳	2016/8/1 11:05	165		沈丹丹	263
3	201608010301	李靖	私房小站（罗湖分店）	深圳	2016/8/1 11:15	321			
4	201608010413	卓永梅	私房小站（盐田分店）	深圳	2016/8/1 12:42	854			
5	201608010415	张大鹏	私房小站（罗湖分店）	深圳	2016/8/1 12:51	466			
6	201608010392	李小东	私房小站（番禺分店）	广州	2016/8/1 12:58	704			
7	201608010381	沈晓雯	私房小站（天河分店）	广州	2016/8/1 13:15	239			
8	201608010429	苗泽坤	私房小站（福田分店）	深圳	2016/8/1 13:17	699			
9	201608010433	李达明	私房小站（番禺分店）	广州	2016/8/1 13:38	511			
10	201608010569	蓝娜	私房小站（盐田分店）	深圳	2016/8/1 17:06	326			
11	201608010655	沈丹丹	私房小站（顺德分店）	佛山	2016/8/1 17:32	263			
12	201608010577	冷亮	私房小站（天河分店）	广州	2016/8/1 17:37	380			

8月1日订单信息

图 7-126　返回相对应会员的消费金额

2. HLOOKUP 函数

HLOOKUP 函数可以在表格或数组的首行查找指定的数值，并由此返回表格或数组当前列中指定行处的数值。HLOOKUP 函数的使用格式如下。

```
HLOOKUP(lookup_value, table_array, row_index_num, range_lookup)
```

HLOOKUP 函数的常用参数及其解释如表 7-49 所示。

表 7-49　HLOOKUP 函数的常用参数及其解释

参　　数	参　数　解　释
lookup_value	必须。表示在数据表第一行中进行查找的数值
table_array	必须。表示在其中查找数据的数据表
row_index_num	必须。表示 table_array 中待返回的匹配值的行序号。row_index_num 为 1 时，返回 table_array 第一行的数值，row_index_num 为 2 时，返回 table_array 第二行的数值。以此类推
range_lookup	可选。表示逻辑值，指明函数 HLOOKUP 返回时是精确匹配还是近似匹配。若为 TRUE 或省略，则返回近似匹配值。若为 FALSE，则函数 HLOOKUP 将返回精确匹配值

在【8 月 1 日订单信息】工作表中，查找 8 月 1 日第 10 个就餐的会员名，具体操作步骤如下。

（1）输入公式。选择 H2 单元格，输入"=HLOOKUP(B2,B2:B23,10,0)"，如图 7-127 所示。

（2）确定公式。按下 Enter 键即可返回第 10 位会员的名字，如图 7-128 所示。

3. LOOKUP 函数

LOOKUP 函数有两种语法形式：向量和数组。

（1）向量形式

LOOKUP 函数的向量形式可以在单行区域或单列区域中查找数值，然后返回第二个单行区域或单列区域中相同位置的数值。LOOKUP 函数向量形式的使用格式如下。

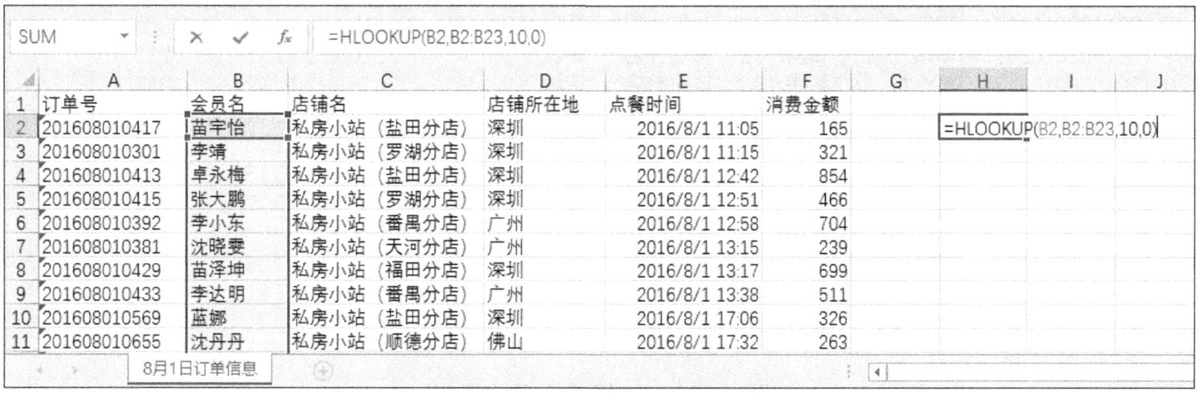

```
LOOKUP(lookup_value, lookup_vector, result_vector)
```

图 7-127　输入 "=HLOOKUP(B2,B2:B23,10,0)"

图 7-128　返回第 10 位就餐的会员名

LOOKUP 函数向量形式的常用参数及其解释如表 7-50 所示。

表 7-50　LOOKUP 函数向量形式的常用参数及其解释

参　　数	参　数　解　释
lookup_value	必须。表示函数 LOOKUP 在第一个向量中所要查找的数值
lookup_vector	必须。表示只包含一行或一列的区域，其数值必须按升序排列
result_vector	可选。表示只包含一行或一列的区域，其大小必须与 lookup_vector 相同

在【8 月 1 日订单信息】工作表中，查找会员沈丹丹 8 月 1 日的消费金额，具体操作步骤如下。

① 根据会员名排序。按照升序排列【会员名】，选中【会员名】列，如图 7-129 所示，在【开始】选项卡的【排序和筛选】命令组中，单击【升序】命令，设置效果如图 7-130 所示。

图 7-129　选择【会员名】列

图 7-130　将【会员名】列按升序排序

② 输入公式。选择 I2 单元格，输入"=LOOKUP(H2,B2:B23,F2:F23)"，如图 7-131 所示。

图 7-131　输入"=LOOKUP(H3,B2:B23,F2:F23)"

③ 确定公式。按下 Enter 键即可返回相对应会员的消费金额，如图 7-132 所示。

I2				f_x	=LOOKUP(H2,B2:B23,F2:F23)				
	A	B	C	D	E	F	G	H	I
1	订单号	会员名	店铺名	店铺所在地	点餐时间	消费金额		会员名称	消费金额
2	201608010486	艾文茜	私房小站（天河分店）	广州	2016/8/1 20:31	443		沈丹丹	263
3	201608010452	曾耀扬	私房小站（番禺分店）	广州	2016/8/1 21:19	167			
4	201608010651	高儒桐	私房小站（盐田分店）	深圳	2016/8/1 18:12	137			
5	201608010569	蓝娜	私房小站（盐田分店）	深圳	2016/8/1 17:06	326			
6	201608010577	冷亮	私房小站（天河分店）	广州	2016/8/1 17:37	380			
7	201608010433	李达明	私房小站（番禺分店）	广州	2016/8/1 13:38	511			
8	201608010301	李靖	私房小站（罗湖分店）	深圳	2016/8/1 11:15	321			
9	201608010392	李小东	私房小站（番禺分店）	广州	2016/8/1 12:58	704			
10	201608010417	苗宇怡	私房小站（盐田分店）	深圳	2016/8/1 11:05	165			
11	201608010429	苗泽坤	私房小站（福田分店）	深圳	2016/8/1 13:17	699			

8月1日订单信息

图 7-132　返回会员沈丹丹的消费金额

（2）数组形式

LOOKUP 函数的数组形式可以在数组的第一行或第一列查找指定的数值，然后返回数组的最后一行或最后一列中相同位置的数值。LOOKUP 函数数组形式的使用格式如下。

```
LOOKUP(lookup_value, array)
```

LOOKUP 函数数组形式的主要参数及其说明如表 7-51 所示。

表 7-51　LOOKUP 函数数组形式参数解释

参　　数	参　数　解　释
lookup_value	必须。表示函数 LOOKUP 在数组中所要查找的数值
array	必须。表示包含文本、数字或逻辑值的单元格区域

在【8 月 1 日订单信息】工作表中，查找会员沈丹丹 8 月 1 日的消费金额，具体操作步骤如下。

① 输入公式。选择 I2 单元格，输入"=LOOKUP(H2,B2:F23)"，如图 7-133 所示。

SUM				f_x	=LOOKUP(H2,B2:F23)					
	A	B	C	D	E	F	G	H	I	J
1	订单号	会员名	店铺名	店铺所在地	点餐时间	消费金额		会员名	消费金额	
2	201608010417	苗宇怡	私房小站（盐田分店）	深圳	2016/8/1 11:05	165		沈丹丹	=LOOKUP(H2,B2:F23)	
3	201608010301	李靖	私房小站（罗湖分店）	深圳	2016/8/1 11:15	321				
4	201608010413	卓永梅	私房小站（盐田分店）	深圳	2016/8/1 12:42	854				
5	201608010415	张大鹏	私房小站（罗湖分店）	深圳	2016/8/1 12:51	466				
6	201608010392	李小东	私房小站（番禺分店）	广州	2016/8/1 12:58	704				
7	201608010381	沈晓雯	私房小站（天河分店）	广州	2016/8/1 13:15	239				
8	201608010429	苗泽坤	私房小站（福田分店）	深圳	2016/8/1 13:17	699				
9	201608010433	李达明	私房小站（番禺分店）	广州	2016/8/1 13:38	511				
10	201608010569	蓝娜	私房小站（盐田分店）	深圳	2016/8/1 17:06	326				
11	201608010655	沈丹丹	私房小站（顺德分店）	佛山	2016/8/1 17:32	263				

8月1日订单信息

图 7-133　输入"=LOOKUP(H2,B2:F23)"

② 确定公式。按下 Enter 键即可返回相对应会员的消费金额，如图 7-134 所示。

4．OFFSET 函数

OFFSET 函数可以以指定的引用为参照单元格，通过给定偏移量得到新的引用 OFFSET 函数的使用格式如下。

```
OFFSET(reference, rows,cols, height,width)
```

图 7-134　返回会员沈丹丹的消费金额

OFFSET 函数的常用参数及其解释如表 7-52 所示。

表 7-52　OFFSET 函数的常用参数及其解释

参　　数	参　数　解　释
reference	必须。表示偏移量参照系的引用区域
rows	必须。表示相对于偏移量参照系的左上角单元格，上（下）偏移的函数
cols	必须。表示相对于偏移量参照系的左上角单元格，左（右）偏移的函数
height	可选。表示高度，即所有要返回的引用区域的行数
width	可选。表示宽度，即所有要返回的引用区域的列数

在【8 月 1 日订单信息】工作表中，查找第 1 位会员后的第 8 位会员的消费金额，并计算 8 月 1 日所有消费者的消费金额，具体操作步骤如下。

（1）输入公式。选择 H2 单元格，输入"=OFFSET(B2,8,4)"，如图 7-135 所示。

图 7-135　输入"=OFFSET(B2,8,4)"

（2）确定公式。按下 Enter 键即可返回第 1 位会员后的第 8 位会员的消费金额，如图 7-136 所示。

H2			f_x	=OFFSET(B2,8,4)				
	A	B	C	D	E	F	G	H
1	订单号	会员名	店铺名	店铺所在地	点餐时间	消费金额		
2	201608010417	苗宇怡	私房小站（盐田分店）	深圳	2016/8/1 11:05	165		326
3	201608010301	李靖	私房小站（罗湖分店）	深圳	2016/8/1 11:15	321		
4	201608010413	卓永梅	私房小站（盐田分店）	深圳	2016/8/1 12:42	854		
5	201608010415	张大鹏	私房小站（罗湖分店）	深圳	2016/8/1 12:51	466		
6	201608010392	李小东	私房小站（番禺分店）	广州	2016/8/1 12:58	704		
7	201608010381	沈晓雯	私房小站（天河分店）	广州	2016/8/1 13:15	239		
8	201608010429	苗泽坤	私房小站（福田分店）	深圳	2016/8/1 13:17	699		
9	201608010433	李达明	私房小站（番禺分店）	广州	2016/8/1 13:38	511		
10	201608010569	蓝娜	私房小站（盐田分店）	深圳	2016/8/1 17:06	326		
11	201608010655	沈丹丹	私房小站（顺德分店）	佛山	2016/8/1 17:32	263		

8月1日订单信息

图 7-136　返回第 8 位会员的消费金额

（3）输入公式。选择 H3 单元格，输入"=SUM(OFFSET(B2,0,4,22,1))"，如图 7-137 所示。

SUM			f_x	=SUM(OFFSET(B2,0,4,22,1))				
	A	B	C	D	E	F	G	H
1	订单号	会员名	店铺名	店铺所在地	点餐时间	消费金额		
2	201608010417	苗宇怡	私房小站（盐田分店）	深圳	2016/8/1 11:05	165		8月1日总消费金额
3	201608010301	李靖	私房小站（罗湖分店）	深圳	2016/8/1 11:15	321		=SUM(OFFSET(B2,0,4,22,1))
4	201608010413	卓永梅	私房小站（盐田分店）	深圳	2016/8/1 12:42	854		
5	201608010415	张大鹏	私房小站（罗湖分店）	深圳	2016/8/1 12:51	466		
6	201608010392	李小东	私房小站（番禺分店）	广州	2016/8/1 12:58	704		
7	201608010381	沈晓雯	私房小站（天河分店）	广州	2016/8/1 13:15	239		
8	201608010429	苗泽坤	私房小站（福田分店）	深圳	2016/8/1 13:17	699		
9	201608010433	李达明	私房小站（番禺分店）	广州	2016/8/1 13:38	511		

8月1日订单信息

图 7-137　输入"=SUM(OFFSET(B2,0,4,22,1))"

（4）确定公式。按下 Enter 键即可返回 8 月 1 日所有消费者的消费金额，如图 7-138 所示。

H3			f_x	=SUM(OFFSET(B2,0,4,22,1))				
	A	B	C	D	E	F	G	H
1	订单号	会员名	店铺名	店铺所在地	点餐时间	消费金额		
2	201608010417	苗宇怡	私房小站（盐田分店）	深圳	2016/8/1 11:05	165		8月1日总消费金额
3	201608010301	李靖	私房小站（罗湖分店）	深圳	2016/8/1 11:15	321		9064
4	201608010413	卓永梅	私房小站（盐田分店）	深圳	2016/8/1 12:42	854		
5	201608010415	张大鹏	私房小站（罗湖分店）	深圳	2016/8/1 12:51	466		
6	201608010392	李小东	私房小站（番禺分店）	广州	2016/8/1 12:58	704		
7	201608010381	沈晓雯	私房小站（天河分店）	广州	2016/8/1 13:15	239		
8	201608010429	苗泽坤	私房小站（福田分店）	深圳	2016/8/1 13:17	699		
9	201608010433	李达明	私房小站（番禺分店）	广州	2016/8/1 13:38	511		
10	201608010569	蓝娜	私房小站（盐田分店）	深圳	2016/8/1 17:06	326		
11	201608010655	沈丹丹	私房小站（顺德分店）	佛山	2016/8/1 17:32	263		

图 7-138　返回 8 月 1 日所有消费者的消费金额

5. INDEX 函数

INDEX 有两种语法形式：单元格引用和数组形式。

（1）单元格引用

INDEX 函数的单元格引用可以返回指定的行与列交叉处的单元格引用。INDEX 函数单元格引用的使用格式如下。

```
INDEX(reference, row_num, column_num, area_num)
```

INDEX 函数单元格引用形式的常用参数及其解释如表 7-53 所示。

表 7-53　INDEX 函数单元格引用的常用参数及其解释

参　　数	参　数　解　释
reference	必须。表示对一个或多个单元格的引用
row_num	必须。表示引用中某行的行序号，函数从该行返回一个引用
column_num	可选。表示引用中某列的列序号，函数从该列返回一个引用
area-num	可选。表示选择引用中的一个区域，并返回该区域中 row_num 和 column_num 的交叉区域

在【8 月 1 日订单信息】工作表中，查找 8 月 1 日第 5 位会员以及他的消费金额，具体操作步骤如下。

① 输入公式。选中 H2 单元格，输入"=INDEX((B2:B23,F2:F23),5,1,1)"，如图 7-139 所示。

SUM	▼	✕ ✓ fx	=INDEX((B2:B23,F2:F23),5,1,1)						
	A	B	C	D	E	F	G	H	I	J
1	订单号	会员名	店铺名	店铺所在地	点餐时间	消费金额		会员名	消费金额	
2	201608010417	苗宇怡	私房小站（盐田分店）	深圳	2016/8/1 11:05	165		=INDEX((B2:B23,F2:F23),5,1,1)		
3	201608010301	李靖	私房小站（罗湖分店）	深圳	2016/8/1 11:15	321				
4	201608010413	卓永梅	私房小站（盐田分店）	深圳	2016/8/1 12:42	854				
5	201608010415	张大鹏	私房小站（罗湖分店）	深圳	2016/8/1 12:51	466				
6	201608010392	李小东	私房小站（番禺分店）	广州	2016/8/1 12:58	704				
7	201608010381	沈晓雯	私房小站（天河分店）	广州	2016/8/1 13:15	239				
8	201608010429	苗泽坤	私房小站（福田分店）	深圳	2016/8/1 13:17	699				
9	201608010433	李达明	私房小站（番禺分店）	广州	2016/8/1 13:38	511				
10	201608010569	蓝娜	私房小站（盐田分店）	深圳	2016/8/1 17:06	326				
11	201608010655	沈丹丹	私房小站（顺德分店）	佛山	2016/8/1 17:32	263				

8月1日订单信息 ⊕

图 7-139　输入"=INDEX((B2:B23,F2:F23),5,1,1)"

② 确定公式。按下 Enter 键即可查找第 5 位会员的会员名，如图 7-140 所示。

③ 输入公式。选中 I3 单元格，输入"=INDEX((B2:B23,F2:F23),5,1,2)"，如图 7-141 所示。

④ 确定公式。按下 Enter 键后查找第 5 位会员的消费金额，如图 7-142 所示。

图 7-140　使用 INDEX 函数查找第 5 位会员的会员名

图 7-141　输入"=INDEX((B2:B23,F2:F23),5,1,2)"

图 7-142　返回第 5 位会员的消费金额

（2）数组形式

INDEX 函数的数组形式可以用于返回列表会数组中的元素值，此元素有行序号和列序号的索引值给定。INDEX 函数数组格式基本使用语法如下。

```
INDEX(array,row_num,column_num)
```

INDEX 函数数组形式的主要参数及其说明如表 7-54 所示。

233

表 7-54　INDEX 函数数组形式参数解释

参　　数	参　数　解　释
array	必须。表示单元格区域或数组常量
row_num	必须。表示数值中某行的行序号，函数从该行返回数值
column_num	可选。表示数值中某列的列序号，函数从该列返回数值

在【8 月 1 日订单信息】工作表中，查找第 10 位会员的消费金额，具体操作步骤如下。

① 输入公式。选择 H2 单元格，输入"=INDEX(B2:F23,10,5)"，如图 7-143 所示。

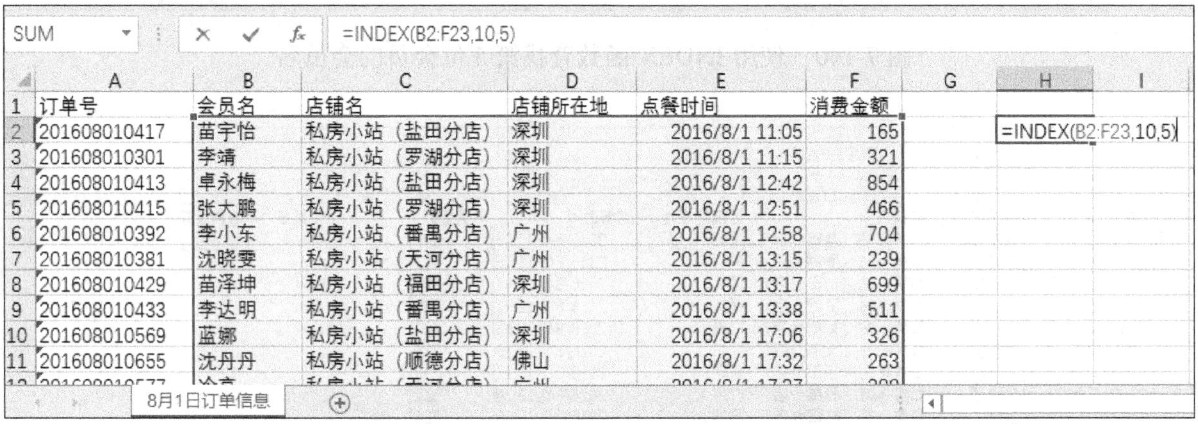

图 7-143　输入"=INDEX(B2:F23,10,5)"

② 确定公式。按下 Enter 键即可返回第 10 位会员的消费金额，如图 7-144 所示。

图 7-144　返回第 10 位会员的消费金额

6. CHOOSE 函数

CHOOSE 函数可以使用 index_num 返回数值参数列表中的数值，使用函数 CHOOSE 可以基于索引号返回多达 29 个基于 index_num 待选数值中的任意一个数值。CHOOSE 函数的使用格式如下。

```
CHOOSE(index_num, value1, value2, …)
```

CHOOSE 函数的常用参数及其解释如表 7-55 所示。

表 7-55　CHOOSE 函数的常用参数及其解释

参　　数	参　数　解　释
index_num	必须。表示所要查找的 value 在指定区域的位置
value1	必须。表示指定区域
value2	可选。表示指定区域

（1）在【订单信息表】中查看处于第 3 位会员的消费金额，具体操作步骤如下。

① 输入公式。选中 I3 单元格，输入 "=CHOOSE(I2,F2,F3,F4,F5,F6)"，如图 7-145 所示。

图 7-145　输入 "=CHOOSE(I2,F2,F3,F4,F5,F6)"

② 确定公式。按下 Enter 键即可返回第 3 位会员的消费金额，如图 7-146 所示。

图 7-146　返回第 3 位会员的消费金额

（2）计算前 5 位会员每位会员消费后的累计消费金额，具体操作步骤如下。

① 输入公式。选中 I2 单元格，输入 "=SUM($F$2:CHOOSE(H2,$F$2,$F$3,$F$4,$F$5,$F$6))"，如图 7-147 所示。

图 7-147　输入"=SUM($F$2:CHOOSE(H2,$F$2,$F$3,$F$4,$F$5,$F$6))"

② 确定公式。按下 Enter 键，并使用填充公式的方式提取其他会员的累计消费金额，如图 7-148 所示。

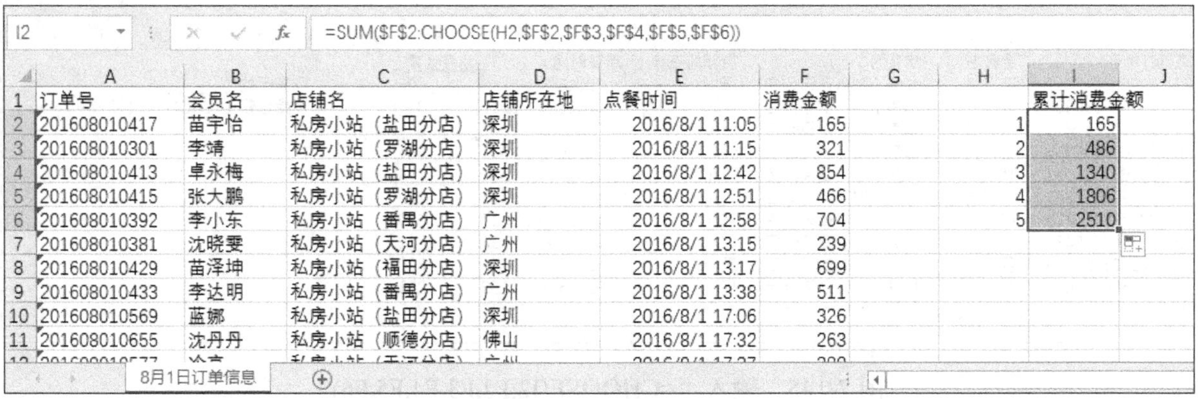

图 7-148　返回每位会员用餐后的累计消费金额

7.6.2　返回搜索值的位置

1. MATCH 函数

MATCH 函数可以返回在指定方式下与指定数值匹配的数组中元素的相应位置。MATCH 函数的使用格式如下。

```
MATCH(lookup_value, lookup_array, match_type)
```

MATCH 函数的常用参数及其解释如表 7-56 所示。

表 7-56　MATCH 函数的常用参数及其解释

参　　数	参　数　解　释
lookup_value	必须。表示为需要在数据表中查找的数值
lookup_array	必须。表示包含所要查找的数值连续单元格区域
match_type	可选。若 match_type 为 1，则函数 MATCH 查找小于或等于 lookup_value 的最大数值，lookup_array 必须按升序排列；若 match_type 为 0，则函数 MATCH 查找 0 等于 lookup_value 的第一个数值；若 match_type 为-1，则函数 MATCH 查找大于或等于 lookup_value 的最大数值，lookup_array 必须按降序排列

在【8 月 1 日订单信息】工作表中查找会员沈丹丹所在行号，具体操作步骤如下。

（1）输入公式。选择 I2 单元格，输入"=MATCH(H2,B2:B23,0)"，如图 7-149 所示。

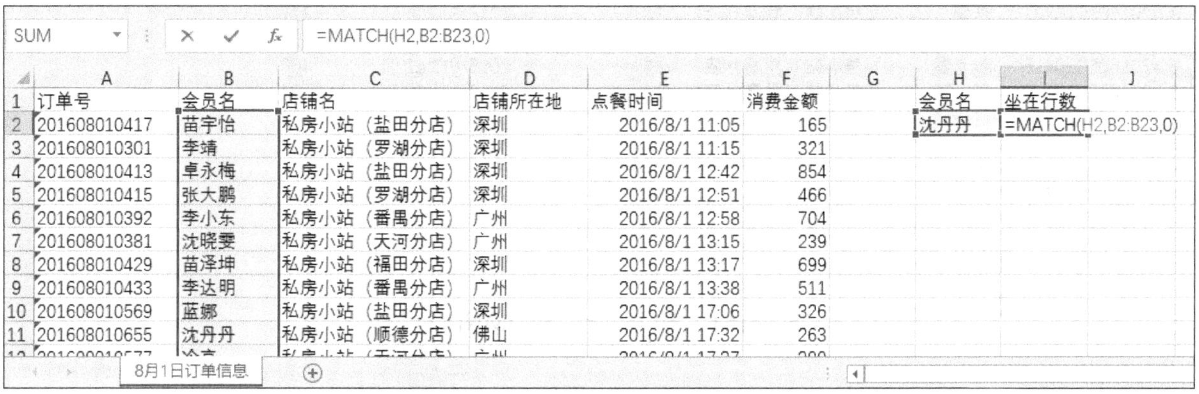

图 7-149　输入"=MATCH(H3,B2:B23,0)"

（2）确定公式。按下 Enter 键即可返回沈丹丹会员所在的行号，如图 7-150 所示。

图 7-150　返回会员沈丹丹所在行号

2. COLUMN 函数

COLUMN 函数可以返回给定引用的列标号。COLUMN 函数的使用格式如下。

```
COLUMN(reference)
```

COLUMN 函数的常用参数及其解释如表 7-57 所示。

表 7-57　COLUMN 函数的常用参数及其解释

参　　数	参　数　解　释
reference	必须。表示指定单元格引用或单元格区域的引用

在【8 月 1 日订单信息】工作表中查找消费金额所在的列，具体操作步骤如下。

（1）输入公式。选择 H2 单元格，输入"=COLUMN(F1)"，如图 7-151 所示。

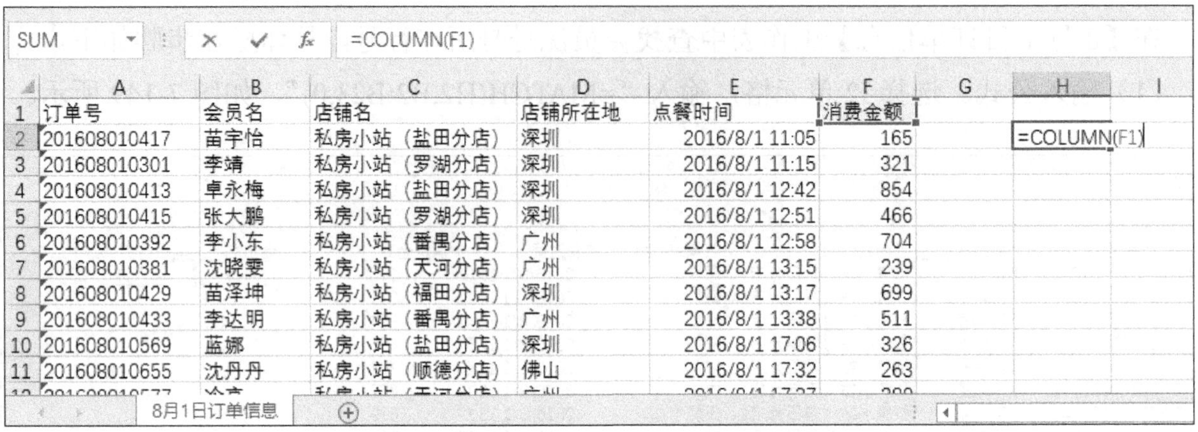

图 7-151　输入"=COLUMN(F1)"

（2）确定公式。按下 Enter 键即可返回消费金额的列标，如图 7-152 所示。

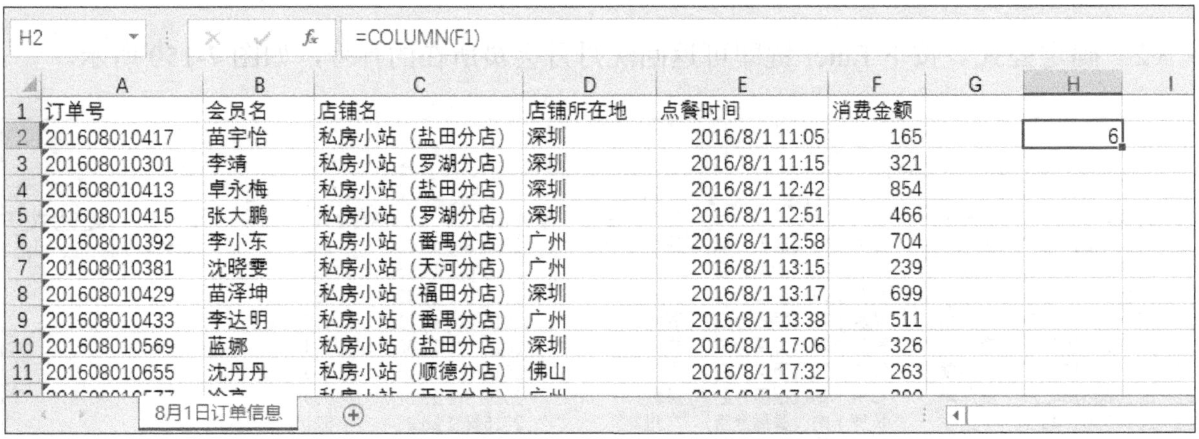

图 7-152　返回消费金额的列标

3. ROW 函数

ROW 函数可以返回引用的行号。ROWS 函数的使用格式如下。

```
ROW(reference)
```

ROW 函数的常用参数及其解释如表 7-58 所示。

表 7-58　ROW 函数的常用参数及其解释

参　　数	参　数　解　释
reference	必须。表示需要得到其行号的单元格或单元格区域

在【8 月 1 日订单信息】工作表中查找会员沈丹丹所在的行号，具体操作步骤如下。

（1）输入公式。选择 H2 单元格，输入"ROW(B11)"，如图 7-153 所示。

（2）确定公式。按下 Enter 键即可返回会员沈丹丹所在的行号，如图 7-154 所示。

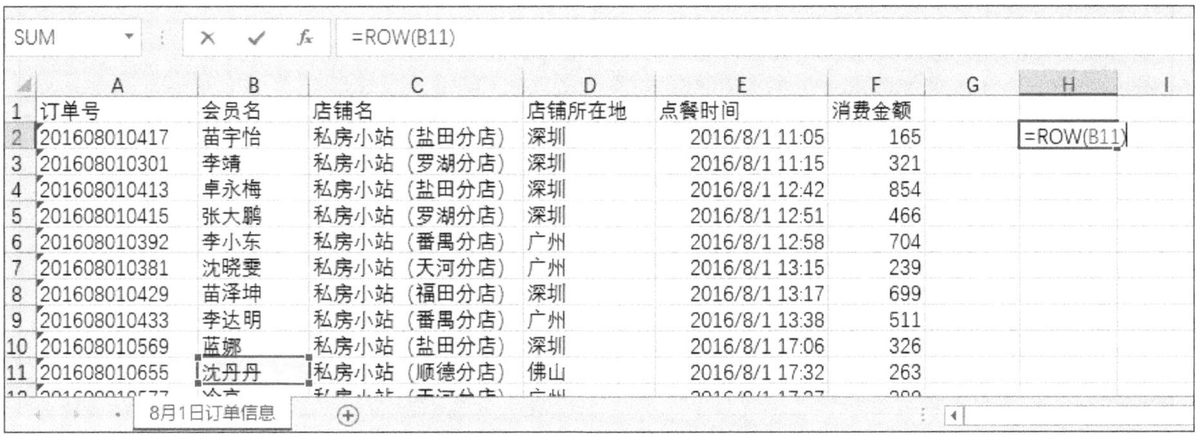

图 7-153　输入"ROW(B11)"

图 7-154　返回会员沈丹丹所在的行号

7.6.3　计算区域内的行列数

1. COLNUMS 函数

COLUMNS 函数可以返回数组或者引用的总列数。COLUMNS 函数的使用格式如下。

```
COLUMNS(reference)
```

COLUMNS 函数的常用参数及其解释如表 7-59 所示。

表 7-59　COLUMNS 函数的常用参数及其解释

参　　数	参　数　解　释
reference	必须。表示需要得到其列标的单元格或单元格区域

查看【8 月 1 日订单信息】工作表中数据的列数，具体操作步骤如下。

（1）输入公式。选择 H2 单元格，输入"COLUMNS(A1:F1)"，如图 7-155 所示。

（2）确定公式。按下 Enter 键即可查看表中数据总列数，如图 7-156 所示。

图 7-155　输入"COLUMNS(A1:F1)"

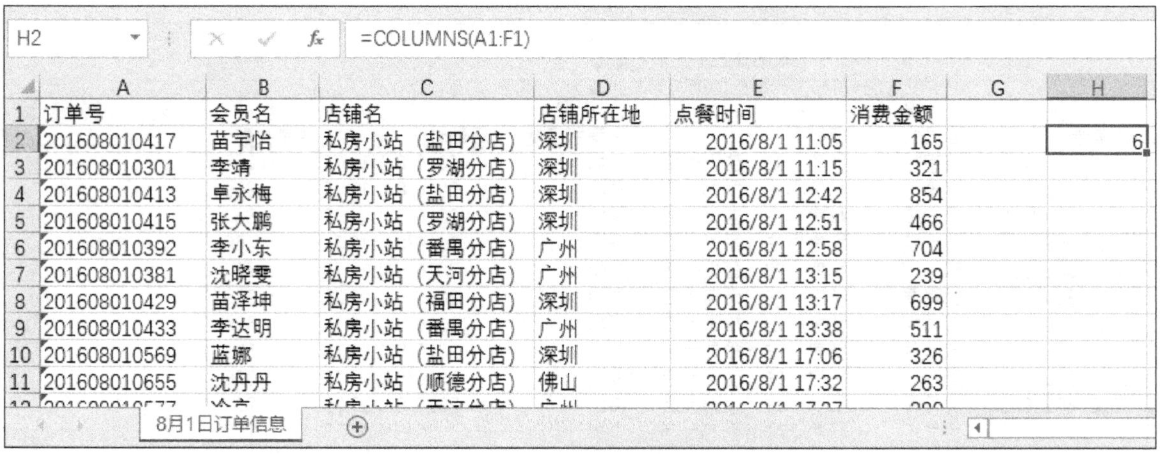

图 7-156　返回表中数据的总列数

2. ROWS 函数

ROWS 函数可以返回数组或者引用的总行数。ROWS 函数的使用格式如下。

```
ROWS(array)
```

ROWS 函数的常用参数及其解释如表 7-60 所示。

表 7-60　ROWS 函数的常用参数及其解释

参　　数	参　数　解　释
array	必须。表示需要得到其行数的数组、数组公式或对单元格区域的引用

查看【8 月 1 日订单信息】工作表中 8 月 1 日的消费人数，具体操作步骤如下。

（1）输入公式。选择 H2 单元格，输入"=ROWS(A2:F23)"，如图 7-157 所示。

（2）确定公式。按下 Enter 键即可返回 8 月 1 日的消费人数，如图 7-158 所示。

3. TRANSPOSE 函数

TRANSPOSE 函数可以转置选中的单元格区域。TRANSPOSE 函数的使用格式如下。

```
TRANSPOSE(array)
```

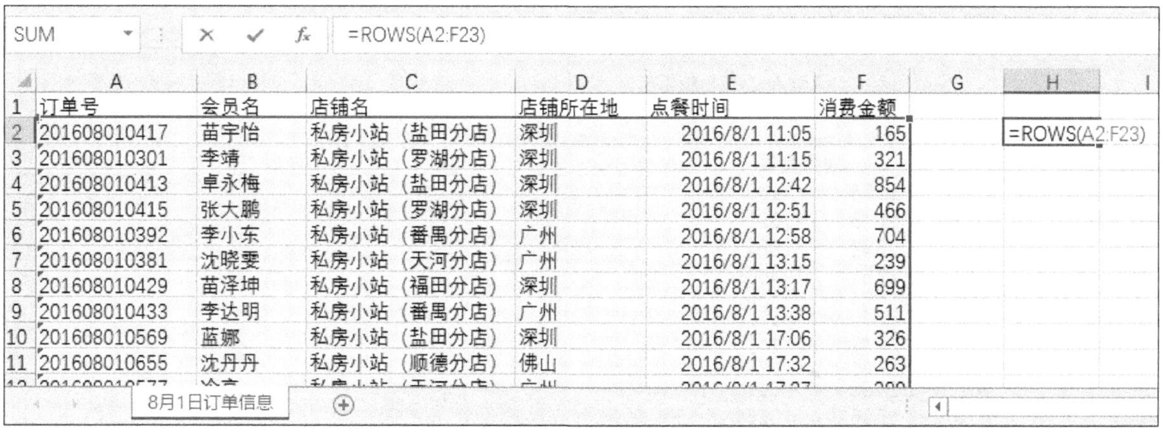

图 7-157 输入 "=ROWS(A2:F23)"

图 7-158 使用 ROWS 函数查看 8 月 1 日的消费人数

TRANSPOSE 函数的常用参数及其解释如表 7-61 所示。

表 7-61 TRANSPOSE 函数的常用参数及其解释

参　　数	参　数　解　释
array	必须。表示需要进行转置的数组或工作表中的单元格区域

转置【8 月 1 日订单信息】工作表前五位会员的会员名、店铺名、店铺所在地这 3 条信息，具体步骤如下。

（1）选择单元格区域。为了显示出转置后的结果，选中 H2:M4 单元格，如图 7-159 所示。

（2）激活函数。单击公式栏，公示栏中的公式显示颜色后便是激活了函数，可将函数应用于选中的区域，返回转置的结果，如图 7-160 所示。

（3）确定公式。按下 Ctrl+Shift+Enter 组合键，即可返回转置的结果，如图 7-161 所示。

如果选择一个单元格输入公式，按下 Enter 键后 Excel 会返回 "#VALUE!"，这是由于返回值是一个 3 行 6 列的数组。

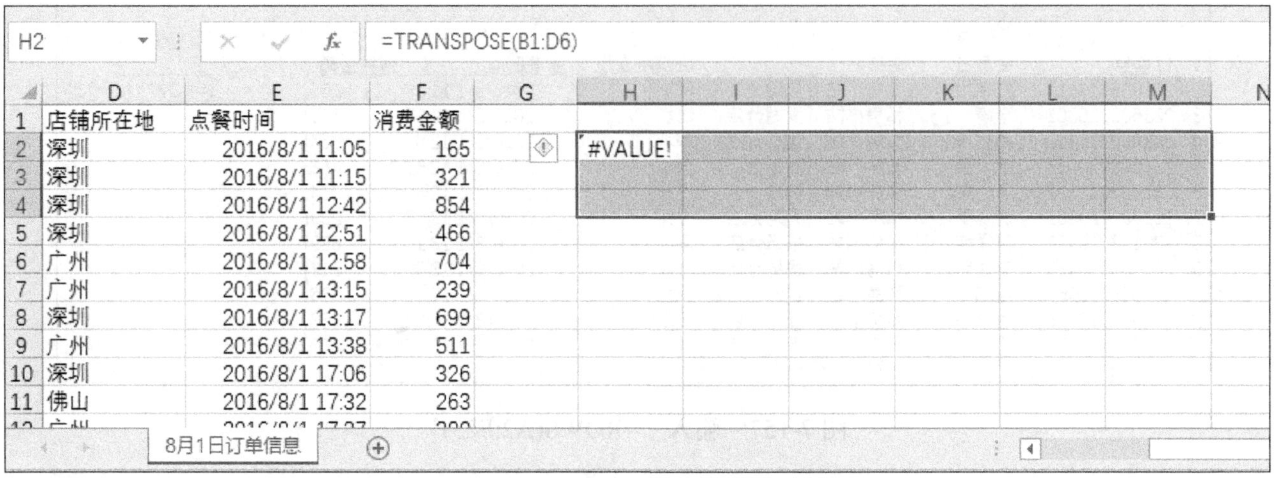

图 7-159　选中 H2:M4 单元格

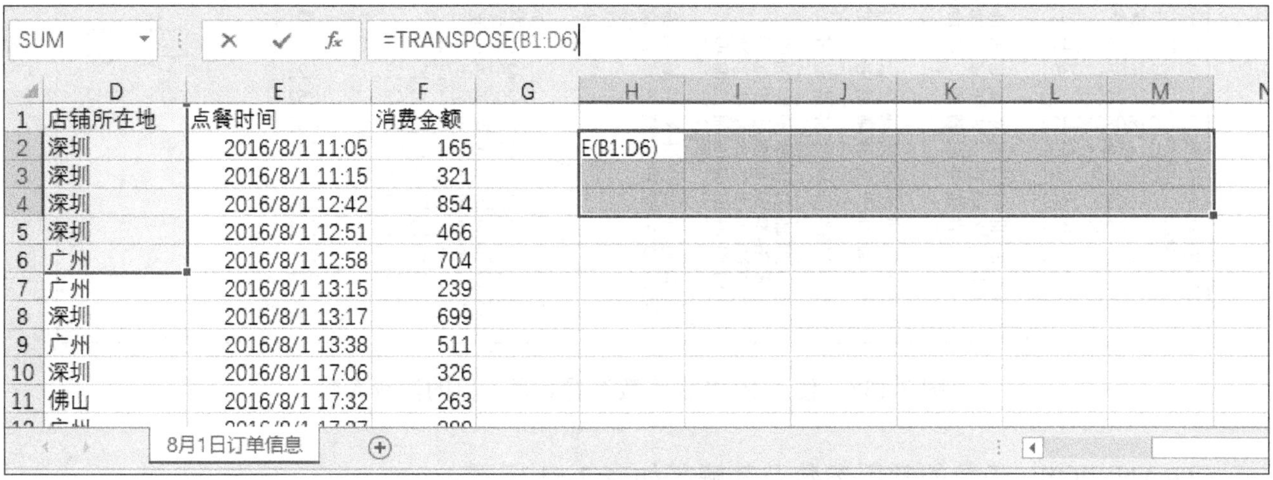

图 7-160　激活函数

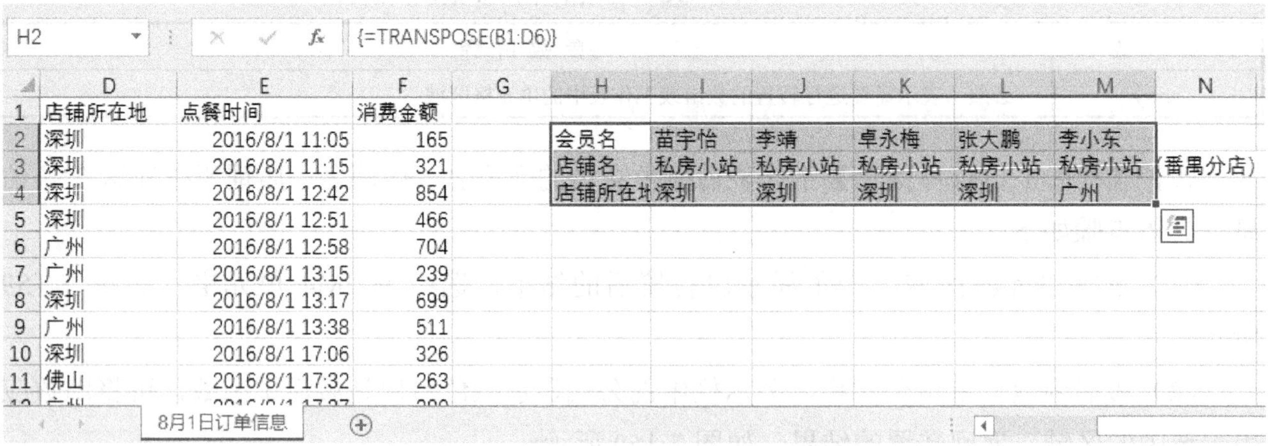

图 7-161　按下 Ctrl+Shift+Enter 组合键

任务 7.7　处理文本的函数

◎ 任务描述

Excel 2016 中的文本处理函数在文本字符处理上非常的方便，操作简便。在某餐饮企业的【8 月 1 日订单信息】工作表中提取店铺名的分店和位置信息，提取订单号的后 3 位数字信息以及对【8 月 1 日订单信息】工作表中评论文本是否有重复值的检查。

◎ 任务分析

（1）合并【8 月 1 日订单信息】工作表中的【店铺名】和【店铺所在地】列。

（2）检查【8 月 1 日订单信息】工作表中的评论数据是否有与第一条评论相同的评论文本出现。

（3）计算【8 月 1 日订单信息】工作表中所有评论文本的长度。

（4）找出【8 月 1 日订单信息】工作表店铺名中"分店"两个字在文本中的位置。

（5）找出【8 月 1 日订单信息】工作表评论信息中"nice"在文本中的位置。

（6）查找【8 月 1 日订单信息】工作表中店铺名称，不包括分店信息。

（7）查找【8 月 1 日订单信息】工作表中订单号的后 3 位数字。

（8）提取【8 月 1 日订单信息】工作表店铺名中的分店信息。

（9）清除【8 月 1 日订单信息】工作表评论中的非打印字符。

（10）用空的文本替换【8 月 1 日订单信息】工作表评论中的空格。

（11）【8 月 1 日订单信息】工作表中店铺名的"私房小站"替换成"私房晓站"。

7.7.1　比较与合并文本

1. CONCATENATE 函数

CONCATENATE 函数可以将几个文本字符串合并为一个文本字符串。CONCATENATE 函数的使用格式如下。

```
CONCATENATE(text1, text2, …)
```

CONCATENATE 函数的常用参数及其解释如表 7-62 所示。

表 7-62　CONCATENATE 函数的常用参数及其解释

参　　　数	参　数　解　释
text	必须。表示 1 到 30 个将要合并成单个文本的文本项

合并【8 月 1 日订单信息】工作表中的【店铺名】和【店铺所在地】列，具体操作步骤如下。

（1）输入公式。选中 H2 单元格，输入"=CONCATENATE(D2,C2)"，如图 7-162 所示。

图 7-162   输入"=CONCATENATE(D2,C2)"

（2）确定公式。按下 Enter 键，并使用填充公式的方式合并剩下店铺信息，如图 7-163 所示。

图 7-163   返回所有合并后的店铺信息

2. EXACT 函数

EXACT 函数的功能是比较两个字符串是否完全相同。EXACT 函数的使用格式如下。

```
EXACT(text1,text2)
```

EXACT 函数的常用参数及其解释如表 7-63 所示。

表 7-63   EXACT 函数的常用参数及其解释

参 数	参 数 解 释
text1	必须。表示第一个文本字符串
text2	必须。表示第二个文本字符串

检查【8 月 1 日订单信息】工作表中的评论数据是否有与第一条评论相同的评论文本出

现，具体操作步骤如下。

（1）输入公式。选中 I3 单元格，输入"=EXACT($G$2,G3)"，此处一个文本字符串采用绝对引用的形式，另一个采用相对引用的形式，如图 7-164 所示。

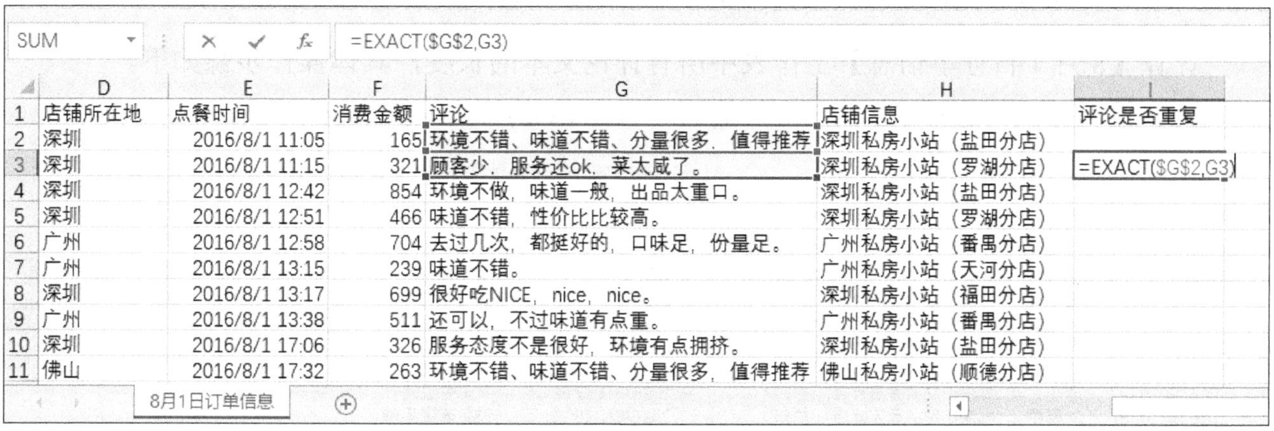

	SUM	▾ ：× ✓ fx	=EXACT($G$2,G3)				
	D	E	F	G		H	I
1	店铺所在地	点餐时间	消费金额	评论		店铺信息	评论是否重复
2	深圳	2016/8/1 11:05	165	环境不错、味道不错、分量很多，值得推荐		深圳私房小站（盐田分店）	
3	深圳	2016/8/1 11:15	321	顾客少，服务还ok，菜太咸了。		深圳私房小站（罗湖分店）	=EXACT($G$2,G3)
4	深圳	2016/8/1 12:42	854	环境不做，味道一般，出品太重口。		深圳私房小站（盐田分店）	
5	深圳	2016/8/1 12:51	466	味道不错，性价比比较高。		深圳私房小站（罗湖分店）	
6	广州	2016/8/1 12:58	704	去过几次，都挺好的，口味足，份量足。		广州私房小站（番禺分店）	
7	广州	2016/8/1 13:15	239	味道不错。		广州私房小站（天河分店）	
8	深圳	2016/8/1 13:17	699	很好吃NICE，nice，nice。		深圳私房小站（福田分店）	
9	广州	2016/8/1 13:38	511	还可以，不过味道有点重。		广州私房小站（番禺分店）	
10	深圳	2016/8/1 17:06	326	服务态度不是很好，环境有点拥挤。		深圳私房小站（盐田分店）	
11	佛山	2016/8/1 17:32	263	环境不错、味道不错、分量很多，值得推荐		佛山私房小站（顺德分店）	
	8月1日订单信息 ⊕						

图 7-164　输入"=EXACT($G$2,G3)"

（2）确定公式。按下 Enter 键，并使用填充公式的方式返回其他评论与第一条评论对比结果，如图 7-165 所示。如果是重复，那么返回值为 TRUE，如果非重复，那么返回值为 FALSE。

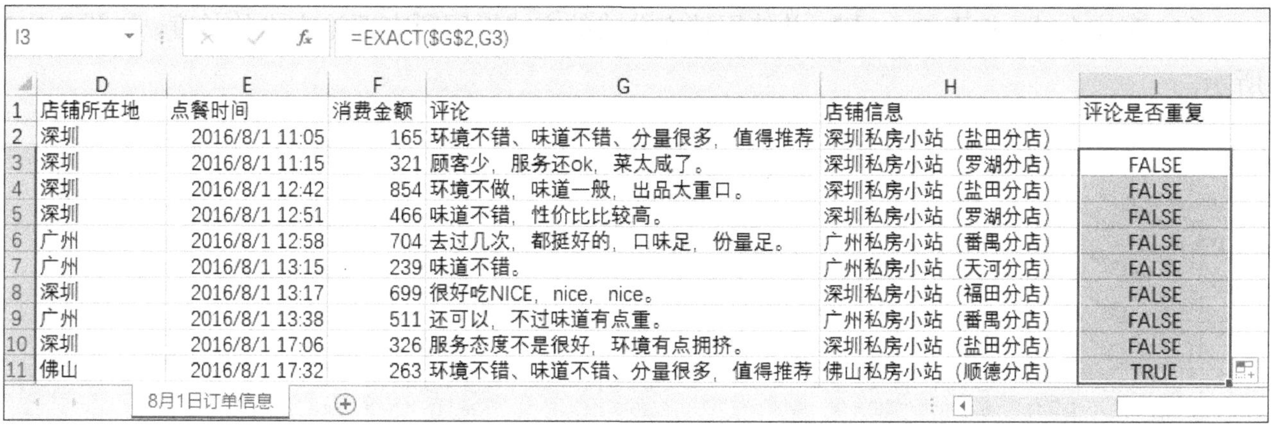

	I3	▾ ：× ✓ fx	=EXACT($G$2,G3)				
	D	E	F	G		H	I
1	店铺所在地	点餐时间	消费金额	评论		店铺信息	评论是否重复
2	深圳	2016/8/1 11:05	165	环境不错、味道不错、分量很多，值得推荐		深圳私房小站（盐田分店）	
3	深圳	2016/8/1 11:15	321	顾客少，服务还ok，菜太咸了。		深圳私房小站（罗湖分店）	FALSE
4	深圳	2016/8/1 12:42	854	环境不做，味道一般，出品太重口。		深圳私房小站（盐田分店）	FALSE
5	深圳	2016/8/1 12:51	466	味道不错，性价比比较高。		深圳私房小站（罗湖分店）	FALSE
6	广州	2016/8/1 12:58	704	去过几次，都挺好的，口味足，份量足。		广州私房小站（番禺分店）	FALSE
7	广州	2016/8/1 13:15	239	味道不错。		广州私房小站（天河分店）	FALSE
8	深圳	2016/8/1 13:17	699	很好吃NICE，nice，nice。		深圳私房小站（福田分店）	FALSE
9	广州	2016/8/1 13:38	511	还可以，不过味道有点重。		广州私房小站（番禺分店）	FALSE
10	深圳	2016/8/1 17:06	326	服务态度不是很好，环境有点拥挤。		深圳私房小站（盐田分店）	FALSE
11	佛山	2016/8/1 17:32	263	环境不错、味道不错、分量很多，值得推荐		佛山私房小站（顺德分店）	TRUE
	8月1日订单信息 ⊕						

图 7-165　其他评论与第一条评论对比的结果

7.7.2　计算文本长度

1. LEN 函数

LEN 函数的功能是返回字符串的长度。LEN 函数的使用格式如下。

```
LEN(text)
```

LEN 函数的常用参数及其解释如表 7-64 所示。

表 7-64　LEN 函数的常用参数及其解释

参　　数	参 数 解 释
text	必须。表示要查找其长度的文本。空格将作为字符进行计数

计算【8 月 1 日订单信息】工作表中所有评论文本的长度，具体操作步骤如下。

（1）输入公式。选择 H2 单元格，输入"=LEN(G2)"，如图 7-166 所示。

图 7-166　输入"=LEN(G2)"

（2）确定公式。按下 Enter 键，并使用填充公式的方式返回所有评论文本的长度，如图 7-167 所示。

图 7-167　返回所有评论文本的长度

2．LENB 函数

LENB 函数的功能与 LEN 函数一样，都可以返回字符串的长度。不同的是，LEN 函数是以字符为单位，LENB 函数是以字节为单位。LENB 函数的使用格式如下。

```
LENB(text)
```

LENB 函数的常用参数及其解释与 LEN 函数的一致。

计算【8 月 1 日订单信息】工作表中所有评论文本的长度，具体操作步骤如下。

（1）输入公式。选择 H2 单元格，输入"=LENB(G2)"，如图 7-168 所示。

	A	B	C	D	E	F	G	H
1	订单号	会员名	店铺名	店铺所在地	点餐时间	消费金额	评论	评论长度
2	201608010417	苗宇怡	私房小站（盐田分店）	深圳	2016/8/1 11:05	165	环境不错、味道不错、分量很多，值得推荐	=LENB(G2)
3	201608010301	李靖	私房小站（罗湖分店）	深圳	2016/8/1 11:15	321	顾客少，服务还ok，菜太咸了。	
4	201608010413	卓永梅	私房小站（盐田分店）	深圳	2016/8/1 12:42	854	环境不做，味道一般，出品太重口。	
5	201608010415	张大鹏	私房小站（罗湖分店）	深圳	2016/8/1 12:51	466	味道不错，性价比比较高。	
6	201608010392	李小东	私房小站（番禺分店）	广州	2016/8/1 12:58	704	去过几次，都挺好的，口味足，份量足。	
7	201608010381	沈晓雯	私房小站（天河分店）	广州	2016/8/1 13:15	239	╴味道不错。•	
8	201608010429	苗泽坤	私房小站（福田分店）	深圳	2016/8/1 13:17	699	很好吃NICE，nice，nice。	
9	201608010433	李达明	私房小站（番禺分店）	广州	2016/8/1 13:38	511	还可以，不过味道有点重。	
10	201608010569	蓝娜	私房小站（盐田分店）	深圳	2016/8/1 17:06	326	服务态度不是很好，环境有点拥挤。	
11	201608010655	沈丹丹	私房小站（顺德分店）	佛山	2016/8/1 17:32	263	环境不错、味道不错、分量很多，值得推荐	

8月1日订单信息

图 7-168　输入"=LENB(G2)"

（2）确定公式。按下 Enter 键，并使用填充公式的方式返回所有评论文本的长度，如图 7-169 所示。

	A	B	C	D	E	F	G	H
1	订单号	会员名	店铺名	店铺所在地	点餐时间	消费金额	评论	评论长度
2	201608010417	苗宇怡	私房小站（盐田分店）	深圳	2016/8/1 11:05	165	环境不错、味道不错、分量很多，值得推荐	38
3	201608010301	李靖	私房小站（罗湖分店）	深圳	2016/8/1 11:15	321	顾客少，服务还ok，菜太咸了。	28
4	201608010413	卓永梅	私房小站（盐田分店）	深圳	2016/8/1 12:42	854	环境不做，味道一般，出品太重口。	32
5	201608010415	张大鹏	私房小站（罗湖分店）	深圳	2016/8/1 12:51	466	味道不错，性价比比较高。	24
6	201608010392	李小东	私房小站（番禺分店）	广州	2016/8/1 12:58	704	去过几次，都挺好的，口味足，份量足。	36
7	201608010381	沈晓雯	私房小站（天河分店）	广州	2016/8/1 13:15	239	╴味道不错。•	12
8	201608010429	苗泽坤	私房小站（福田分店）	深圳	2016/8/1 13:17	699	很好吃NICE，nice，nice。	24
9	201608010433	李达明	私房小站（番禺分店）	广州	2016/8/1 13:38	511	还可以，不过味道有点重。	24
10	201608010569	蓝娜	私房小站（盐田分店）	深圳	2016/8/1 17:06	326	服务态度不是很好，环境有点拥挤。	32
11	201608010655	沈丹丹	私房小站（顺德分店）	佛山	2016/8/1 17:32	263	环境不错、味道不错、分量很多，值得推荐	38

8月1日订单信息

图 7-169　LENB 函数计算所有评论长度的结果

7.7.3　检索与提取文本

1. FIND 函数与 FINDB 函数

FIND 函数与 FINDB 函数都可以查找一个字符串在另外一个字符串中的位置（字母区分大小写）。不同的是 FIND 函数是以字符为单位，而 FINDB 函数是以字节为单位。FIND 函数和 FINDB 函数的使用格式如下。

```
FIND(find_text, within_text, start_num)
FINDB(find_text, within_text, start_num)
```

FIND 函数与 FINDB 函数的常用参数及其解释如表 7-65 所示。

表 7-65　FIND 函数与 FINDB 函数的常用参数及其解释

参　　数	参　数　解　释
find_text	必须。表示要查找的文本
within_text	必须。表示包含要查找文本的文本
start_num	可选。表示开始进行查找的字符。within_text 中的首字符是编号为 1 的字符。如果省略 start_num，那么假定其值为 1

找出【8 月 1 日订单信息】工作表中店铺名"分店"两个字在文本中的位置，具体操作步骤如下。

（1）输入公式。选择 H2 单元格，输入"=FIND("分店",C2,1)"，如图 7-170 所示。

图 7-170　输入"=FIND("分店",C2,1)"

（2）确定公式。按下 Enter 键即可返回文本以字符为单位时"分店"在文本中的位置，如图 7-171 所示。

图 7-171　返回文本以字符为单位时"分店"在文本中的位置

2. SEARCH 函数与 SEARCHB 函数

SEARCH 函数与 SEARCHB 函数的功能是在其他文本字符串中查找指定的文本字符串，并返回该字符串的起始位置编号（字母不区分大小写）。不同的是 SEARCH 函数是以字符为单位，而 SEARCHB 函数是以字节为单位。SEARCH 函数与 SEARCHB 函数的使用格式如下。

```
SEARCH(find_text, within_text, start_num)
SEARCHB(find_text, within_text, start_num)
```

SEARCH 函数与 SEARCHB 函数的常用参数及其解释如表 7-66 所示。

表 7-66　SEARCH 函数与 SEARCHB 函数的常用参数及其解释

参　　数	参　数　解　释
find_text	必须。表示要查找的文本（不区分大小写）
within_text	必须。表示要在其中搜索 find_text 参数的值的文本
start_num	可选。表示 within_text 参数中从之开始提取的字符编号

找出【8 月 1 日订单信息】工作表评论信息中 "nice" 在文本中的位置，具体步骤如下。

（1）输入公式。选择 H8 单元格，输入 "=SEARCH("nice",G8,1)"，如图 7-172 所示。

图 7-172　输入 "=SEARCH("nice",G8,1)"

（2）确定公式。按下 Enter 键即可返回文本以字符为单位时 "nice" 在文本中的位置，如图 7-173 所示。

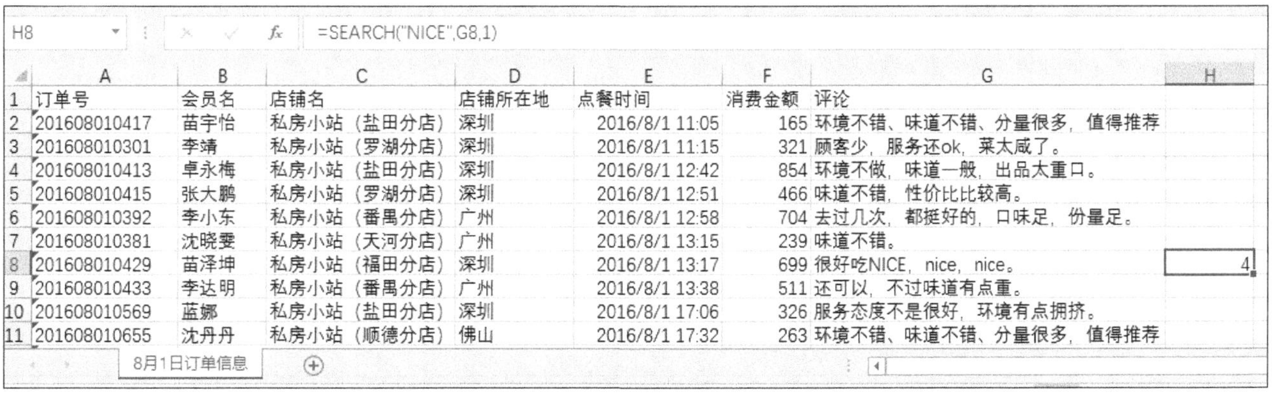

图 7-173　返回文本以字符为单位时 "nice" 在文本中的位置

3. LEFT 函数与 LEFTB 函数

LEFT 函数与 LEFTB 函数的功能是基于指定的字符数返回文本字符串中的第一个或前几

个字符。不同的是 LEFT 函数是以字符为单位，而 LEFTB 函数是以字节为单位。LEFT 函数和 LEFTB 函数的使用格式如下。

```
LEFT(text, num_chars)
LEFTB(text, num_bytes)
```

LEFT 函数与 LEFTB 函数的常用参数及其解释如表 7-67 所示。

表 7-67　LEFT 函数与 LEFTB 函数的常用参数及其解释

参　　数	参　数　解　释
text	必须。表示包含要提取的字符的文本字符串
num_chars	可选。表示要由 LEFT 提取的字符的数量。若省略，则假定其值为 1
num_bytes	可选。表示按字节指定要由 LEFTB 提取的字符的数量

查找【订单信息表】中店铺名称，不包括分店信息，具体操作步骤如下。

（1）输入公式。选择 H2 单元格，输入"=LEFT(C2,FIND("（",C2,1)-1)"，如图 7-174 所示。

图 7-174　输入"=LEFT(C2,FIND("（",C2,1)-1)"

（2）确定公式。按下 Enter 键即可返回店铺名称，如图 7-175 所示。

图 7-175　返回店铺名称

4. RIGHT 函数与 RIGHTB 函数

RIGHT 函数与 RIGHTB 函数的功能是根据所制定的字符数返回文本字符串中最后一个或

多个字符。不同的是 RIGHT 函数是以字符为单位，而 RIGHTB 函数是以字节为单位。RIGHT 函数与 RGHTB 函数的使用格式如下。

```
RIGHT(text, num_chars)
RIGHTB(text, num_bytes)
```

RIGHT 函数与 RIGHTB 函数的常用参数及其解释如表 7-68 所示。

表 7-68 RIGHT 函数与 RIGHTB 函数的常用参数及其解释

参 数	参 数 解 释
text	必须。表示包含要提取字符的文本字符串
num_chars	可选。表示希望 RIGHT 提取的字符数
num_bytes	可选。表示按字节指定要由 RIGHTB 提取的字符的数量

查找【8 月 1 日订单信息】工作表中订单号的后 3 位数字，具体操作步骤如下。

（1）输入公式。选择 H2 单元格，输入"=RIGHT(A2,3)"，如图 7-176 所示。

图 7-176 输入"=RIGHT(A2,3)"

（2）确定公式。按下 Enter 键，并使用填充公式的方式提取订单号的后 3 位数字，如图 7-177 所示。

图 7-177 返回所有会员订单号的后 3 位

5. MID 函数与 MIDB 函数

MID 函数与 MIDB 函数的功能是返回文本字符串中从指定位置开始的特定数目的字符，

该数目由用户指定。不同的是 MID 函数是以字符为单位，而 MIDB 函数是以字节为单位。
MID 函数与 MIDB 函数的使用格式如下。

```
MID(text, start_num num_chars)
MIDB(text, start_num, num_bytes)
```

MID 函数与 MIDB 函数的常用参数及其解释如表 7-69 所示。

表 7-69　MID 函数与 MIDB 函数的常用参数及其解释

参　　数	参 数 解 释
text	必须。表示包含要提取字符的文本字符串
start_num	必须。表示文本中要提取的第一个字符的位置
num_chars	必须。表示希望 MID 从文本中返回字符的个数
num_bytes	必须。表示希望 MIDB 从文本中返回字符的字节数

提取【8 月 1 日订单信息】工作表中店铺名的分店信息，具体操作步骤如下。

（1）输入公式。选择 H2 单元格，输入"=MID(C2,FIND("(",C2,1)+1,FIND(")",C2,1)-FIND("(",C2,1)-1)"，如图 7-178 所示。

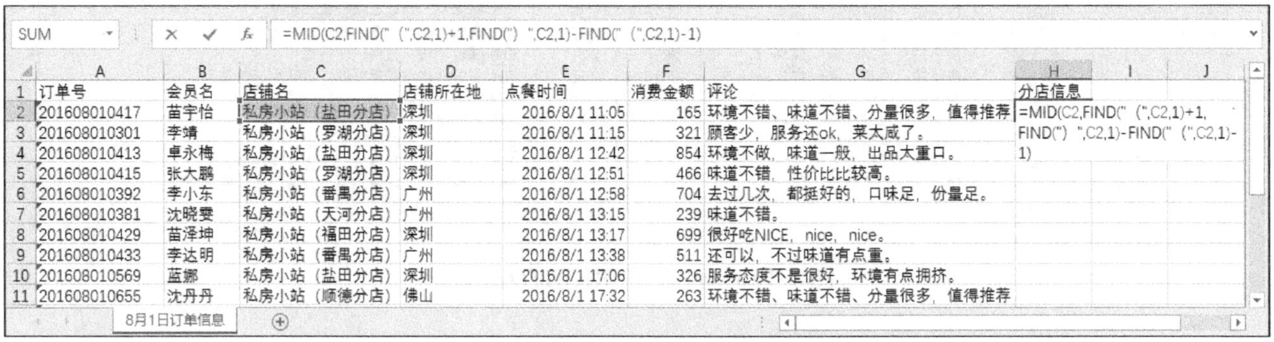

图 7-178　输入"=MID(C2,FIND("(",C2,1)+1,FIND(")",C2,1)-FIND("(",C2,1)-1)"

（2）确定公式。按下 Enter 键，并使用填充公式的方式提取所有店铺的分店信息，如图 7-179 所示。

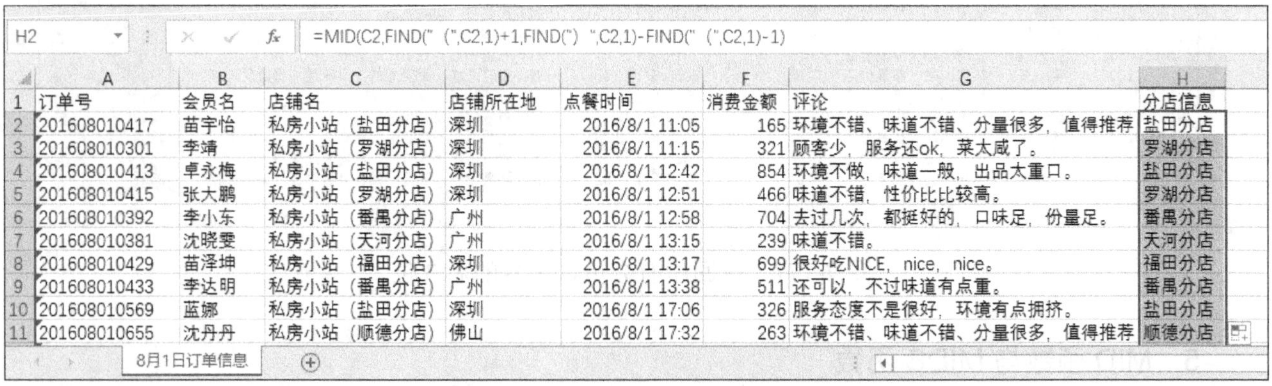

图 7-179　返回所有店铺的分店信息

7.7.4　删除与替换文本

1．CLEAN 函数

CLEAN 函数的功能是删除文本中的非打印字符。CLEAN 函数的使用格式如下。

```
CLEAN(text)
```

CLEAN 函数的常用参数及其解释如表 7-70 所示。

表 7-70　CLEAN 函数的常用参数及其解释

参　　数	参 数 解 释
text	必须。表示要从中删除非打印字符的任何工作表信息

清除【8 月 1 日订单信息】工作表中评论的非打印字符，具体操作步骤如下。

（1）输入公式。选中 H7 单元格，输入"=CLEAN(G7)"，如图 7-180 所示。

SUM	× ✓	fx	=CLEAN(G7)					
	A	B	C	D	E	F	G	H
1	订单号	会员名	店铺名	店铺所在地	点餐时间	消费金额	评论	
2	201608010417	苗宇怡	私房小站（盐田分店）	深圳	2016/8/1 11:05	165	环境不错、味道不错、分量很多，值得推荐	
3	201608010301	李靖	私房小站（罗湖分店）	深圳	2016/8/1 11:15	321	顾客少，服务还ok，菜太咸了。	
4	201608010413	卓永梅	私房小站（盐田分店）	深圳	2016/8/1 12:42	854	环境不做，味道一般，出品太重口。	
5	201608010415	张大鹏	私房小站（罗湖分店）	深圳	2016/8/1 12:51	466	味道不错，性价比比较高。	
6	201608010392	李小东	私房小站（番禺分店）	广州	2016/8/1 12:58	704	去过几次，都挺好的，口味足，份量足。	
7	201608010381	沈晓雯	私房小站（天河分店）	广州	2016/8/1 13:15	239	味道不错。	=CLEAN(G7)
8	201608010429	苗泽坤	私房小站（福田分店）	深圳	2016/8/1 13:17	699	很好吃NICE，nice，nice。	
9	201608010433	李达明	私房小站（番禺分店）	广州	2016/8/1 13:38	511	还可以，不过味道有点重。	
10	201608010569	蓝娜	私房小站（盐田分店）	深圳	2016/8/1 17:06	326	服务态度不是很好，环境有点拥挤。	
11	201608010655	沈丹丹	私房小站（顺德分店）	佛山	2016/8/1 17:32	263	环境不错、味道不错、分量很多，值得推荐	

8月1日订单信息

图 7-180　输入"=CLEAN(G7)"

（2）确定公式。按下 Enter 键即可返回清除非打印字符后的评论文本，如图 7-181 所示。

H7	× ✓	fx	=CLEAN(G7)						
	A	B	C	D	E	F	G	H	I
1	订单号	会员名	店铺名	店铺所在地	点餐时间	消费金额	评论		
2	201608010417	苗宇怡	私房小站（盐田分店）	深圳	2016/8/1 11:05	165	环境不错、味道不错、分量很多，值得推荐		
3	201608010301	李靖	私房小站（罗湖分店）	深圳	2016/8/1 11:15	321	顾客少，服务还ok，菜太咸了。		
4	201608010413	卓永梅	私房小站（盐田分店）	深圳	2016/8/1 12:42	854	环境不做，味道一般，出品太重口。		
5	201608010415	张大鹏	私房小站（罗湖分店）	深圳	2016/8/1 12:51	466	味道不错，性价比比较高。		
6	201608010392	李小东	私房小站（番禺分店）	广州	2016/8/1 12:58	704	去过几次，都挺好的，口味足，份量足。		
7	201608010381	沈晓雯	私房小站（天河分店）	广州	2016/8/1 13:15	239	味道不错。	味道不错。	
8	201608010429	苗泽坤	私房小站（福田分店）	深圳	2016/8/1 13:17	699	很好吃NICE，nice，nice。		
9	201608010433	李达明	私房小站（番禺分店）	广州	2016/8/1 13:38	511	不过味道有点重。		
10	201608010569	蓝娜	私房小站（盐田分店）	深圳	2016/8/1 17:06	326	服务态度不是很好，环境有点拥挤。		
11	201608010655	沈丹丹	私房小站（顺德分店）	佛山	2016/8/1 17:32	263	环境不错、味道不错、分量很多，值得推荐		

8月1日订单信息

图 7-181　返回清除非打印字符后的评论文本

2. SUBSTITUTE 函数

SUBSTITUTE 函数的功能是在无文本字符串中,用新的文本替代旧的文本。SUBSTITUTE 函数的使用格式如下。

```
SUBSTITUTE(text, old_text, new_text, instance_num)
```

SUBSTITUTE 函数的常用参数及其解释如表 7-71 所示。

表 7-71 SUBSTITUTE 函数的常用参数及其解释

参　数	参　数　解　释
text	必须。表示需要替换其中字符的文本,或对含有需要替换其中字符的文本单元格的引用
old_text	必须。表示需要替换的文本
new_text	必须。表示用于替换旧文本的文本
instance_num	可选。表示指定要用 new_text 替换 old_text 的事件

【8月1日订单信息】工作表评论中的空格用空的文本替换,具体操作步骤如下。

(1)输入公式。选中 G2 单元格,输入"=SUBSTITUTE(G2," ","")",如图 7-182 所示。

图 7-182　输入"=SUBSTITUTE(G2," ","")"

(2)确定公式。按下 Enter 键即可返回替换后的新文本,如图 7-183 所示。

图 7-183　返回替换后的新文本

3. REPLACE 函数与 REPLACEB 函数

REPLACE 函数与 REPLACEB 函数的功能是使用其他的文本字符串并根据所指定的字符

数替换某文本字符串中的部分文本。REPLACE 函数与 REPLACEB 函数的使用格式如下。

```
REPLACE(old_text, start_num, num_chars, new_text)
REPLACEB(old_text, start_num, num_bytes, new_text)
```

REPALCE 函数与 REPLACEB 函数的常用参数及其解释如表 7-72 所示。

表 7-72　REPALCE 函数与 REPLACEB 函数的常用参数及其解释

参　　数	参　数　解　释
old_text	必须。表示要替换其部分字符的文本
start_num	必须。表示 old_text 中要替换为 new_text 的字符位置
num_chars	必须。表示 old_text 中希望 REPLACE 使用 new_text 来进行替换的字符数
num_bytes	必须。表示 old_text 中希望 REPLACEB 使用 new_text 来进行替换的字节数
new_text	必须。表示将替换 old_text 中字符的文本

【8 月 1 日订单信息】工作表中店铺名的"私房小站"替换成"私房晓站"，具体操作步骤如下。

（1）输入公式。选中 H2 单元格，输入"=REPLACE(C2,1,4,"私房晓站")"，如图 7-184 所示。

图 7-184　输入"=REPLACE(C2,1,4,"私房晓站")"

（2）确定公式。按下 Enter 键即可返回替换后的新文本，如图 7-185 所示。

图 7-185　返回替换后的新文本

任务 7.8　认识逻辑函数

7.8.1　返回符合逻辑运算的数据值

◎ 任务描述

逻辑运算可以用等式表示判断，把推理看作等式的变换，在【8 月 1 日订单信息】工作表中，利用逻辑函数搜索出有复杂条件的情况下需求的数据。

◎ 任务分析

（1）根据【8 月 1 日订单信息】工作表中会员消费金额来确定会员的等级。

（2）在【8 月 1 日订单信息】工作表中找出 14 点以前消费的消费金额。

（3）在【8 月 1 日订单信息】工作表中找出消费地在深圳，且消费金额大于 500 的会员。

（4）在【8 月 1 日订单信息】工作表中找出消费地不在深圳的会员。

（5）返回消费地不在深圳和广州的会员的消费金额。

1. IF 函数

IF 函数的功能是执行真假值判断，根据逻辑值计算的真假值返回不同的结果。IF 函数的使用格式如下。

```
IF(logical_test, value_if_true, value_if_false)
```

IF 函数的常用参数及其解释如表 7-73 所示。

表 7-73　IF 函数的常用参数及其解释

参　　数	参　数　解　释
logical_test	必须。表示要测试的条件
value_if_true	必须。表示 logical_test 的结果为 TRUE 时，希望返回的值
value_if_false	可选。表示 logical_test 的结果为 FALSE 时，希望返回的值

根据【8 月 1 日订单信息】工作表中会员消费金额来确定会员的等级，具体操作步骤如下。

（1）输入公式。选定 G2 单元格，输入"=IF(F2>=\$I\$7,\$J\$7,IF(F2>=\$I\$6,\$J\$6,IF(F2>=\$I\$5,\$J\$5,IF(F2>=\$I\$4,\$J\$4,IF(F2>=\$I\$3,\$J\$3,0)))))"，如图 7-186 所示。

（2）确定公式。按下 Enter 键，并使用填充公式的方式更新所有会员的会员等级信息，如图 7-187 所示。

SUM		×	✓	fx	=IF(F2>=$I$7,$J$7,IF(F2>=$I$6,$J$6,IF(F2>=$I$5,$J$5,IF(F2>=$I$4,$J$4,IF(F2>=$I$3,$J$3,0)))))					

▲	A	B	C	D	E	F	G	H	I	J	K
1	订单号	会员名	店铺名	店铺所在地	点餐时间	消费金额	会员等级		消费金额	会员等级	
2	201608010417	苗宇怡	私房小站（盐田分店）	深圳	2016/8/1 11:05	165	=IF(F2>=$I$7,$J$7,IF(F2>=$I$6,$J$6,IF(F2>=$I$5,$J$5,				
3	201608010301	李靖	私房小站（罗湖分店）	深圳	2016/8/1 11:15	321	IF(F2>=$I$4,$J$4,IF(F2>=$I$3,$J$3,0))))				
4	201608010413	卓永梅	私房小站（盐田分店）	深圳	2016/8/1 12:42	854			400	2	
5	201608010415	张大鹏	私房小站（罗湖分店）	深圳	2016/8/1 12:51	466			600	3	
6	201608010392	李小东	私房小站（番禺分店）	广州	2016/8/1 12:58	704			800	4	
7	201608010381	沈晓雯	私房小站（天河分店）	广州	2016/8/1 13:15	239			1000	5	
8	201608010429	苗泽坤	私房小站（福田分店）	深圳	2016/8/1 13:17	699					
9	201608010433	李达明	私房小站（番禺分店）	广州	2016/8/1 13:38	511					
10	201608010569	蓝娜	私房小站（盐田分店）	深圳	2016/8/1 17:06	326					
11	201608010655	沈丹丹	私房小站（顺德分店）	佛山	2016/8/1 17:32	263					

8月1日订单信息

图 7-186　输入 IF 公式

G2		×	✓	fx	=IF(F2>=$I$7,$J$7,IF(F2>=$I$6,$J$6,IF(F2>=$I$5,$J$5,IF(F2>=$I$4,$J$4,IF(F2>=$

▲	A	B	C	D	E	F	G	H
1	订单号	会员名	店铺名	店铺所在地	点餐时间	消费金额	会员等级	
2	201608010417	苗宇怡	私房小站（盐田分店）	深圳	2016/8/1 11:05	165	0	
3	201608010301	李靖	私房小站（罗湖分店）	深圳	2016/8/1 11:15	321	1	
4	201608010413	卓永梅	私房小站（盐田分店）	深圳	2016/8/1 12:42	854	4	
5	201608010415	张大鹏	私房小站（罗湖分店）	深圳	2016/8/1 12:51	466	2	
6	201608010392	李小东	私房小站（番禺分店）	广州	2016/8/1 12:58	704	3	
7	201608010381	沈晓雯	私房小站（天河分店）	广州	2016/8/1 13:15	239	1	
8	201608010429	苗泽坤	私房小站（福田分店）	深圳	2016/8/1 13:17	699	3	
9	201608010433	李达明	私房小站（番禺分店）	广州	2016/8/1 13:38	511	2	
10	201608010569	蓝娜	私房小站（盐田分店）	深圳	2016/8/1 17:06	326	1	
11	201608010655	沈丹丹	私房小站（顺德分店）	佛山	2016/8/1 17:32	263	1	

8月1日订单信息

图 7-187　返回所有会员的会员等级

2．IFERROR 函数

IFERROR 函数的功能是如果公式的计算结果错误，那么返回指定的值，否则返回公式的结果。IFERROR 函数的使用格式如下。

```
IFERROR(value, value_if_error)
```

IFERROR 函数的常用参数及其解释如表 7-74 所示。

表 7-74　IFERROR 函数的常用参数及其解释

参　　数	参　数　解　释
value	必须。表示是否存在错误的参数
value_if_false	必须。表示公式的计算结果错误时返回的值

在【8 月 1 日订单信息】工作表中，找出 14 点以前消费的消费金额，14 点以后的返回值设为 0，具体操作步骤如下。

（1）输入公式。选中 H2 单元格，输入"=IF(IFERROR(HOUR(G2)<=13,FALSE),F2,0)"，

如图 7-188 所示。

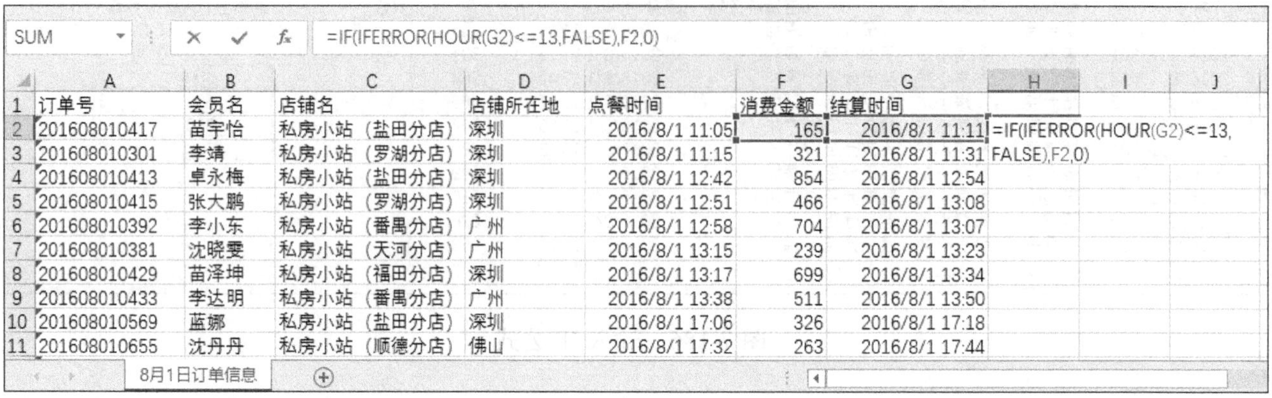

图 7-188　输入"=IF(IFERROR(HOUR(G2)<=13,FALSE),F2,0)"

（2）确定公式。按下 Enter 键，并使用填充公式的方式提取 14 点以前消费的消费金额信息，如图 7-189 所示。

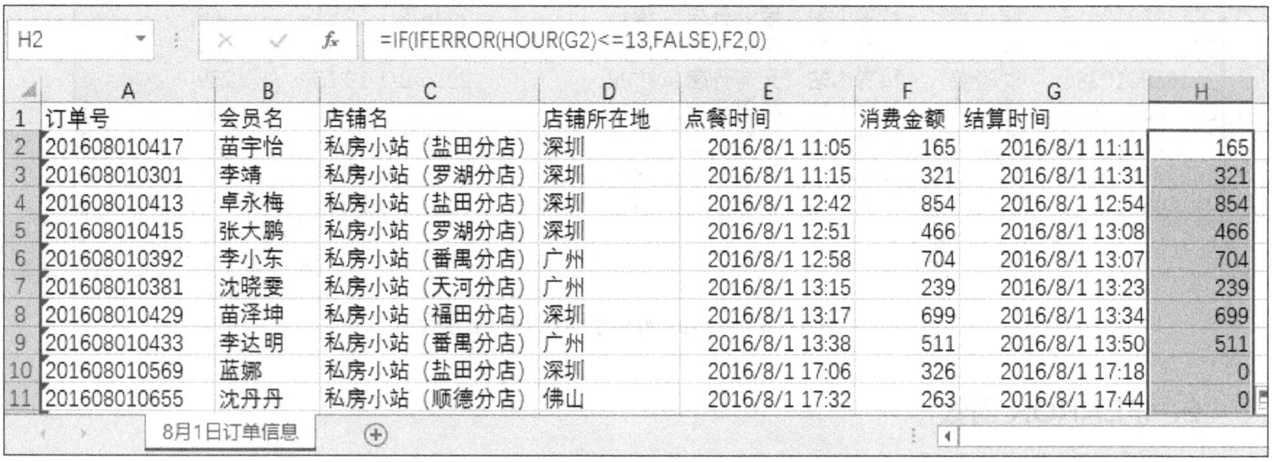

图 7-189　返回所有 14 点以前消费的消费金额

3．AND 函数

AND 函数的功能是多个逻辑值进行交集计算，用于确定测试中所有条件是否均为 TRUE，AND 函数的使用格式如下。

```
AND(logical1, logical2, …)
```

AND 函数的常用参数及其解释如表 7-75 所示。

表 7-75　AND 函数的常用参数及其解释

参　　数	参　数　解　释
logical1	必须。表示第一个需要测试且计算结果可为 TRUE 或 FALSE 的条件
logical2,…	可选。表示其他需要测试且计算结果可为 TRUE 或 FALSE 的条件（最多 255 个条件）

在【8 月 1 日订单信息】工作表中，找出消费地在深圳且消费金额大于 500 的会员，不满足条件的将返回 0 值，具操作体步骤如下。

（1）输入公式。选择 G2 单元格，输入"=IF(AND(D2="深圳",F2>500),B2,0)"，如图 7-190 所示。

	A	B	C	D	E	F	G	H	I	J
SUM				fx	=IF(AND(D2="深圳",F2>500),B2,0)					
1	订单号	会员名	店铺名	店铺所在地	点餐时间	消费金额	结算时间			
2	201608010417	苗宇怡	私房小站（盐田分店）	深圳	2016/8/1 11:05	165	2016/8/1 11:11	=IF(AND(D2="深圳",F2>500),B2,0)		
3	201608010301	李靖	私房小站（罗湖分店）	深圳	2016/8/1 11:15	321	2016/8/1 11:31			
4	201608010413	卓永梅	私房小站（盐田分店）	深圳	2016/8/1 12:42	854	2016/8/1 12:54			
5	201608010415	张大鹏	私房小站（罗湖分店）	深圳	2016/8/1 12:51	466	2016/8/1 13:08			
6	201608010392	李小东	私房小站（番禺分店）	广州	2016/8/1 12:58	704	2016/8/1 13:07			
7	201608010381	沈晓雯	私房小站（天河分店）	广州	2016/8/1 13:15	239	2016/8/1 13:23			
8	201608010429	苗泽坤	私房小站（福田分店）	深圳	2016/8/1 13:17	699	2016/8/1 13:34			
9	201608010433	李达明	私房小站（番禺分店）	广州	2016/8/1 13:38	511	2016/8/1 13:50			
10	201608010569	蓝娜	私房小站（盐田分店）	深圳	2016/8/1 17:06	326	2016/8/1 17:18			
11	201608010655	沈丹丹	私房小站（顺德分店）	佛山	2016/8/1 17:32	263	2016/8/1 17:44			

8月1日订单信息

图 7-190 输入"=IF(AND(D2="深圳",F2>500),B2,0)"

（2）确定公式。按下 Enter 键，并使用填充公式的方式提取所有满足条件的会员的名称，如图 7-191 所示。

	A	B	C	D	E	F	G	H	I
H2				fx	=IF(AND(D2="深圳",F2>500),B2,0)				
1	订单号	会员名	店铺名	店铺所在地	点餐时间	消费金额	结算时间		
2	201608010417	苗宇怡	私房小站（盐田分店）	深圳	2016/8/1 11:05	165	2016/8/1 11:11	0	
3	201608010301	李靖	私房小站（罗湖分店）	深圳	2016/8/1 11:15	321	2016/8/1 11:31	0	
4	201608010413	卓永梅	私房小站（盐田分店）	深圳	2016/8/1 12:42	854	2016/8/1 12:54	卓永梅	
5	201608010415	张大鹏	私房小站（罗湖分店）	深圳	2016/8/1 12:51	466	2016/8/1 13:08	0	
6	201608010392	李小东	私房小站（番禺分店）	广州	2016/8/1 12:58	704	2016/8/1 13:07	0	
7	201608010381	沈晓雯	私房小站（天河分店）	广州	2016/8/1 13:15	239	2016/8/1 13:23	0	
8	201608010429	苗泽坤	私房小站（福田分店）	深圳	2016/8/1 13:17	699	2016/8/1 13:34	苗泽坤	
9	201608010433	李达明	私房小站（番禺分店）	广州	2016/8/1 13:38	511	2016/8/1 13:50	0	
10	201608010569	蓝娜	私房小站（盐田分店）	深圳	2016/8/1 17:06	326	2016/8/1 17:18	0	
11	201608010655	沈丹丹	私房小站（顺德分店）	佛山	2016/8/1 17:32	263	2016/8/1 17:44	0	

8月1日订单信息

图 7-191 返回所有满足条件的会员的名称

4. OR 函数

OR 函数的功能是对多个逻辑值进行并集计算，用于确定测试集中的所有条件是否均为 TRUE。OR 函数的使用格式如下。

```
OR(logical1, logical2, …)
```

OR 函数的常用参数及其解释与 AND 函数的一致。

在【8 月 1 日订单信息】工作表中找出消费地在深圳，或消费金额大于 500 的会员，不满足条件的将返回 0 值，具体操作步骤如下。

（1）输入公式。选择 H2 单元格，输入"=IF(OR(D2="深圳",F2>500),B2,0)"，如图 7-192 所示。

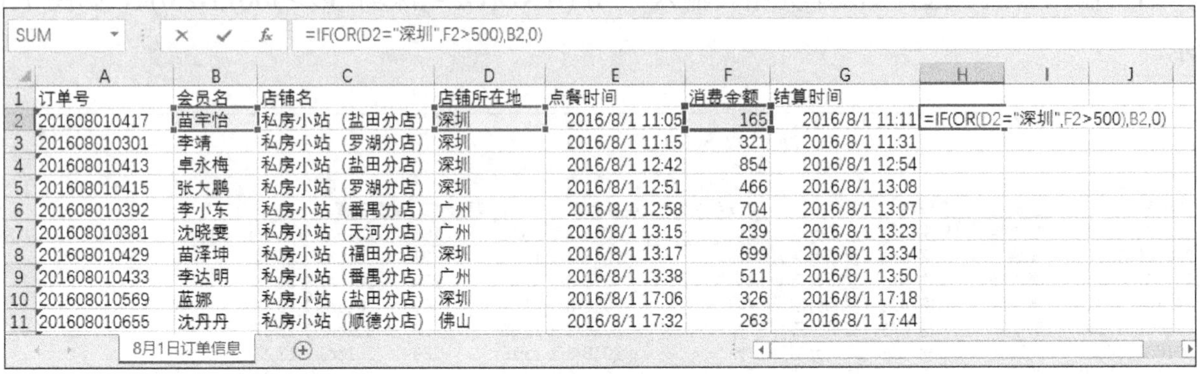

图 7-192　输入"=IF(OR(D2="深圳",F2>500),B2,0)"

（2）确定公式。按下 Enter 键，并使用填充公式的方式返回所有满足条件的会员的名称，如图 7-193 所示。

图 7-193　可返回所有满足条件的会员的名称

7.8.2　返回逻辑运算相反的数据值

1．NOT 函数

NOT 函数的功能是对参数值求反。NOT 函数的使用格式如下。

```
NOT(logical)
```

NOT 函数的常用参数及其解释如表 7-76 所示。

表 7-76　NOT 函数的常用参数及其解释

参　　数	参 数 解 释
logical	必须。表示计算结果为 TRUE 或 FALSE 的任何值或表达式

在【8 月 1 日订单信息】工作表中找出消费地不在深圳的会员，不满足条件的将返回 0 值，具体操作步骤如下。

（1）输入公式。选择 G2 单元格，输入"=IF(NOT(D2="深圳"),B2,0)"，如图 7-194 所示。

SUM		× ✓ fx	=IF(NOT(D2="深圳"),B2,0)							
	A	B	C	D	E	F	G	H	I	J
1	订单号	会员名	店铺名	店铺所在地	点餐时间	消费金额	结算时间			
2	201608010417	苗宇怡	私房小站（盐田分店）	深圳	2016/8/1 11:05	165	2016/8/1 11:11	=IF(NOT(D2="深圳"),B2,0)		
3	201608010301	李靖	私房小站（罗湖分店）	深圳	2016/8/1 11:15	321	2016/8/1 11:31			
4	201608010413	卓永梅	私房小站（盐田分店）	深圳	2016/8/1 12:42	854	2016/8/1 12:54			
5	201608010415	张大鹏	私房小站（罗湖分店）	深圳	2016/8/1 12:51	466	2016/8/1 13:08			
6	201608010392	李小东	私房小站（番禺分店）	广州	2016/8/1 12:58	704	2016/8/1 13:07			
7	201608010381	沈晓雯	私房小站（天河分店）	广州	2016/8/1 13:15	239	2016/8/1 13:23			
8	201608010429	苗泽坤	私房小站（福田分店）	深圳	2016/8/1 13:17	699	2016/8/1 13:34			
9	201608010433	李达明	私房小站（番禺分店）	广州	2016/8/1 13:38	511	2016/8/1 13:50			
10	201608010569	蓝娜	私房小站（盐田分店）	深圳	2016/8/1 17:06	326	2016/8/1 17:18			
11	201608010655	沈丹丹	私房小站（顺德分店）	佛山	2016/8/1 17:32	263	2016/8/1 17:44			

8月1日订单信息

图 7-194　输入"=IF(NOT(D2="深圳"),B2,0)"

（2）确定公式。按下 Enter 键，并使用填充公式的方式返回所有不在深圳消费的会员的名称，如图 7-195 所示。

H2		× ✓ fx	=IF(NOT(D2="深圳"),B2,0)					
	A	B	C	D	E	F	G	H
1	订单号	会员名	店铺名	店铺所在地	点餐时间	消费金额	结算时间	
2	201608010417	苗宇怡	私房小站（盐田分店）	深圳	2016/8/1 11:05	165	2016/8/1 11:11	0
3	201608010301	李靖	私房小站（罗湖分店）	深圳	2016/8/1 11:15	321	2016/8/1 11:31	0
4	201608010413	卓永梅	私房小站（盐田分店）	深圳	2016/8/1 12:42	854	2016/8/1 12:54	0
5	201608010415	张大鹏	私房小站（罗湖分店）	深圳	2016/8/1 12:51	466	2016/8/1 13:08	0
6	201608010392	李小东	私房小站（番禺分店）	广州	2016/8/1 12:58	704	2016/8/1 13:07	李小东
7	201608010381	沈晓雯	私房小站（天河分店）	广州	2016/8/1 13:15	239	2016/8/1 13:23	沈晓雯
8	201608010429	苗泽坤	私房小站（福田分店）	深圳	2016/8/1 13:17	699	2016/8/1 13:34	0
9	201608010433	李达明	私房小站（番禺分店）	广州	2016/8/1 13:38	511	2016/8/1 13:50	李达明
10	201608010569	蓝娜	私房小站（盐田分店）	深圳	2016/8/1 17:06	326	2016/8/1 17:18	0
11	201608010655	沈丹丹	私房小站（顺德分店）	佛山	2016/8/1 17:32	263	2016/8/1 17:44	沈丹丹

8月1日订单信息

图 7-195　返回所有不在深圳消费的会员的名称

2．XOR 函数

XOR 函数的功能是返回所有参数的逻辑异或。XOR 函数的使用格式如下。

```
XOR(logical1, logical2, …)
```

XOR 函数的常用参数及其解释如表 7-77 所示。

表 7-77　XOR 函数的常用参数及其解释

参　　数	参　数　解　释
logical1	必须。表示第一个想要检验的条件为 TRUE 或 FALSE 的逻辑值、数组或引用
logical2,…	可选。表示其他想要检验的条件为 TRUE 或 FALSE 的逻辑值、数组或引用（最多 255 个条件）

在【8 月 1 日订单信息】工作表中，找出消费地不在深圳和广州两地的消费金额，不满足条件的将返回 0 值，具体操作步骤如下。

（1）输入公式。选择 G2 单元格，输入 "=IF(XOR(D2="深圳",D2< >"广州"),F2,0)"，如图 7-196 所示。

图 7-196　输入 "=IF(XOR(D2="深圳",D2< >"广州"),F2,0)"

（2）确定公式。按下 Enter 键，并使用填充公式的方式提取消费地不在深圳和广州的会员的消费金额，如图 7-197 所示。

图 7-197　返回消费地不在深圳和广州的会员的消费金额

实训

实训 1　认识公式和函数

1．训练要点

（1）了解公式和函数的定义。

（2）掌握公式和函数的输入方法。

（3）了解和掌握引用单元格的方式。

2．需求说明

公式和函数是工作表进行计算的基础。现在某餐饮店 2016 年的【8 月 1 日订单详情】工作表中，分别使用公式和函数计算菜品的总价，再用引用单元格的方式完善【8 月 1 日订单详情】和【8 月订单详情】工作表。

3．实现思路及步骤

（1）输入公式计算菜品的总价。

（2）输入 PRODUCT 函数菜品的总价。

（3）用相对引用的方式计算菜品总价。

（4）用绝对引用的方式输入订单的日期。

（5）用三维引用的方式在【8 月订单详情】工作表输入 9 月 1 日的营业额。

（6）用外部引用的方式在【8 月订单详情】工作表输入 9 月 2 日的营业额。

实训 2 使用数组公式

1．训练要点

（1）了解数组公式的定义和类型。

（2）掌握数组公式的输入方法。

2．需求说明

当不能使用工作表函数直接得到结果时，数组公式就显得尤为重要，它可建立产生多值或对一组值而不是单个值进行操作的公式。在某餐饮店 2016 年的【8 月 1 日订单详情】工作表中使用数组公式计算当日营业额和各订单的菜品总价。

3．实现思路及步骤

（1）使用单一单元格数组公式计算 8 月 1 日的营业额。

（2）使用多单元格数组公式计算各订单的菜品的总价。

实训 3 设置日期和时间数据

1．训练要点

（1）了解各个日期和时间函数。

（2）掌握日期和时间函数的用法。

2. 需求说明

某自助便利店为了安排下一年的回访调查计划，需要先将图 7-198 所示的【自助便利店会员信息】工作表的日期和时间数据补充完整，其完善结果如图 7-199 所示。

	A	B	C	D	E	F	G	H
1	会员名	开通会员日期	回访调查日期	入会天数	入会时间占一年的比率		更新日期:	2016/12/29
2	包家铭	2016/1/13						
3	牛雨萱	2016/2/11						
4	包承昊	2016/3/4						
5	包达菲	2016/4/6						
6	范艾石	2016/5/20						
7	苗元琰	2016/7/3						
8	苗远清	2016/7/29						
9	苗雨谷	2016/8/10						
10	苗宇怡	2016/9/5						
11	苗元灏	2016/10/14						
12								
13								

自助便利店会员信息

图 7-198　不完善的【自助便利店会员信息】工作表

	A	B	C	D	E	F	G	H
1	会员名	开通会员日期	回访调查日期	入会天数	入会时间占一年的比率		更新日期:	2016/12/29
2	包家铭	2016/1/13	2017/1/13	351	0.959016393			
3	牛雨萱	2016/2/11	2017/2/11	322	0.879781421			
4	包承昊	2016/3/4	2017/3/4	300	0.819672131			
5	包达菲	2016/4/6	2017/4/6	267	0.729508197			
6	范艾石	2016/5/20	2017/5/20	223	0.609289617			
7	苗元琰	2016/7/3	2017/7/3	179	0.489071038			
8	苗远清	2016/7/29	2017/7/29	153	0.418032787			
9	苗雨谷	2016/8/10	2017/8/10	141	0.385245902			
10	苗宇怡	2016/9/5	2017/9/5	115	0.31420765			
11	苗元灏	2016/10/14	2017/10/14	76	0.207650273			
12								
13								

自助便利店会员信息

图 7-199　完善的【自助便利店会员信息】工作表

3. 实现思路及步骤

（1）在【自助便利店会员信息】工作表中计算会员回访调查日期。

（2）在【自助便利店会员信息】工作表中计算会员的入会天数。

（3）在【自助便利店会员信息】工作表中计算会员的入会时间占一年的比率。

实训 4　认识数学函数

1. 训练要点

（1）了解各个数学函数。

（2）掌握数学函数的用法。

2．需求说明

现有一个【自助便利店销售数据】工作表，存放了部分该便利店第 3 季度的销售数据，如图 7-200 所示，现需使用数学函数对其进行完善，包括计算总价、营业总额（含小数）、营业总额（不含小数）、以饮料类商品的营业总额和第 3 季度平均每日营业额，便该便利店对其销售数据进行分析，从而提高业绩。

	A	B	C	D	E	F	G	H	I	J
1	商品	日期	单价	数量	总价	大类	二级类目		营业总额(含小数):	
2	优益C活菌型乳酸菌饮品	2017/9/5	7	1		饮料	乳制品		营业总额(不含小数):	
3	咪咪虾条马来西亚风味	2017/9/6	0.8	1		非饮料	膨化食品		饮料类商品的营业总额:	
4	四洲粟一烧烧烤味	2017/9/6	9	1		非饮料	膨化食品		第3季度平均每日营业额	
5	卫龙亲嘴烧红烧牛肉味	2017/9/6	1.5	1		非饮料	肉干/豆制品/蛋			
6	日式鱼果	2017/9/6	4	1		非饮料	膨化食品			
7	咪咪虾条马来西亚风味	2017/9/6	0.8	1		非饮料	膨化食品			
8	优益C活菌型乳酸菌饮品	2017/9/6	7	1		饮料	乳制品			
9	无穷烤鸡小腿（蜂蜜）	2017/9/6	3	1		饮料	肉干/豆制品/蛋			
10	雪碧	2017/9/6	3.5	1		饮料	碳酸饮料			
11	咪咪虾条马来西亚风味	2017/9/6	0.8	1		非饮料	膨化食品			
12	日式鱼果	2017/9/6	4	1		非饮料	膨化食品			
13	雀巢咖啡	2017/9/6	7.5	1		饮料	咖啡			

自助便利店销售数据

图 7-200　【自助便利店销售数据】工作表

3．实现思路及步骤

（1）使用 PRODUCT 函数计算总价。

（2）使用 SUM 函数计算营业总额（含小数）。

（3）使用 INT 函数对营业总额（含小数）进行取整，得出营业总额（不含小数）。

（4）使用 SUMIF 函数计算饮料类商品的营业总额。

（5）使用 QUOTIENT 函数计算第 3 季度平均每日营业额（不含折扣且计算结果只取整数部分）。

实训 5　认识统计函数

1．训练要点

（1）了解各个统计函数。
（2）掌握统计函数的用法。

2．需求说明

为了对便利店的数据进行分析，现需要先将如图 7-201 所示的【8 月商品销售数据】工作表中的数据补充完整，其完善结果如图 7-202 所示。

	A	B	C	D	E	F	G	H	I	J
1	商品	单价	数量	销售总额	大类	商品种数:			销售总额区间	商品数
2	优益C活菌型乳酸菌饮品	7	275	1925	饮料	饮料类的商品种数:			500	
3	咪咪虾条马来西亚风味	0.8	237	189.6	非饮料	平均每种商品的销售总额:			1000	
4	四洲粟一烧烧烤味	9	286	2574	非饮料	非饮料类商品平均每种商品的销售总额:			1500	
5	卫龙亲嘴烧红烧牛肉味	1.5	207	310.5	非饮料	销售总额最大值:				
6	日式鱼果	4	224	896	非饮料	销售总额第二大值:				
7	咪咪虾条马来西亚风味	0.8	214	171.2	非饮料	销售总额最小值:				
8	优益C活菌型乳酸菌饮品	7	244	1708	饮料	销售总额第二小值:				
9	无穷烤鸡小腿（蜂蜜）	3	259	777	非饮料	销售总额的众数:				
10	雪碧	3.5	248	868	饮料	销售总额的中值:				
11	咪咪虾条马来西亚风味	0.8	247	197.6	非饮料					
12	日式鱼果	4	283	1132	非饮料					

8月商品销售数据

图 7-201　不完善的【8月商品销售数据】

	A	B	C	D	E	F	G	H	I	J	K
1	商品	单价	数量	销售总额	大类	商品种数:	993		销售总额区间	商品数	
2	优益C活菌型乳酸菌饮品	7	275	1925	饮料	饮料类的商品种数:	437		500	150	
3	咪咪虾条马来西亚风味	0.8	237	189.6	非饮料	平均每种商品的销售总额:	1177.895		1000	355	
4	四洲粟一烧烧烤味	9	286	2574	非饮料	非饮料类商品平均每种商品的销售总额:	996.8901		1500	259	
5	卫龙亲嘴烧红烧牛肉味	1.5	207	310.5	非饮料	销售总额最大值:	15120			229	
6	日式鱼果	4	224	896	饮料	销售总额第二大值:	8031.1				
7	咪咪虾条马来西亚风味	0.8	214	171.2	饮料	销售总额最小值:	160.8				
8	优益C活菌型乳酸菌饮品	7	244	1708	饮料	销售总额第二小值:	163.2				
9	无穷烤鸡小腿（蜂蜜）	3	259	777	非饮料	销售总额的众数:	1036				
10	雪碧	3.5	248	868	饮料	销售总额的中值:	985.5				
11	咪咪虾条马来西亚风味	0.8	247	197.6	非饮料						
12	日式鱼果	4	283	1132	非饮料						

8月商品销售数据

图 7-202　完善的【8月商品销售数据】

3．实现思路及步骤

（1）使用 COUNT 函数统计商品种数。

（2）使用 COUNTIF 函数统计饮料类的商品种数。

（3）使用 AVERAGE 函数计算平均每种商品的销售总额。

（4）使用 AVERAGEIF 函数计算非饮料类商品平均每种商品的销售总额。

（5）使用 MAX 函数计算销售总额的最大值。

（6）使用 LARGE 函数计算销售总额的第二大值。

（7）使用 MIN 函数计算销售总额的最小值。

（8）使用 SMALL 函数计算销售总额的第二小值。

（9）使用 MODE.SNGL 函数计算销售总额的众数。

（10）使用 FREQUENCY 函数计算销售总额在给定区域（【8月商品销售数据】工作表单元格区域 I2:I4）出现的频率。

（11）使用 MEDIAN 函数计算销售总额的中值。

实训 6　查找数据

1．训练要点

了解并掌握各个查找与引用函数的使用方法。

2．需求说明

现有一个【自助便利店销售业绩】信息表中的【销售 SKU】工作表，为了方便了解便利店的销售情况，分别用多种查找或引用方法查找【销售 SKU】工作表中商品雪碧的单价和二级类目等信息。

3．实现思路及步骤

（1）使用 VLOOKUP、HLOOKUP、LOOKUP 三种函数查找商品雪碧的单价。

（2）搜寻第二个购买商品雪碧的购买时间。

（3）使用 COLNUM 函数搜寻二级类目的列标，根据这个列表号查找雪碧的二级类目。

（4）了解【销售 SKU】工作表的维度。

实训 7　文本处理

1．训练要点

了解并掌握各个处理文本的函数的使用方法。

2．需求说明

现有一个【自助便利店销售业绩】信息表中的【销售 SKU】工作表，为了更加直观地了解便利店的商品情况，分别用多种文本处理方法对【销售 SKU】工作表中商品信息进行调整。

3．实现思路以及步骤

（1）删除商品名称中带括号的部分。

（2）替换大类中的非饮料类成零食类。

（3）合并大类和二级类目，按照"大类（二级类目）"的样式。

实训 8　逻辑运算

1．训练要点

了解并掌握各个逻辑函数的使用方法。

2. 需求说明

结合逻辑运算函数与查找函数在【自助便利店销售业绩】信息表中查找部分商品的销售
情况。

3. 实现思路以及步骤

（1）在【库存】工作表使用 IF 函数提取商品名称和单价两列信息。

（2）在【库存】工作表查找单价超过 8 和小于 3 的商品名称。

（3）在【销售 SKU】工作表查找 9 月 6 日二级类目为饮料类的商品。

（4）在【销售 SKU】工作表计算商品雪碧与日式鱼果 9 月 6 日的销售总额。

（5）在【销售 SKU】工作表使用 NOT 函数计算非饮料类商品 9 月 6 日的销售总额。

第 8 章　宏和 VBA

宏是由一系列的菜单选项和操作指令组成的、用来完成特定任务的指令集合。Visual Basic for Applications（简称 VBA）是微软开发出来的应用程序共享的一种通用自动化语言。用户能够通过认识宏和 VBA 能够自动化的实现任务，从而避免耗费大量的时间执行一些重复的操作。

学习目标

（1）认识宏与 VBA。

（2）了解并创建宏。

（3）认识 VBA 编程环境和 VBA 的语言结构。

（4）编写 VBA 程序。

任务 8.1　了解并创建宏

○ 任务描述

宏是能组织到一起作为以独立的命令使用的一系列 Excel 命令，它能够使日常工作变得更容易。录制宏其实就是将工作的一系列操作结果录制下来，并命名存储。在 Excel 中，录制宏仅仅记录操作结果，而不记录操作过程。

现有盐田分店的员工工资信息表，需要在 Excel 中创建宏生成每位员工的工资条，得到的效果如图 8-1 所示。

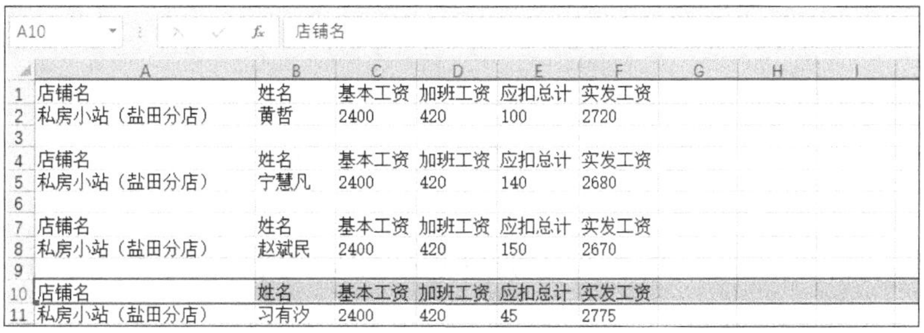

A10　fx 店铺名

	A	B	C	D	E	F	G	H	I
1	店铺名	姓名	基本工资	加班工资	应扣总计	实发工资			
2	私房小站（盐田分店）	黄哲	2400	420	100	2720			
3									
4	店铺名	姓名	基本工资	加班工资	应扣总计	实发工资			
5	私房小站（盐田分店）	宁慧凡	2400	420	140	2680			
6									
7	店铺名	姓名	基本工资	加班工资	应扣总计	实发工资			
8	私房小站（盐田分店）	赵斌民	2400	420	150	2670			
9									
10	店铺名	姓名	基本工资	加班工资	应扣总计	实发工资			
11	私房小站（盐田分店）	习有汐	2400	420	45	2775			

图 8-1　私房小站（盐田分店）部分员工工资条

● **任务分析**

创建一个宏，生成盐田分店每位员工的工资条。

8.1.1　显示【开发工具】选项卡

若要创建宏，可以在【视图】选项卡以及【开发工具】选项卡内单击【宏】命令组。如果想通过【开发工具】选项卡来创建，那么需在 Excel 功能区中显示【开发工具】选项卡。【开发工具】选项卡包含了使用 VBA 的命令，但默认情况下不会显示，显示该选项卡的具体操作步骤如下。

（1）打开【Excel 选项】对话框。打开一个空白工作簿，单击【文件】选项卡，选择【选项】命令，弹出【Excel 选项】对话框。

（2）勾选【开发工具】复选框。在【Excel 选项】对话框中选择【自定义功能区】，在【主选项卡】下拉列表中勾选【开发工具】复选框，如图 8-2 所示。

图 8-2　勾选【开发工具】复选框

（3）确定设置。单击图 8-2 所示的【确定】按钮即可在功能区中显示【开发工具】选项卡，如图 8-3 所示。

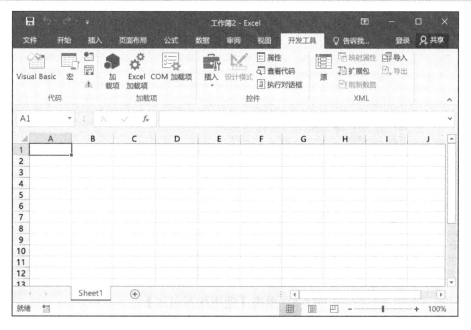

图 8-3　【开发工具】选项卡

8.1.2　使用宏生成工资条

在【盐田分店员工工资】工作表中，录制生成工资条的宏，具体操作步骤如下。

（1）选中需要复制的行。选择单元格区域第 1 行，如图 8-4 所示。

	A	B	C	D	E	F	G
1	店铺名	姓名	基本工资	加班工资	应扣总计	实发工资	
2	私房小站（盐田分店）	黄哲	2400	420	100	2720	
3	私房小站（盐田分店）	宁慧凡	2400	420	140	2680	
4	私房小站（盐田分店）	赵斌民	2400	420	150	2670	
5	私房小站（盐田分店）	习有汐	2400	420	45	2775	
6	私房小站（盐田分店）	俞子昕	2400	420	100	2720	
7	私房小站（盐田分店）	牛长熙	2400	420	75	2745	
8	私房小站（盐田分店）	刑兴国	2400	420	35	2785	
9	私房小站（盐田分店）	曾天	2400	420	100	2720	
10	私房小站（盐田分店）	孙晨喆	2400	420	250	2570	
11	私房小站（盐田分店）	朱亦可	2400	420	140	2680	
12	私房小站（盐田分店）	卓亚萍	2400	420	150	2670	

图 8-4　选择需要复制的行

（2）设置【使用相对引用】。选择【视图】选项卡，单击【宏】的下拉菜单，单击【使用相对引用】，如图 8-5 所示。

（3）开始录制宏。在【视图】选项卡的【宏】命令组中，依次单击【宏】和【录制宏】命令，如图 8-6 所示，弹出【录制宏】对话框。

（4）命名宏名和设置该宏的快捷键。在【录制宏】对话框的【宏名】文本框中输入"工资条"，在【快捷键】文本框中按下 Ctrl+Shift+M 组合键，如图 8-7 所示，单击【确定】按钮。

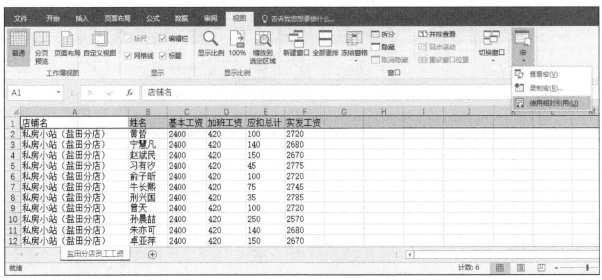

图 8-5　单击【使用相对引用】

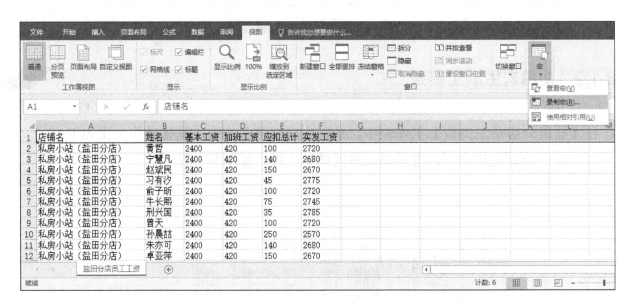

图 8-6　开始【录制宏】

图 8-7　完善【录制宏】对话框

（5）复制第 1 行表头。右击选中的第 1 行，在弹出的快捷菜单中选择【复制】命令。

（6）插入复制内容。右击第 3 行，在弹出的快捷菜单中选择【插入复制的单元格】命令，如图 8-8 所示。在粘贴的表头上方插入一行空白值，如图 8-9 所示。

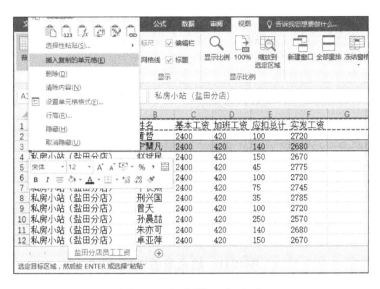

图 8-8　复制第一行表头

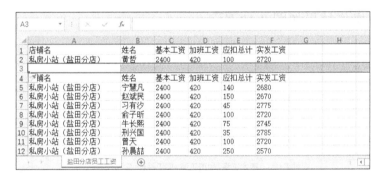

图 8-9　插入空白值

（7）返回宏的开始位置。选中单元格区域第 4 行，选中的原因是告诉 Excel 执行宏的开始位置，与步骤（1）中选定第 1 行同理，如图 8-10 所示。

图 8-10　选择第 4 行

（8）停止录制宏。在【宏】命令组中单击【停止录制】命令，如图 8-11 所示，即可完成录制。

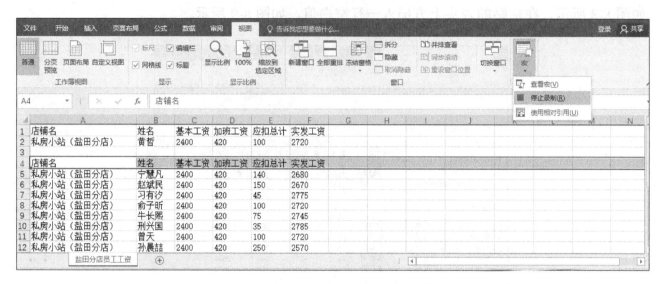

图 8-11　结束宏的录制

（9）执行新录制的宏。同时按下设定的 Ctrl+Shift+M 组合键，就可以重复上面的步骤，进行工资条的制作，操作结果如图 8-12 所示。

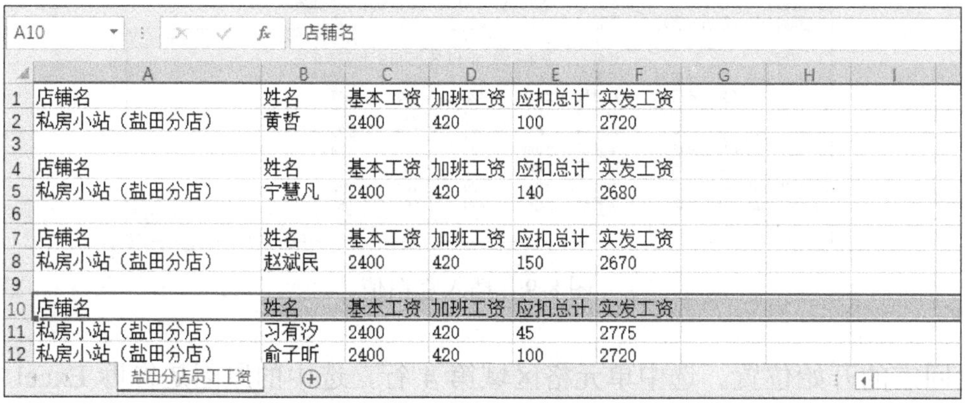

图 8-12　操作结果

任务 8.2　编写 VBA 程序

◎ 任务描述

VBA 是 Microsoft 公司在其 Office 套件中内嵌的一种应用程序开发工具，主要用于编写 Office 对象（例如窗口、控件的等）的时间过程，也可以用于编写位于模块中的通用过程。分别使用子过程和函数判断某餐饮店的【会员星级评定】工作表中会员的会员星级。

○ **任务分析**

（1）认识 VBA 编程环境。

（2）认识 VBA 的语言结构。

（3）编写 Sub 过程判断会员的星级。

（4）编写 Function 函数判断会员的星级。

8.2.1 认识 VBA 编程环境

由 8.1 节可知宏是 Excel 中的一系列命令，实际上宏是由一系列 VBA 语句构成的，也就是说宏本身就是一种 VBA 应用程序。在使用上，宏是录制出来的程序，VBA 是需要人手编译的程序，但有些程序宏是不能录制出来，而 VBA 则没有此类限制。

在 8.1 节创建宏后，可以通过查看宏打开 VBA 编辑器，具体操作步骤如下。

（1）打开【宏】对话框。在 8.1 节创建宏后，在【视图】选项卡的【宏】命令组中，依次单击【宏】和【查看宏】命令，弹出【宏】对话框，如图 8-13 所示。

（2）打开 VBA 编辑器。在【宏】对话框中，选中【工资条】这个宏，单击【编辑】命令，如图 8-14 所示，弹出 VBA 编辑器，如图 8-15 所示。

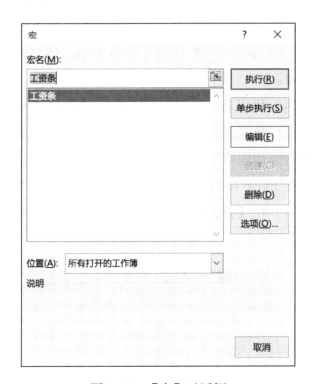

图 8-13 【查看宏】命令　　　　　　图 8-14 【宏】对话框

如图 8-15 所示，VBA 编辑器主要由菜单栏、工具栏、工程资源管理器和代码窗口组成，其各组成部分介绍如下。

（1）菜单栏包含了 VBA 组件的各种命令。

（2）工具栏显示各种快捷操作的工具。

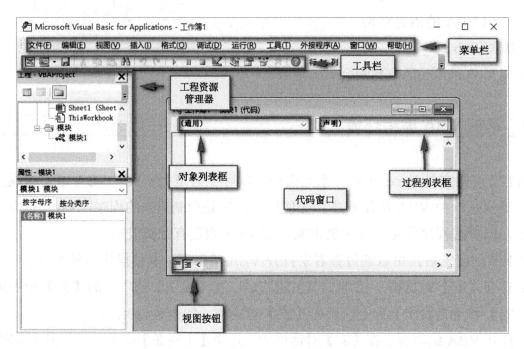

图 8-15　VBA 编辑器

（3）工程资源管理器可以看到所有打开的工作簿和已经加载的加载宏。其最多显示 4 类对象，即 Excel 对象（包括 WorkBook 对象和 WorkSheet 对象），窗体对象、模块对象和类模块对象。

（4）代码窗口由对象列表框、过程列表框、代码编辑区、过程分隔线和视图按钮组成。代码窗口是编辑和显示 VBA 代码的地方，如果要把 VBA 程序写到某个对象里，一般需要先在工程资源管理器中双击对象激活它的代码窗口，或者在【插入】选项卡中新建一个模块。

在 Excel 中打开 VBA 编辑器还有如下几种方法。

（1）在【开发工具】选项卡的【代码】命令组中，单击【Visual Basic】命令，如图 8-16所示。

图 8-16　【Visual Basic】命令

（2）右击工作表上的标签，在弹出的快捷菜单中选择【查看代码】，如图 8-17 所示。

图 8-17 选择【查看代码】

（3）按下 Alt+F11 组合键。

8.2.2 认识 VBA 的语言结构

1．标识符

（1）定义

标识符是一种标识变量、常量、过程、函数、类等语言构成单位的符号，利用它可以完成对变量、常量过程等的引用。

（2）命名方式

① 字母开头，由字母、数字和下画线组成。

② 不能包含空格、感叹号、句号、@、#、&、$。

③ 字符长度不超过 255 个字符。

④ 不能与 VB 保留字重名，如 public、private、dim 等。

2．注释语句

VBA 添加注释可以是代码更具可读性，注释语句有以下两种方法。

（1）注释符号：英文状态下的单引号 "'"，可以位于别的语句之尾，也可单独一行，其使用格式如下。

```
Dim 变量 As 数据类型    '定义为局部变量
```

（2）Rem 语句：只能单独一行，其使用格式如下。

```
Dim 变量 As 数据类型
Rem 定义为局部变量
```

上面两种注释语句的方法都会使 VBA 忽略符号后面的内容，这些内容只是对代码段的注释。

3．数据类型

在 VBA 中，数据被分成了不同的类型，VBA 的基本数据类型如表 8-1 所示。

表 8-1　VBA 基本数据类型

数 据 类 型		类型标识符	字　节	用 法 举 例
英文	中文			
String	字符串型	$	字符长度（0～65400）	Dim x As String
Byte	字节型	无	1	Dim x As Byte
Boolean	布尔型	无	2	Dim x As Boolean
Integer	整数型	%	2	Dim x As Integer
Long	长整数型	&	4	Dim x As Long
Single	单精度型	!	4	Dim x As Single
Double	双精度型	#	8	Dim x As Double
Date	日期型	无	8	Dim x As Date
Currency	货币型	@	8	Dim x As Currency
Decimal	小数点型	无	14	Dim x As Decimal
Variant	变体型	无	可变的以上任意类型	Dim x As Variant
Object	对象型	无	4	Dim x As Object

类型标识符为声明变量的数据类型的简写，如"Dim i As Integer"可简写为"Dim i%"。

4．变量和常量

变量是指在程序执行过程中可以发生改变的值，主要表示内存中的某一个存储单元的值。声明变量的基本语法如下。

```
Dim 变量 As 数据类型    '定义为局部变量
Private 变量 As 数据类型    '定义为私有变量
Public 变量 As 数据类型    '定义为公有变量
Global 变量 As 数据类型    '定义为全局变量
Static 变量 As 数据类型    '定义为静态变量
```

常量是变量的一种特例，是指在程序执行过程中不发生改变的量，其在 VBA 中有 3 种类型：直接常量，符号常量和系统常量。

5．运算符

运算符是指某种运算的操作符号，如赋值运算符"="。在 VBA 中常用的运算符主要有算术运算符、比较运算符、连接运算符和逻辑运算符。

VBA 中常用的运算符如表 8-2 所示。

表 8-2　VBA 中常用的运算符

算术运算符		比较运算符		逻辑运算符	
运算符	名称	运算符	名称	运算符	名称
+	加法	=	等于	And	逻辑与
–	减法	>	大于	Or	逻辑或
*	乘法	<	小于	Not	逻辑非
/	除法	<>	不等于	Xor	逻辑异或
\	整除	>=	大于等于	Eqv	逻辑等价
^	指数	<=	小于等于	Imp	逻辑蕴含
Mod	求余	Is	对象比较		
		Like	字符串比较		

VBA 中常用的运算符还有连接运算符，其作用是连接两个字符串，其形式只有以下两种。

（1）"&" 运算符将两个其他类型的数据转化为字符串数据，不管这两个数据是什么类型。

（2）"+" 运算符连接两个数据时，当两个数据都是数值的时候，执行加法运算；当两个数据是字符串时，执行连接运算。

6．对象和集

VBA 是一种面向对象的语言，对象代表应用程序中的元素，如工作表、单元格、窗体等。Excel 应用程序提供的对象按照层次关系排列在一起成为对象模型。

集是由同类的对象组成的，而且集合本身也是一个对象。

7．属性

属性用来描述对象的特性。例如 Range 对象的属性 Column、Row、Width 和 Value。通过 VBA 代码可以实现以下功能。

（1）检查对象当前的属性设置，并基于此设置执行一些操作。

（2）更改对象的属性设置。

8．方法

方法即是在对象上执行的操作。例如 Range 对象有 Clear 方法，可以执行 "Range("A1:B11").Clear" 语句清除单元格区域 A1:B11 的内容。

9．过程

过程是构成程序的模块，所有可执行的代码必须包含在某个过程中，任何过程都不可以

嵌套找其他过程中。VBA 具有 3 种过程：Sub 过程、Function 函数（过程）和 Property 过程。

Sub 过程执行指定的操作，但不返回运行结果，以 Sub 开头和 End Sub 结束。

Function 函数（过程）执行指定的操作，并返回代码的运行结果，以 Function 开头和 End Function 结束。Function 函数可以被其他过程调用，也可以在工作表的公式中使用。

Property 过程用于设定和获取自定义对象属性的值，或者设置对另一个对象的引用。

10．基本语句结构

（1）If…Then…Else 结构

If…Then…Else 结构在程序中计算条件值，并根据条件值决定下一步的执行操作，其基本语法如下。

```
If 条件表达式 Then
执行语句1
Else
执行语句2
End if
```

当条件表达式的结果为 True 时，执行操作 1，当条件表达式的结果为 False 时，执行操作 2。

If…Then…Else 结构的 Else 可以省略，变为 If…Then 结构，此时如果当条件表达式的结果为 False 时，不执行任何操作。

当需要判断的不同条件产生不同的结果时，If…Then…Else 结构可变为如下结构。

```
If 条件表达式1 Then
执行语句1
Elseif 条件表达式2
执行语句2
Elseif 条件表达式3
执行语句3
…
End if
```

（2）Select Case 结构

Select Case 结构与 If…Then…Else 结构相似，但使用 Select Case 结构可以提高程序的可读性，其基本语法如下。

```
Select Case 测试表达式
Case 表达式1
执行语句1
Case 表达式2
执行语句2
…
End Select
```

（3）For…Next 结构

For…Next 结构用于指定次数来重复执行一组语句，其基本语法如下。

```
For 循环变量=初始值 To 终止值 [Step 步长]
执行语句
Next[循环变量]
```

其中括号"[]"里的值可以省略，如果没有指定步长，那么默认步长为 1。

（4）Do…Loop 结构

Do…Loop 结构用于不断重复某种操作语句直到满足条件后终止，其基本语法如下。

```
Do
循环体
Loop
```

使用 Do…Loop 结构需要在循环体的其中一个条件语句后加入"Exit Do"语句跳出 Do…Loop 循环，进而执行 Loop 后面的语句。

（5）With…End With 结构

With…End With 结构用来针对某个指定对象执行一系列语句，在其结构中以"."开头的语句相当于引用了 With 语句指定的对象，但不能使用 With 语句来设置多个不同的对象。

8.2.3 执行 Sub 过程

某餐饮店通过会员的消费来评定会员星级，消费 400 元以下评定为一星级，消费 400 元评定为二星级，以后每增加 200 元提高一个星级，最高为五星级。

在【会员星级评定】工作表中，通过编写 Sub 过程判断会员的星级，具体操作步骤如下。

（1）打开 VBA 编辑器。按下 Alt+F11 组合键打开 VBA 编辑器。

（2）新建模块。单击【插入】选项卡，选择【模块】命令，如图 8-18 所示。

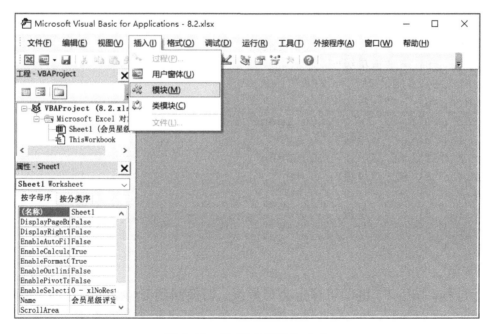

图 8-18 选择【模块】命令

在【代码窗体】中弹出【会员星级评定.xlsx -模块 1】窗体，如图 8-19 所示。

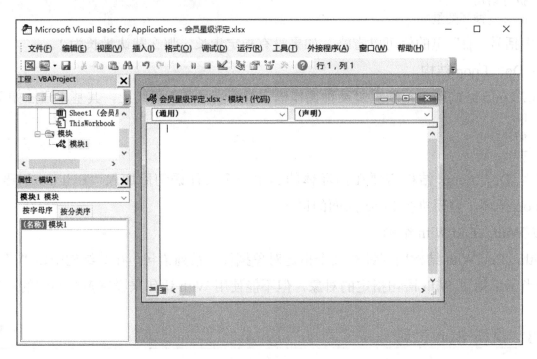

图 8-19 【会员星级评定.xlsx-模块 1】窗体

（3）输入代码。在【会员星级评定.xlsx -模块 1】窗体中输入的代码如下。

```
Sub pingding()
Dim a%
a = 1
Do
a = a + 1
If a > 11 Then
Exit Do
ElseIf Cells(a, 7) >= 1000 Then
Cells(a, 8) = "五星级"
ElseIf Cells(a, 7) >= 800 Then
Cells(a, 8) = "四星级"
ElseIf Cells(a, 7) >= 600 Then
Cells(a, 8) = "三星级"
ElseIf Cells(a, 7) >= 400 Then
Cells(a, 8) = "二星级"
Else
Cells(a, 8) = "一星级"
End If
Loop
End Sub
```

（4）运行过程。按下 F5 键即可评定会员星级，切换回到 Excel 的工作簿可查看设置效果，如图 8-20 所示。

	A	B	C	D	E	F	G	H	I
1	订单号	会员名	性别	年龄	消费时间	手机号	消费金额	会员星级	
2	201608310289	朱倩雪	女	27	2016/10/1 18:19	18688880116	366	一星级	
3	201608310336	徐子轩	女	22	2016/10/1 21:01	18688880016	443	二星级	
4	201608310395	陈宇	男	21	2016/10/2 11:05	18688880108	294	一星级	
5	201608310411	高鸿文	男	47	2016/10/2 21:56	18688880783	867	四星级	
6	201608310419	蔡锦诚	男	44	2016/10/6 20:38	18688880732	609	三星级	
7	201608310507	夏娴嶠	男	47	2016/10/7 18:24	18688880726	238	一星级	
8	201608310533	魏程雪	女	44	2016/10/9 19:48	18688880043	1260	五星级	
9	201608310551	周东平	男	27	2016/10/10 11:55	18688880117	1109	五星级	
10	201608310570	李孩立	女	29	2016/10/11 11:06	18688880472	302	一星级	
11	201608310599	范小菡	女	25	2016/10/11 20:12	18688880666	639	三星级	
12									
13									

会员星级评定

图 8-20　通过 Sub 评定会员星级设置效果

8.2.4　执行 Function 函数

在【会员星级评定】工作表中，通过编写 Function 函数判断会员的星级，具体操作步骤如下。

（1）打开 VBA 编辑器。按下 Alt+F11 组合键打开 VBA 编辑器。

（2）新建模块。单击【插入】选项卡，选择【模块】命令，在【代码窗体】中弹出【会员星级评定.xlsx-模块 1】窗体。

（3）输入代码。在【会员星级评定.xlsx -模块 1】窗体中输入的代码如下。

```
Function PD()
Dim lv(2 To 11) As Variant
Dim price    '定义price为局部变量，数据类型为可变型。
Dim i As Integer
price = Range("G2:G11")
For i = 1 To 10
If price(i, 1) <= 400 Then
lv(i + 1) = "一星级"
ElseIf price(i, 1) > 400 And price(i, 1) <= 600 Then
lv(i + 1) = "二星级"
ElseIf price(i, 1) > 600 And price(i, 1) <= 800 Then
lv(i + 1) = "三星级"
ElseIf price(i, 1) > 800 And price(i, 1) <= 1000 Then
lv(i + 1) = "四星级"
Else
lv(i + 1) = "五星级"
End If
Next
PD = Application.Transpose(lv)
End Function
```

（4）输入自定义 PD 函数。切换回到 Excel 的工作簿，选择单元格区域 H2:H11，输入"=PD()"，如图 8-21 所示。

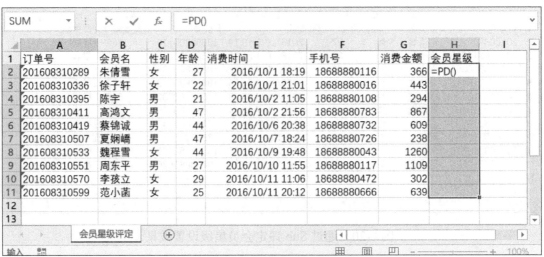

图 8-21　输入 "=PD()"

（5）返回函数值。按下 Ctrl+Shift+Enter 组合键即可评定会员星级，设置效果如图 8-22 所示。

	A	B	C	D	E	F	G	H	I
1	订单号	会员名	性别	年龄	消费时间	手机号	消费金额	会员星级	
2	201608310289	朱倩雪	女	27	2016/10/1 18:19	18688880116	366	一星级	
3	201608310336	徐子轩	女	22	2016/10/1 21:01	18688880016	443	二星级	
4	201608310395	陈宇	男	21	2016/10/2 11:05	18688880108	294	一星级	
5	201608310411	高鸿文	男	47	2016/10/2 21:56	18688880783	867	四星级	
6	201608310419	蔡锦诚	男	44	2016/10/6 20:38	18688880732	609	三星级	
7	201608310507	夏娴嵝	男	47	2016/10/7 18:24	18688880726	238	一星级	
8	201608310533	魏程雪	女	44	2016/10/9 19:48	18688880043	1260	五星级	
9	201608310551	周东平	男	27	2016/10/10 11:55	18688880117	1109	五星级	
10	201608310570	李孩立	女	29	2016/10/11 11:06	18688880472	302	一星级	
11	201608310599	范小菡	女	25	2016/10/11 20:12	18688880666	639	三星级	
12									
13									

图 8-22　通过 Function 评定会员星级设置效果

实训

实训 1　创建宏

1. 训练要点

熟悉宏的录制以及使用。

2. 实训说明

在【商品资料】工作表中，创建一个宏将"巧克力奶油味蛋糕""加多宝""旺仔牛仔"

字体改为加粗倾斜，效果如图 8-23 所示。

	A	B	C	D	E	F
1	序号	商品名称	条形码	规格	单价	
2	1	味之不规则饼干（韩国泡菜味）	6919946991362	225g	10	
3	2	味之不规则饼干（芝士味）	6919946991287	225g	10	
4	3	味之不规则饼干（番茄味）	6919946991935	225g	10	
5	4	巧克力奶油味蛋糕	8850426000724	22g	3	
6	5	多芙利香草奶油味蛋糕	6291100600601	60g	6	
7	6	奥利奥原味芝士	6901668005748	55g	8	
8	7	*加多宝*	4891599366808	500ml	4.5	
9	8	农夫果园	6921168532025	200ml	5.5	
10	9	越南LIPO奶味面包干100g	8936063740695	100g	8	
11	10	顺宝九制梅	6930954207511	110g	5	
12	11	*旺仔牛奶*	69021824	145ML	2.8	
13	12	维他原味豆奶	4891028164395	250ml	3.5	
14	13	统一来一桶香辣老坛酸菜牛肉面	6925303773106	85g	5.5	
15	14	合味道（浓猪骨）	6917935002297	89g	7	
16						

商品资料

图 8-23　正确的日期格式

3．实现思路及步骤

（1）在工作表中创建一个新的宏，命名为"修改字体"。新的宏能够将字体修改成加粗倾斜样式。

（2）使用新创建的宏将"巧克力奶油味蛋糕""加多宝""旺仔牛仔"修改成加粗倾斜字体。

实训 2　编写 VBA 程序

1．训练要点

（1）了解 VBA 的语言结构。

（2）学会编写 VBA 代码。

2．需求说明

某自动便利店的商品详情记录在【自动便利店商品详情】工作表中，如图 8-24 所示，当库存数大于 0 时，显示列输出为库存数，当库存数等于 0 时，显示列输出为"告罄"，分别使用 Sub 过程和 Function 函数完善【自动便利店商品详情】工作表的信息。

3．实现思路及步骤

（1）编写 Sub 过程输出显示列信息。

（2）编写 Function 函数显示列信息。

	A	B	C	D	E	F	G
1	商品名称	条形码	规格	单价	库存数	显示	
2	味之不规则饼干（韩国泡菜味）	6919946991362	225g	10	2		
3	味之不规则饼干（芝士味）	6919946991287	225g	10	1		
4	味之不规则饼干（番茄味）	6919946991935	225g	10	0		
5	巧克力奶油味蛋糕	8850426000724	22g	3	3		
6	多芙利香草奶油味蛋糕	6291100600601	60g	6	6		
7	奥利奥原味芝士	6901668005748	55g	8	8		
8	加多宝	4891599366808	500ml	4.5	4		
9	农夫果园	6921168532025	200ml	5.5	8		
10	越南LIPO奶味面包干100g	8936063740695	100g	8	2		
11	顺宝九制梅	6930954207511	110g	5	0		
12	旺仔牛奶	69021824	145ML	2.8	0		

图 8-24 　【自动便利店商品详情】工作表